Puzzle 1 - Very Easy

4	5	6	7	2	8	9	3	1
9	8	1		4	5	7	2	6
2	3	7	6		9	5	4	
5		4		7		6	1	9
7	1			9	6	4	8	5
6	9	8	4	5	1	2		3
	4	9	5	3	2	8	6	7
3			9	8	7	1	5	4
8	7	5	1	6	4	3	9	2

Puzzle 2 - Very Easy

6	2	5	1	9	[illegible]	[illegible]	[illegible]	[illegible]
4	3	1	7	8	[illegible]	[illegible]	[illegible]	[illegible]
8	9	7	2	4	[illegible]	[illegible]	[illegible]	[illegible]
7	6		3		9	5	1	[illegible]
5	4	3	8	6		2	7	9
	1	2	5	7	4		8	6
1	8	4	6	5	2	7	9	3
2	5	9	4	3	7		6	8
3		6	9	1	8	4	5	2

I0496098

Puzzle 3 - Very Easy

8	3	5	4		1	6		2
2	4	9	8	7	6	5	1	3
7	6	1		3			4	9
4	5	8	1	6	9	2	3	7
3	2		7	5	4	9	8	1
9	1	7	2		3	4	6	5
5	9	4	3		8	7	2	
1	7	2	6	4	5	3	9	8
6	8		9	2	7	1	5	4

Puzzle 4 - Very Easy

5	9	7	3	4	8	2	6	1
8	4			2		3	7	5
1	2	3			6	9	4	8
9	1	8	6	3	4	5	2	7
3	6		2	8	7			
4	7	2	1	9	5	8	3	6
6		9	7	1	2	4	8	3
2	8	1		6	3	7	5	9
7	3	4	8	5	9		1	2

Puzzle 5 - Very Easy

5		6	4	3		7		9
1	9	4	2	7	5	6	3	8
3	8	7	9	6	1	5	4	2
2	7	3	1	4		8	5	6
9		1	7	8	6	3	2	4
4	6	8	3	5	2	1	9	7
	4			9	3	2	7	1
7	3	2	8	1	4	9	6	5
6	1	9	5		7	4	8	3

Puzzle 6 - Very Easy

2	5	8	1	4	7	6	9	3
		7	5	3	8	2	1	
3	1	4			2	5		8
4	6	2	7	1	9		3	5
5	3	9	8	2		1	4	7
7	8		4	5				6
9	4	3	2	8	5	7	6	1
1	7	5		6	4	3	8	2
8	2	6	3	7	1	4		9

Puzzle 7 - Very Easy

1	3	9	8	7	6	2	5	4
5	4	8	2	1	3	9	7	6
		2	4	5	9	3	1	8
9	8	7	3	2			6	1
3	2	6	7	4	1		9	5
4	5	1	9			7	2	
7	9	5	1	8		6	3	2
2	6	4	5	3			8	
8	1	3	6	9	2	5	4	

Puzzle 8 - Very Easy

4	3	9	6	1		8	5	2
8	1	2	5	4	3		6	9
7	5	6	8	9	2		1	
3	9		1	8	6	2	4	7
1	6	4	7	2	9		8	3
		7	3	5	4		9	6
6	2	8	4	3	1	9	7	5
5	7		9	6	8		2	1
9	4		2	7	5		3	8

Puzzle 9 - Very Easy

	5			1	6	7	4	9
6	8		2	4	9	1	5	3
	9	1	7	3	5	6	8	2
7	1	6	4	2	8	3	9	5
3		9	6	5	7	4		8
5	4	8	1	9	3	2	6	
1	6	5	3	8		9	7	4
9		2	5	6		8	3	
8	3	4	9	7	1	5	2	6

Puzzle 10 - Very Easy

		9	3	8	7	5	2	4
8			4	9	2	6	1	7
	2	4	1	5	6	8	9	3
2		1	7			9	4	5
9	6		5	2	4	1	3	8
4	8	5	9	3	1	2	7	6
3	9	6	2	7	5	4	8	1
	4	2	8		3	7	6	9
1	7	8	6	4	9	3	5	2

Puzzle 11 - Very Easy

9	2	3	7	4	8	1	5	
7			2	1	5	4	3	9
	1	4	6	3	9		2	8
			8	2	1	5	4	3
4	5	1	9	6	3	2	8	7
3	8	2	4	5	7	6	9	1
2		6	3	9	4	8		5
1	4	9	5		6	3	7	2
8	3	5	1		2	9	6	4

Puzzle 12 - Very Easy

9	4		1	5	2	8		6
2		6	9	3	7	4	5	1
	1	7	4	8	6			2
6	7	5	8	1	9	2	4	3
4	2	1	7	6	3	5	8	9
3	9	8			5		6	7
1	6	4	3	2	8	7	9	5
7	5	2	6	9	4	3	1	8
8	3	9	5	7			2	4

Puzzle 13 - Very Easy

4			7	1	5	8	9	
9	2	8	3	4		7	5	1
1	5				2	6		3
3	1	2	5	7		4	6	9
8	7	9	4	6	1	3	2	5
6	4		9	2		1	8	7
		1	2		4	9	3	6
5	9	3	6	8	7	2	1	4
	6	4	1	3	9	5	7	8

Puzzle 14 - Very Easy

	5	4	2	1	7	6	9	3
9	1	2	4	6	3	7	5	8
3	7	6		8	9	4	1	2
	6	1	8	3			4	
	9	5	7	2	6	3	8	1
7	3	8	9	4	1		6	5
6	4	3	1	5	2		7	9
	8	7	3	9	4	1	2	6
1	2	9	6	7	8	5	3	4

Puzzle 15 - Very Easy

9	3	1	2	4	6	7	8	5
2	6	7	1	8	5	3	4	9
8	5	4	9	3		1	2	6
1		5	3	2	8		7	4
7	2		4	5	9	8	1	3
3	4	8	7	6	1	5		2
6	7	3	8	9	4	2	5	1
5		9	6	1	2	4	3	
4	1		5	7	3	9		8

Puzzle 16 - Very Easy

5	8	6	1	9	3	4	7	2
3		4	2			5	1	9
9	1	2	4	7	5	8	6	3
2	6	1	8	3		7		4
7	3		5	4	1	2	8	6
4	5	8	6	2		3	9	1
6	9	7	3	5	4	1	2	8
8	4		9	1		6	3	7
1	2	3	7	6	8	9	4	5

Puzzle 17 - Very Easy

4	5	1	9		6	3	7	2
8	6	9		3	2	5	4	
2	3	7	5	4		9	6	8
7		4	3	5	8			6
	2	3	4	6	9	8	5	7
5	8	6	1	2	7	4	9	3
9		5	2	7	3	6	8	4
6				1	5		3	
3	7	8	6	9	4	2	1	5

Puzzle 18 - Very Easy

6	8	3	7	5	9	2	1	4
4	2	5			1	7	9	
9	1	7	4	3	2		6	8
1	4	8	3	9	7	6	5	2
5	6	2	1	8	4	3	7	
3	7	9	6		5	4	8	1
2	9		5	7	3	8	4	6
8		4	2		6	9		7
7	3		9	4	8	1	2	5

Puzzle 19 - Very Easy

		4	8	2		9	6	3
1	2	8	6		9	4		7
9	3	6	7	5	4		1	2
	7	2	5	1	8		9	4
4	1	9	3	7	6	2	8	5
8	6	5	4	9	2	3	7	1
6	4	3	1	8	7	5	2	9
2	8	1		4	5	7	3	6
5	9		2	6	3		4	8

Puzzle 20 - Very Easy

2	5	3	9	6	4	7	1	8
8	6	4		1	5	3	9	2
1	9	7		3	8	4	6	5
6	8		4	2	7		3	9
9	3	2	1	5	6	8	4	7
		5	3	8		6		1
4	2	9	5	7	3	1		6
3	7	6	8	9	1	2	5	4
5	1	8	6	4		9	7	3

Puzzle 21 - Very Easy

8	5	7	4	6	3	9	1	2
4	3	9	2	8	1	5	6	7
	6	2	5	7	9	8	3	4
9	1	5	6	3	7		2	8
3	8	6	9	2	4	1		5
7	2		8		5	6	9	
2		1	7		6		8	9
	9	8	3	4	2	7		1
5		3	1	9	8	2	4	6

Puzzle 22 - Very Easy

2	5	8	4	6	1		3	9
6	3	7	2	8	9	1	4	5
9	4	1			7	2		6
1	9		8	4	6	3	7	2
4	6	2	1	7	3	9	5	8
	8	3	9		5	6	1	4
5	7	6	3		4	8	2	1
8	1	9	7	5	2	4		3
3		4	6	1	8	5	9	7

Puzzle 23 - Very Easy

8	1		9		3	2		7
7	9	2	6	1	8		3	4
3		6	4	2	7	8	1	
6	7	1	8	3	5		4	
	4	5	7	6	2	3	8	
2	8	3	1	4	9	7	5	6
	3	7	2	8	6	4	9	5
4	2	8	5	9	1	6		3
5	6	9	3	7	4	1	2	

Puzzle 24 - Very Easy

4	1	6	9	5		8	3	7
	9	2	7	8		1	4	6
8	7	3	1	4	6	5		
6	5		2	1	8	3	9	4
9	8	1				7	5	2
	3	4	5	7	9		8	1
3	4		8	6	1		7	5
7	6	8	4	2	5	9	1	3
	2	5		9	7	4	6	8

Puzzle 25 - Very Easy

6	7	8	5		3	4	2	
9	3	2	4	8	7	6		5
	1	5	2		9	7	3	8
3	8	1	6		2	9	4	7
7	6	9	3		1	8	5	
5	2			9	8	3	6	1
2	5	6	8	7	4	1		3
8		3	1	2	6	5	7	4
1	4	7		3	5	2	8	6

Puzzle 26 - Very Easy

9	3		7	8	4	6	1	2
	8	1	9	2	3	4	7	5
7	2	4	6	1	5	9	8	
2		3	1	7	9	8		6
4		7	5	6	8	2	3	9
	6	9	4	3	2	7		1
3	7	8	2		1	5	6	4
1	4		8	5	6	3	9	7
5	9					1	2	

Puzzle 27 - Very Easy

9	2	8			7	3	1	4
3	7	6	9	4	1	8		2
	4	5	3	2		7	6	9
2	5		1	8	4		7	3
8	3	4	6	7	5	9	2	1
6	1	7	2	9	3	5	4	8
4	6		8	5	9	2	3	7
5		3	7	1	2	4	8	6
7	8	2	4	3	6	1	9	5

Puzzle 28 - Very Easy

8		9	2	3		4	5	1
	2	4	1	9	5	8		
			6	4	8	9	2	7
	7	5	4	6	9	3		2
6		8	3	5	2	1	7	4
3	4	2	8		1	6	9	
2	5	6	9	1	3	7	4	8
4	3		5	8	6	2	1	9
9	8	1	7	2	4	5	3	6

Puzzle 29 - Very Easy

8	9		5	4	7	6	1	2
5	2	7	8	6	1		9	3
6	4	1	9	2	3	5	8	7
9	6	2	7	3	4		5	1
7	3	8	1	5	9		6	4
4	1	5		8	6	3	7	9
	8	9	4	1	5			6
1	5	6	3	7	2	9	4	8
3	7	4	6	9	8	1	2	

Puzzle 30 - Very Easy

3		2	6		8	7	1	4
8	5		2	7	1	3	9	
1	6	7	4	9	3	2	5	8
6			3		5	1	8	7
7	3	1	8	6	9	5	4	2
2	8	5	1	4	7			3
4	1	6	5	3	2	8		
5	7	3	9	8	4	6	2	1
9		8		1		4	3	5

Puzzle 31 - Very Easy

1	7	4	8	5	3	6	2	
5	8	3	2	9	6	1	7	4
		2	7	1	4	3	5	8
9	2	5	6	3	1	4	8	7
3	1	7	4	8	2	5		6
8	4	6	5		9		3	1
	3	9	1	6		8	4	5
4	5		9	2	8	7	6	3
7	6	8	3	4	5	9	1	2

Puzzle 32 - Very Easy

6	1	9		3	4	2	8	5
2	8	4		5	6	1	7	3
7	5		2				9	6
	7		8	2	5	6	4	9
5	4	2	1	6	9	8	3	7
8	9	6	4	7	3	5	2	1
	3	8	5	4	1	7	6	
1	6	7	3	8		9		4
4	2	5	6	9	7	3	1	8

Puzzle 33 - Very Easy

4	1	3	5	6		2	9	7
2		8		9	7	4	6	3
9		6	2			1	5	8
1	4	2	7	3	9	5	8	6
6	9			8	1			2
8	3	7	6	5	2	9	4	1
7	6		3	2	5	8		4
	2	1	8	7	4	6	3	9
3	8	4	9	1	6	7	2	

Puzzle 34 - Very Easy

6		9	4	1		2	7	5
	2	5		7	6	9	1	3
1	3			5	2		8	4
7	4	6	5	8	1	3	2	9
2		1	7	3	4	5	6	8
8	5			6	9		4	1
9		2	3	4	8	1	5	7
5	1	8	6		7	4		2
3	7	4	1		5	8	9	6

Puzzle 35 - Very Easy

	7	3	9	1	8	4	5	6
9	5	8	3		6	2	7	1
1	6	4	7	2	5	8	3	9
6	8		2	3			9	7
5	9	2	1		7	3	6	4
3	4	7	5	6		1	8	2
	3	5		7	1	9	2	8
7	1	9	8	5	2	6	4	3
	2	6	4		3	7	1	

Puzzle 36 - Very Easy

1	6		7		3	4	5	9
	5	8	2	4	9	6	7	
			6	5	1	3	2	8
4	7	3	8	1	2	9	6	5
8	9	1	4	6	5	2	3	
5	2	6		9	7	8		4
6	8	7	5	2	4		9	3
2	1	5	9	3	8	7	4	
9		4		7	6	5	8	2

Puzzle 37 - Very Easy

5	4	2	1	9	3	8	7	6
8		1	2	4	6	5	9	3
6	3		5	8	7	2	1	4
3	5		9	7	2	4	6	1
2	9	7	6		4	3	8	5
1		4		5	8	9	2	7
4	8	5			1	6	3	9
9	1	6		3	5	7	4	2
7		3	4		9	1		8

Puzzle 38 - Very Easy

	9	1	5	6	8	4	2	3
4	2	3	7	1	9	6	5	8
5	8	6	4	3	2	9	1	7
1		2		7	6	8	3	5
8		9	1	5	3			2
3	5	7	8	2	4	1	9	6
2	1	5	6	9	7	3	8	4
6	3	8	2	4	1	5	7	
	7	4	3		5	2	6	1

Puzzle 39 - Very Easy

3	2	7	6	8	5	1	9	4
9	4		7	3		6	8	
6	5	8	4		9	3	7	2
1	8	2	9	5	6	7	4	3
7	9	5	1	4	3	8	2	6
4	3	6	8	2	7	9	5	1
2	1		3	7	4	5		8
8	6	4	5	9	1	2	3	7
5	7	3	2	6			1	

Puzzle 40 - Very Easy

3	7	8	9	2	4	5	6	
4	1			7	5	9	3	
5	9	6	1	3	8	2	4	7
7	5	1	3	9			8	
8	2	4	7	5	6	1	9	3
6	3	9		8	1	7	2	5
2	4	5	8	6	7	3		
1	8	3	5	4	9	6	7	
9	6	7	2		3	8	5	4

Puzzle 41 - Very Easy

8	4	7	5		3	1	6	9
	3	1	8	4	6		2	5
5	2		1	9		4		3
2	9	8	7	3	5	6	1	
7		4	9	8		5		2
1	5	3	4	6	2		7	
6	8	9	3	7	4	2		1
4	7		2	1	8	3	9	6
3	1	2	6	5	9	8	4	7

Puzzle 42 - Very Easy

4	9	1	8	7		3	5	
7	8	5	4	3	6	2	1	9
2	3	6	9	1	5	8	7	
1	6			9	4	7	8	5
9		3	5		7	1	6	2
5	7		6	2		9	4	3
6	2	7	1	5	3	4	9	8
3	5	9	7	4		6	2	1
	1	4	2	6	9		3	

Puzzle 43 - Very Easy

9	1	6	4	8	7	5	2	
7		8	9	2				
5	4	2	3		1	7	9	8
6		7	5	4		3	1	2
	9	3	6	7	2	4	8	5
2	5		1			9	7	
4	2	1	7	5	6	8		9
3	6	9	8	1	4	2	5	7
8	7	5	2	9	3	6	4	1

Puzzle 44 - Very Easy

2	7	6	3			5	1	
	5	3	2	1		6	7	9
	1	8	5	7	6	4	3	2
7	4	1	8	6	2	3	9	5
5	8	9	1	3			4	6
3	6	2	9	5	4		8	7
6	2	7	4	9	3	8	5	1
1	9	4	6	8	5	7	2	3
8	3	5	7	2	1	9	6	4

Puzzle 45 - Very Easy

6			4	8	3	2	7	
1	8	3	6	7	2		4	5
7	4		9		1	6	3	8
8		7	3	4	6	5	2	9
9	5	4	2		7			3
3	2		8	9	5	7	1	4
5	6	1		3		4	9	2
4		8	1	2	9	3	5	6
2	3	9	5	6	4	1	8	7

Puzzle 46 - Very Easy

2	3		8	4	7	6	5	9
5	9	8	6	2	1		7	4
6	4	7	3	5	9	2	8	1
1	7	2	9	3	5	4		
	8	3	1		4		2	5
4	6	5	7		2	9	1	3
3	2	6	5		8	1	4	7
8	1	9	4	7	6		3	
7	5	4	2	1	3	8	9	6

Puzzle 47 - Very Easy

6	3	7		9	1		5	8
2	8	9	4	5	7	1	3	6
4		5	8			9	2	7
		3	7	8	2	6	1	4
8	6	2	5	1	4	3	7	9
1	7	4	3	6		2	8	
3	2		9	7	5	8	4	1
9	5	8	1		3	7	6	2
7	4	1	6	2		5		3

Puzzle 48 - Very Easy

	9	3	5	1	2	6	8	7
1	5	8	3	6		2	4	9
2	7		4	9	8	5	1	3
6	2	5	1	7	3	8	9	
		1	2	8		7	6	5
8	4	7	9	5	6	3	2	1
7		9	6		5	4	3	8
	6	4		3	9	1	7	2
3	8	2	7	4	1	9	5	6

Puzzle 49 - Very Easy

7		6	2	8	5	4	3	9
5	4		6		9	1	8	
	8	9		1	7	2	6	5
	7	8	5	6	4	3	2	1
4	5	1	9	2	3		7	6
6	2	3		7	8	5	9	4
	3		7	9	1	6	4	8
8		4	3	5		7	1	2
1	6		8	4	2	9		3

Puzzle 50 - Very Easy

9	6	5		3	4	7	8	
7	2	4	1	8	6	5	9	
3		1	9	7	5	2	6	4
6	7	9		1		3	5	8
2	1	3	7	5	8	9		6
5		8	6	9	3	1		7
8	9	6	3	2	1	4	7	5
1	5	2	8	4	7	6	3	
4	3	7	5	6	9	8	1	2

Puzzle 51 - Very Easy

4	9	5	7	2	6		8	
		7	5	8	1			4
1		8	4		3	7	5	2
8	3	6		7	2	4	1	5
7	4	2	6	1	5	8	3	9
	1	9		4	8	2	7	6
2	8		1	3	9	5	6	7
6	7	1	8	5	4	9	2	3
	5	3	2	6	7	1	4	8

Puzzle 52 - Very Easy

7	6	5	1	4	2	3	9	8
9	8	2	5		3	4	7	1
4	1	3	8	9	7	6	2	5
8	9	6	7	3	1	2	5	4
1	5		9		8		6	3
2		7	6		4	1	8	
6	4		3			8	1	
5	2	8			6	9		7
3	7	1	2	8	9	5	4	6

Puzzle 53 - Very Easy

9	8	4	7		3		1	5
6	5	7	4	8	1			9
2	3	1	5	9		4		8
3	2	9	1	7		5	8	6
8	1	5	9	6	2	7	4	3
4	7	6	8	3	5	2	9	1
7	9	2	3	5		1	6	
	4	8	6		7	9	3	
1	6	3	2	4	9		5	

Puzzle 54 - Very Easy

9		3	1	7	4	8		5
7	6	1	8	5		3	4	9
8		4	9		6		2	7
4	3		5	9	7	6	1	8
	7	6	2	8	3	9	5	4
5	9	8	6	4	1	7	3	2
3	4	9	7		5	2		1
6	1	7		2			9	3
2	8	5	3	1	9	4	7	6

Puzzle 55 - Very Easy

7	3	9	2	5	1	4	8	
8	2	4	9	7		3	5	1
6	1	5		8	4	9		2
4	7	3	1	2	8		9	5
		8	5	9	3	1		7
9	5	1	4	6	7	8		3
5	8	2			9	7	3	4
3	9	6	7	4				8
1	4	7	8	3	2	5	6	

Puzzle 56 - Very Easy

1	6	9		2	4	5	7	3
	4	2		3		8	1	9
8	3	7	9	5	1	4		2
9	1	3	5	7	2		4	8
6	5	8	4		3	7	2	1
7	2	4	1	8	6		9	
	9		2	4	8	1	5	7
2	7	1	3	6	5	9	8	4
4	8		7	1	9	2		6

Puzzle 57 - Very Easy

2	8	4	9	7	6	3	5	1
1	5	3	8	4	2	7		
6	9	7	3	5	1	8	2	4
3	1	9	2	6	8	4	7	5
	2	8	4	1	5	9	3	6
5	4		7	9	3	1	8	2
9	3	1		2	7	6	4	8
4		2	6	8	9			3
8	6			3	4	2	9	7

Puzzle 58 - Very Easy

7	6	3	9		5	8	2	4
9	8	1	4	3	2	5	6	
4	5		7			3	9	1
8	9	4	3	5	1		7	
3	7	5	6		9	4	1	8
1	2	6	8	4		9	3	5
2	3	7	5	9	8	1	4	6
6	4	8	1	7	3	2		9
5	1	9	2	6	4	7		3

Puzzle 59 - Very Easy

4	9	2		5	3	8		6
5	3	6		7	8	1	4	9
1	7		4	9	6	2		5
7	8	5	9	1	2	3	6	4
2	4	1	6	3	5	9	8	7
9	6	3		8	4	5	1	2
	2	9	8	4	1	7	5	3
8	5	7		6	9	4	2	1
3	1		5	2	7	6	9	8

Puzzle 60 - Very Easy

8	2		6	3	1	5	7	9
3	5	6	2	9	7		1	4
	1	9	4	5		3	2	
4	9	1	7		5	6		8
5	8	3	9			7		2
6			3	8	4	9	5	1
1	4	7	8	6	3	2	9	5
2	3	8	5		9	1	6	7
9	6	5	1	7	2		8	3

Puzzle 61 - Very Easy

2	9		4	6	1	3	8	7
	7		5	8		6	4	
	6	8		9	3		1	2
8	5	9	1	7	4	2	6	3
1	4	7		2	6	8	9	5
6	3	2	8	5	9	4	7	1
7	8	3	6	1	5	9	2	
	2		9		7	1	3	8
9	1	4	2	3	8	7	5	6

Puzzle 62 - Very Easy

	6	3	5	8	4	9	1	2
2		9	1	6		8	7	5
5	8	1		9	7	3		4
6		8	9	1	5	4	3	7
1	9	4	3	7	6	5	2	8
3		7	8	4	2	6	9	1
4	3	6	7	5	1	2	8	9
9	7	5			8	1	4	
8	1	2		3	9		5	6

Puzzle 63 - Very Easy

5	2	4	3	1	8	6		7
	1	9	7		5	4	2	8
6	8	7	2	4	9	1		3
			8	5	6	3	7	9
9		5		7	4		6	2
8	7	6	9	3	2	5	4	1
2	6	8	4	9	3	7	1	5
4	9	1	5	8	7	2	3	6
7	5	3	6	2	1	9	8	4

Puzzle 64 - Very Easy

6	3	1	9	8	5	4	7	2
4	7		1		6	8	9	3
8	9	2	3	4	7	5	6	1
9	4	8	6	1	2	7	3	5
3	1	7		5	8	6	2	9
5		6		3	9	1	4	8
1	8	4	2	6	3		5	7
7		3	5	9	1	2	8	4
2	5		8	7		3	1	6

Puzzle 65 - Very Easy

4	6	5	8	9	1	3	2	7
1	9	3	7	4	2	6	8	5
8	2	7	5	6	3	4	1	
2	3		6		5		4	8
5	4	1	3		9	7	6	2
6	7	8	1		4	9	5	3
9		6		5	7	8	3	4
3	5	4	9	1	8	2	7	
7	8	2	4	3	6		9	1

Puzzle 66 - Very Easy

7	4	9	1	5	8		6	2
2	3	6	7	4	9	1		5
1		8	6	3	2		4	7
3	1		8	6	4	5	2	9
5	8	2	3	9	7	4	1	6
	6	4	5	2	1	7	3	8
6			9	1	5	8	7	4
	7	5		8	3	6		
8	9		4		6	2	5	3

Puzzle 67 - Very Easy

4	3	8		2		7		1
6	7	2	3	9		8		5
	9	5	8	7		6	2	
5	6	9	1		3	2	7	
7	1	3	2		9	5	8	6
8	2	4		5	7	3		9
9	5	7	4	6	2	1	3	8
2	8	1	9	3	5	4	6	7
3	4	6	7	1	8	9		2

Puzzle 68 - Very Easy

2	4	8	9					6
9	5	3	4	7	6	2	8	1
	1	6	5	2	8	4	3	9
6	2	7	1	9		8	4	3
3	8	4	2	6	7	9	1	5
5	9	1		4		6	7	
	7	9	3	5	2		6	
1	3	2	6	8	4	5	9	7
4	6		7	1	9			8

Puzzle 69 - Very Easy

7	1	5	9	6		2	3	8
8	4	3	7	2		6	1	9
	6	2	1	8	3	4		7
	2	7	6	9	1	5	8	3
1	8	9	5	3		7		6
3		6	4	7	8	9	2	1
6	3	1	2	5	9	8	7	4
5	9	4	8	1	7	3	6	2
2	7	8		4		1	9	5

Puzzle 70 - Very Easy

5				4	6		7	
2	4	8		1	9	3	5	6
9	7	6		5	2	8	4	1
1	2	4	9	8		5	6	3
8	9		5	6	4	2	1	7
	5	7	2			4		9
	6	2	1	9	5	7	3	8
3	1	9	4	7	8	6	2	5
7	8	5	6	2	3	1	9	4

Puzzle 71 - Very Easy

		1	8		5	6	3	2
4	2	5	9	3	6	8	1	7
	3	8	7		1		9	4
8	6	4	5		9		7	3
5	7	2		6	3	1	8	9
	1		2	8	7	4	6	5
1	8	7	3		2	9	4	6
	5		1	9	4	7	2	8
2	4	9	6	7	8	3	5	1

Puzzle 72 - Very Easy

8	2	4	5	6	7	9	3	1
7		3	2		9		8	
	6	9		3	8	7	4	2
6	9	2		5	1	8		
1	8	5	9	7	4	6	2	3
3	4		6	8	2	1	5	
2	5	1	7	9	3	4	6	8
4	3	6	8	1			9	7
9	7	8	4	2	6	3		5

Puzzle 73 - Very Easy

	3		4	8		6	7	5
	4	8	9	6	5	1	3	2
5	6	1	7	3	2	9	4	8
4	8	7	1		9	5	6	3
3	5	2	6	7	4	8	9	1
	1		3	5		4	2	7
	9	5	2	4	7	3	1	6
6	2	4	5		3	7	8	9
1	7	3		9		2	5	4

Puzzle 74 - Very Easy

1	5	8	4	3		2	9	6
6	9	3	1	8	2		4	5
2	4	7	6			1	8	3
5	8	4	9	2	6	3	7	1
7		6	8	1	5		2	9
9	2	1		7	4	6	5	8
4	6		5		1	8	3	7
8	1	5	7	4	3	9	6	2
	7	9		6		5	1	4

Puzzle 75 - Very Easy

3	7	5	1	2	6	8	4	9
1	2		5	8	4	6	7	
6	4	8				5	1	2
2	3	7	6	1	9	4	5	8
	8	1	7	3		9	2	6
9	5	6		4	2	7	3	1
5	9	3		6	1	2	8	7
8	6	4	2	7	3	1	9	5
7	1	2		5	8	3	6	4

Puzzle 76 - Very Easy

1	8	9	3	7	5	4	2	6
3	4	2	1		6	8	7	5
7	6	5		2		1		3
5	7	4	9	3	2	6	1	8
2	1	6		8		9	3	7
9	3	8	6	1	7	5	4	2
4	5		2	6	3	7	8	
8	9	3	7	5	1	2	6	4
6	2	7	8	4		3	5	

Puzzle 77 - Very Easy

8	5	3	6	2	1	4	9	7
4	7	9	3		8	1	6	2
2	6		7	9		5	3	8
1	4		2	7	9		5	3
		8	1	3		7	4	6
7	3	5	8	4	6	2	1	
3		4	5	8		6		1
5	1	7	9	6	2	3	8	4
6	8	2	4	1	3	9	7	

Puzzle 78 - Very Easy

2	5		4	1	3	6	9	7
3	7	6	2	8	9		1	5
4	9	1	6	7		2		8
	2	9		6			8	1
6	4	7	1	3	8	9	5	2
	1	3	9	5	2	7	6	4
9	8		5		6	1	7	
	6	5	3		7	8	2	9
7	3	2	8	9		5	4	6

Puzzle 79 - Very Easy

7	6	5	8		3	1	4	
8		9	7	1	2		5	6
1	3	2	6	5	4	9	7	8
		8	2	4		6	1	5
2	5	1	3	6	9	4	8	7
6	7	4	5	8	1		9	3
	2	6	9	7	5	8	3	1
9	8	7	1		6	5	2	4
5	1	3	4		8		6	

Puzzle 80 - Very Easy

4	8	7	5	9	2	1	6	
6	1	3	7	4	8	2	5	9
9	2	5	1		6	8	4	7
8	6	9	3	7	1		2	4
2	7	1	6	5	4	3	9	8
5	3	4	8	2	9	6		1
1			2	8	7	9	3	5
7	5		9	1	3	4	8	6
	9	8	4	6	5	7	1	

Puzzle 81 - Very Easy

3	9	4	1	2		5	8	6
6	5	7	8	9		2	3	1
1	8		6	3	5		7	4
5	6		9	4	8	3	2	7
9	4	3	2	7		1	5	
7	2	8	5	1	3		6	9
	7	9	3	8	1	6	4	5
4	1			6	2	8		3
8	3	6			9	7	1	2

Puzzle 82 - Very Easy

2	6		4	7		1	9	8
1	7	8		2	9	3	6	4
3	4	9	1	8	6	5	2	7
9	8	1	3	6	4			5
4	3	7	9	5	2	8	1	
5	2	6		1	7	9	4	3
6	1	4	2	3		7	8	9
8	9	3	7	4	1	6	5	2
7	5		6	9	8	4	3	1

Puzzle 83 - Very Easy

7	2		5	3		1	9	6
3	5	9	7	1	6	8		2
1	4	6	8		2	3	5	7
8	6	1	3	4	5	7	2	9
5	7		6	2	9	4	8	1
2		4	1	8		5	6	
6		5	2	7	1		3	4
9	1	2	4	5	3	6		8
4	3	7	9	6	8	2		

Puzzle 84 - Very Easy

1	2			8	7		6	9
	4	9	1	5	6	2	3	7
3	6		4	9		5	1	8
5	8	6	7	3	9	1	4	
4	9	2	6	1	5	8	7	3
7	3	1	2	4	8	9	5	6
	5	3	8			7	2	1
6	7	8	5	2	1	3	9	4
2	1	4	9		3	6	8	5

Puzzle 85 - Very Easy

7	2	5		8	1	3	4	9
9		4	7	2	5	1	6	8
8		6	4	9		7	5	2
6	7		8	5	9	2	3	4
5	8	3	2	6	4			7
4	9	2	3		7	6	8	5
3		8	9	7		5	2	1
2	5	7	1	3	8	4	9	6
1	6	9		4	2	8	7	

Puzzle 86 - Very Easy

8	9	2	4	7	6	1	5	3
6	5		8	1	2	9	4	7
4	1	7	9		5	8	6	2
1	7	4	3	9	8	5	2	6
	3		2		4		8	1
	8	6		5	7	3		4
5	6	9	7	2	3		1	8
7					1	6	3	9
3	4	1	6	8	9	2	7	5

Puzzle 87 - Very Easy

		6		9	5	7	1	
1		8	6	7	3	5		2
4	5	7	1	2	8	6		3
9	2		7	6	4	8		1
3	7	1	9	8	2	4	6	5
6	8	4	3	5	1	2	7	9
7	1	2	5	4	9	3	8	
5	6	3	8	1	7	9		4
8	4	9	2	3		1	5	7

Puzzle 88 - Very Easy

	7	8	9	1	3		2	5
6	1	5	2	8		9	7	3
9	3		7	5	6	4	8	1
2	5	1	4		8	3	9	6
3	9	7	5	6	2	1		8
8		6		3	9	2	5	7
1	8	9	6	4	5	7	3	2
5	6	4	3	2	7	8	1	9
7	2	3	8			5	6	

Puzzle 89 - Very Easy

2	7	6	5	3	4		1	
	4	5	2	1	9	3		7
3	9	1	6	7	8	4	2	5
4	8				6	1	3	2
5	2		3	4	1	7	8	6
	1	3		8	2	5	9	
7	3	2	8	6	5	9	4	1
1	6	8	4	9	7	2	5	
9	5	4	1	2	3			8

Puzzle 90 - Very Easy

3	8	7	2	4	5	1	6	9
6	1	5	8	3	9	2	7	4
2	4	9	6	7	1		8	5
	7	2	1			4	5	3
	5	4	3	2	7	6	9	1
1	6		9	5	4	7	2	8
7		1	4	8	2	5	3	6
5	3	8		1	6		4	2
4	2	6	5	9	3		1	7

Puzzle 91 - Very Easy

5		2	6	1	3	7	9	8
3	8	7	2		4	6	1	5
9	1	6	8	7	5	3	2	4
8	2	9	5	3	1	4		6
7		5	4		6	1	8	9
4	6	1	7	8		2	5	3
1	5	8	3	6	2	9	4	7
6		4	1		7		3	2
2	7	3	9	4		5	6	1

Puzzle 92 - Very Easy

1	3	9	7			4	6	5
7	6	2	5	1	4			8
8	4	5			6	2	7	
2	5	3	4	6	9	8		7
	9	8	1	3	7	6	5	2
6		1	2	8		3	9	4
3	2	7	9		1	5		6
9	1	6	8	5	2	7	4	3
5	8	4	6	7	3	1	2	9

Puzzle 93 - Very Easy

6		4		1	9	8	5	
5	9	1	8	4	3	2	6	7
2	3	8		5	7	1	4	
7	5	3		2	8		1	6
4	8	9	1	3	6	5	7	2
1	6	2	4	7	5	9	3	8
9		5	7		2		8	
3	2	7		8	1	6	9	4
8	1	6	3	9	4		2	

Puzzle 94 - Very Easy

3	9	1	7	8	5	6	2	4
7			9	1	6	8	3	5
8	6	5	2	4	3	1	7	9
6	1				2	5	4	8
4	5	3	6		8		9	1
9	2	8	4	5	1			7
2	8	4	1	6	9	7	5	3
1		6	5	3	4			2
5	3	9	8	2	7	4	1	6

Puzzle 95 - Very Easy

	7		4	9	2	8		
8	3	1	5	6	7	2	9	4
2		4	1	8	3	6	7	5
4	5	9		1	6	3	2	8
3		2	9	4	8	1	5	7
1	8	7		3	5	9	4	6
7	1	8	3	5	9	4	6	
5	4	6	8	2	1	7	3	9
9	2	3	6	7	4	5	8	1

Puzzle 96 - Very Easy

9	8	4	5	2	6	7	1	3
5		6	8	1		2	4	
3	1	2		9	7	6	8	5
4	9		6	5	1	3	2	7
7	6			4	9		5	1
1	2			7	8	9	6	4
2	4	7	9	8	5	1	3	6
6	5	9	1	3	2	4	7	8
8	3		7	6	4	5	9	2

Puzzle 97 - Very Easy

7	8	2	6	1		5		
5	3	4		2	8	1	7	
6	1	9		4	7	3	2	8
2	4	8	1	9	5	6	3	7
	9	5		7	6	4	8	2
3				8	2	9	1	5
	6	7	2	5			4	3
4	2		8	6	9	7	5	1
8	5	1	7	3	4	2	6	9

Puzzle 98 - Very Easy

	4	7	3	6	2	1	5	8
3		5	4	8	1	2	9	7
2	8	1		7			6	3
7	5	2	6	9	8	3	4	
8		9	2	3	4	5	7	
6			1	5		8	2	9
4	9	6			3	7	8	2
	2	8	7	4	9	6	3	5
5	7		8	2	6	9	1	4

Puzzle 99 - Very Easy

1	4	5		7	3	8	2	6
8	9	2	5	1		7	3	4
3	7	6	2	4	8	9	1	5
5		3	1	6		4	8	9
6		4	3		9	1		
7	1		4	8		2	6	
	6		7	3	1		4	2
2	5		6	9	4	3	7	8
4	3	7	8	5	2	6	9	1

Puzzle 100 - Very Easy

4	2	8	5		1		9	3
3		5	4	8	7	1	6	2
			3	9	2	8	5	
7	3		9	5	8	2	4	1
1	5	9		2		6		8
8	4	2	1	3	6	9	7	5
9	6	4	2		5	3	8	
2	8	7	6	4	3	5		9
5	1	3	8	7	9	4	2	

Puzzle 101 - Easy

	8		6	2	9			5
1	6	9		3	5		8	2
7	5	2	1	4			6	3
	4	1			6	2		7
6	7		2		4			1
3	2		9	1		6	4	8
2	9		5		3	8	1	4
5	1		8	9	2	7	3	6
8	3	6		7	1	5	2	9

Puzzle 102 - Easy

	5	1	4	9	3	7		6
6		9	8	1		2	5	3
7		3	5	6	2			4
	1	5	2		6	4	3	8
4		8	3	5			2	
3	2	7	9	4		5		
		4	6		9	8		5
5	9		7	8		3	1	
8	7	2		3		6	4	9

Puzzle 103 - Easy

1		6				5	3	
8		3	6			9	1	2
2	9	4	5		1	7	8	
5		7		9	8		6	3
6	8	9	3	1	5	4	2	7
4	3	1		2	6	8	9	5
	1			4	3	6	5	9
3		5	1	6	9	2		
9	6	8	2	5	7	3	4	

Puzzle 104 - Easy

6	8	3	4	5		9	1	
1	2	4	7		6	5	3	
7	9		3	1	8	2	4	6
		1			9		8	
9		2	8	7		4	6	3
4		8	2	6	3		5	9
8		9	1	2		6	7	4
2		7		3	4	8	9	
5	4		9	8	7		2	1

Puzzle 105 - Easy

2	7	9		1	6	4	5	8
	8	4	9		5		1	2
5	1	3	8	4			9	7
7	6		5		3	1	2	4
4	2				8	5	3	9
9	3	5	1	2		8	7	6
3	5	7			9	2		
1		6	2	3		9	8	
				5		7	6	

Puzzle 106 - Easy

9	5		2	6	7	3	1	8
	3	1	4	8	5	6		9
	6	2		1	3	5	4	7
4	7		8	2	1	9	6	3
	9	3		4	6		8	
6	2	8		3		4	5	1
			3	5	8		7	6
5	1	7	6		2	8	3	4
	8	6	1	7	4	2		5

Puzzle 107 - Easy

	1	3		5		7	2	4
8	6	2	3	7	4	1		5
5				1	2	3		8
4	5	6	7	8	3	9	1	2
1		9			5	8		
	8		6	9	1	5		3
6	9		4			2		
3	4	8	1	2	9	6	5	7
7				6	8	4	3	9

Puzzle 108 - Easy

	4	9	8		1	7	6	2
	2	5	9	7	4	3	8	1
8	1	7	3	6	2	9	5	4
4	7	6		3	9			8
	9	1	2	4	8			
	3	8	6			5	4	
1			4		6	8	3	
7		4	1		3	2		5
	8		7		5		1	6

Puzzle 109 - Easy

1	9	7	2	3	6	5	4	8
6	8		1	7	4			3
4	3	2	8	5	9	1	6	7
8		1		2	7	3		6
	7	3	4			2		1
5		6	9			8	7	
7	5			9				2
	1	9	7		2	6	8	
2	6	4	3	8		7	1	9

Puzzle 110 - Easy

4	8			3	1		7	6
3		5	8	2				4
2	7		4	9	6			
	3		7	4	2	9	5	1
1	5	7	6	8		3	4	
	4	2	3	1	5	8		7
7	2		1	5	3	6		
	9	8		6	4	7		3
6	1	3	9	7	8	4	2	

Puzzle 111 - Easy

6	2					7	1	8
7			8	2	1	9	3	6
8	9	1		6	3	4		2
2	8	7		1	9	5		3
		6	2	5	8	1	7	
			3	7	6	2	8	4
4	6		1		7	8	2	5
1		8	5	9	2			7
5	7		6	8	4		9	

Puzzle 112 - Easy

5	7			9		3		
8	6	9	5	3	4	7	2	1
	3		6	7	1		9	8
	2	7	1	8		4	5	6
3	8		7	4	5		1	2
	1	5	2	6	9	8	7	
7	5	3	4	1		2		
1	9	2		5	8	6	4	7
6	4	8		2	7			

Puzzle 113 - Easy

1	7	2	5	4		8		
	9	4	2	1	8	6	7	5
5	8			9		2	4	1
2	6	5	1			7	8	9
8	3	9	6	2	7	5	1	4
	4	1	8	5	9	3	6	2
		7	3	8	2	9		6
6	5	3	9	7	1			
	2		4	6	5		3	7

Puzzle 114 - Easy

5	7	2		8	1	4	3	
3	9	6		5	4	8	1	7
1	8	4		6	7	5		9
			8		3	2	7	
	3	1	7			9	6	5
7	2		5			3	4	8
	4	8	1	7	5	6	9	
9	1		6	2	8	7	5	4
		7			9	1	8	2

Puzzle 115 - Easy

			7	1	6	4	8	
		1		3	4	7	9	2
3	7	4	9	2	8	1	5	
6	2	3		8	5	9		7
7	1	9	4		2	5		8
	4	8		9	7	6	2	1
4		2			3	8	1	
1	3	7	8	5	9	2	6	4
9		6	2	4	1	3	7	5

Puzzle 116 - Easy

		3		9	4	2	5	
7	1	5	2	8	6	4	3	
2	9	4	3		1		6	8
5	4		1	3		9		6
				6	9		2	4
8	6			2		3	1	7
3		6		7	8	1	4	5
9	5	1		4	2		7	
4	7	8	5	1	3	6		2

Puzzle 117 - Easy

4	7		1	3	6			
3		2	7	8		4		1
	6	1			5	8		
8		6			7	2	9	5
1		7		5	2	3	4	6
5	2	3			4	1	7	8
6	3	4	5		1	9	8	2
2			9	6	3	7	1	4
7	1	9	2		8		5	3

Puzzle 118 - Easy

5		1	9	4	2			6
8	2	7	6	1	3	9		
		4				3	2	1
9	6	8	3	2	4	1		
3	4	2	7		1	8	6	9
7	1	5	8	6	9		3	4
4	7	3	2	9	5	6		8
1	8	9	4	3	6	5	7	2
		6			7	4	9	

Puzzle 119 - Easy

2	3	9		8	1	6		5
1		7	6	4		2		9
	6		2		3	1	7	
	5	2				9	1	4
3	9	1	5	2		7	8	6
8	7			6	9	3	5	
9	1	6	3	5		4	2	7
	4	8	9	1	2		6	3
5	2	3	4			8	9	1

Puzzle 120 - Easy

9	8	3	7	4	1	6	2	5
1		7		5	6	9	3	
	6			8		1		4
	5		6	7	9	2	4	
	9	2		3	4	8	1	7
3	7	4	8	1	2	5	6	9
7		9	3		8	4	5	
4		8	1	2	5	7	9	6
	1	6		9	7			2

Puzzle 121 - Easy

7		8	4	9		6	1	3
		3	8	1	6			
6	9		3	7	2	8		4
	1			4	3	2		7
8	3	4	9	2			6	5
2		5	1	6	8	4	3	
3	6	7	2	5	1	9	4	8
1	8		7	3			2	6
	4		6		9	3		1

Puzzle 122 - Easy

7	2		6				1	3
8	1			2		4		6
	6	4	1	8		2	9	5
5	7	2	9	3	8	6	4	1
6			7	5	2	9	3	8
9	3	8	4	1	6	7	5	2
1	9	7	8	6				4
	8	3		4	9	1	6	7
4			2		1	3	8	

Puzzle 123 - Easy

2	3		1		6		4	7
7	6	8		3	4		1	9
9	1		2	8	7	3	5	6
3	9	7	8	2	5		6	1
4	8	1			9	5		2
6	5	2		1	3			8
	4	6		5	8	7		3
	7	3	6				9	5
5	2	9		7	1		8	

Puzzle 124 - Easy

3		7	4			8	1	2
	2	5	8		9	3		
		1	2		7	6	5	9
4	1	6	5	7	2	9		8
7		8	3	9			6	1
2	3		6		1		4	5
9		4	1	2		5	8	7
1	8	2		5	6	4		3
	7	3	9		8	1	2	

Puzzle 125 - Easy

1	8	5		2	4	3	7	
7		9	1	3	6	2	8	5
	3	2	8	7		4	1	9
	5		2				6	3
3		1	4	6		5	9	
	6	8		5	9	7	4	1
4			5	9		6		8
		3	6	4	2		5	7
5	2	6		8	1	9		4

Puzzle 126 - Easy

3	1			8			7	2
	7	8	1	3			4	6
5	2		9	7	6		8	3
6	4	3	2		8		9	1
8	9			4	3	2	6	5
7	5	2	6	9	1	4		8
2		7	3	1	4		5	9
4	6			2	9	3	1	
1	3		5				2	4

Puzzle 127 - Easy

	9	6	3	5	1	8	4	2
3		1	2	9	4		6	
4	5		8	6	7		3	9
	4	7	9	1	6	3	8	
	1		5	3	8	2	7	
	3	8	4	7	2		1	6
9	2	4	7				5	
1	7	3	6			4	9	
8		5	1	4		7	2	3

Puzzle 128 - Easy

2	5		9	7	3	8		1
1	7	8	5		4	6	3	9
4				6	8	5	2	7
	2		8		6			4
	8	4	2			7	6	5
5	6	9	4		7	2		8
6	1	2	7	4	5	9	8	
8		7	6	1	9	4	5	2
	4	5	3		2	1	7	6

Puzzle 129 - Easy

	3	2		4	9		6	5
9			3	6	1	2		8
1				8	5		7	
7	9	8	5	1	3		2	
5	2	3	6	9	4	7	8	1
6	1	4	8	7			3	
2	6		9	3	7	8	1	4
4	8	9	1	2	6			7
3	7		4	5	8			2

Puzzle 130 - Easy

8	1	6	9		5			2
7			3		8	5		9
5	3	9	2			4		6
6	4	2	5	8	9	7		
1		3	7	2	4	6	9	
9	8	7		3	1	2	5	4
4	6	8	1			9	2	7
	9	1	4	7	2	8		5
2	7	5	8		6	1	4	3

Puzzle 131 - Easy

7	6	1	3	2		4	8	5
5	9	3	4	7	8			6
4	2	8	6	1	5	3	9	7
9		5	2		6			8
8			1	5	3	9	6	2
6	1			8	7	5	3	4
2	8	4	7	9		6		3
3	7	9	5	6		8		1
1			8			2		9

Puzzle 132 - Easy

	3	5		7		4		
	1	4	3	5	9	2	8	6
9	2	6	4	1		3	5	7
		7			6	1	4	
4		8		3	1		2	5
	5	2	8	9	4	6	7	
6	7	3		4	5		9	
2	8	1	9	6	7	5	3	
5	4		2	8		7	6	1

Puzzle 133 - Easy

	1	7	8		2	3		5
8	4	5	3	7		1	9	
3	2	9	1		5	6	7	8
7	3	8	4		9	2	5	6
2	5	1	6		7	9	3	4
9		4	5	2		7		1
5		3		6	4		1	7
1	7	6	9	5		4	2	
	8	2	7		1	5	6	

Puzzle 134 - Easy

9	8	7	5	6	3	4	2	1
1	3				2	5	7	9
5		2	1			3		6
	6	4	2		5		9	
		5	9	1	8	7	6	4
				7	4	2	5	3
	1	8		5	9	6	3	2
6		9	3	2	1		4	
2	5		4	8	6	9		7

Puzzle 135 - Easy

3		7			5	6	4	
8		2	9	6	4	3	7	
6	9		1		7	8		2
5		9	3	2	8		1	4
2		1	7	4	9	5	3	6
	4	3	6		1			8
	2	6	5	9	3	4	8	
9	3	8	4	7	6	1	2	
4	7	5	8	1			6	3

Puzzle 136 - Easy

2	8	5	4	1	3	6		
6			7		9	5		
	9		6		5		8	
8	6	3			1	2		9
5	7	2	3	9	8	1	6	4
	4	9	2	6	7	8	3	5
3	2		8	5	6	9	4	1
9		8	1	7	4	3	2	6
	1	6	9	3	2	7	5	8

Puzzle 137 - Easy

3	1	2		9		6	4	
	4	7		5	1	8	3	
9		8	3			7	1	2
5	8	3	4	7	9		2	
		6	5	1		4		3
1	9	4	6		2		8	7
4	2	5			6	3		1
	6		7	2	3	9	5	4
7	3	9		4	5	2		

Puzzle 138 - Easy

6	8	3		9	1	2	4	5
		2	4	8	6	3		9
1		9		2		8	7	6
2	9	6	1	4	8		5	3
	1	5	9	3	2			8
8	3	4	6		7	9	2	1
	6	1	3	7	4	5		2
4	5	8			9		3	7
3	2	7	8		5	1		4

Puzzle 139 - Easy

9	7	4	5	6		1	8	3
8		3	9			4	5	
1		5	8	3			9	6
2	8	9	6	1	5		4	
6	3	1	7		9	8		5
5	4	7	3	2	8	9	6	
	9	2	1		6	5	7	4
7		6	4		3	2	1	8
4	1		2	5		6	3	9

Puzzle 140 - Easy

	7	9		3	8	2	5	
8	3	1	2	5	9		7	4
4	5	2		7		3		9
				9	2	7	6	5
	2	7	8	6	4	9	1	
	9		7		5	4	2	
	4		5	8	7	1	9	
	1		6		3	5	4	7
7	6			4	1	8	3	2

Puzzle 141 - Easy

9	4	8		2	7		5	1
	5	6	9	1		2	4	7
2	7	1	6	5		8	3	9
		9			1		7	8
7	1	3	4	8	9		6	2
		5	2	7	6	9	1	3
		7	1	9	5	3	2	4
	3		8	6	2	7	9	
5	9	2		4	3	1	8	6

Puzzle 142 - Easy

4		2	9	7	6			1
	6		4	1	8	9	5	
1	9	8	3	2	5		7	6
	4	6	2		1	7	8	9
8	2	9	6	5	7	3	1	
3		7		9			6	
9	8		7	6	2	5		3
6	3	4	5	8		1	2	7
2	7		1	4	3	6	9	8

Puzzle 143 - Easy

				6	1		2	5
1	9		5	7	4	8		6
8	6	5	9	2	3	1	4	7
4	3	9	1	5			6	2
6	8		7	4	2		5	9
	5	7	3	9		4	1	8
5	4		2	8	7		9	
7		6	4		9			3
9	1	8						4

Puzzle 144 - Easy

1			2	4		6	5	3
		5	9	3	6			
	2			5	1		9	4
	5	1	3	9	7	4	6	8
	3	7	5		4	9	2	1
9	4	6			2	7		5
7	1			2	3	5	8	
3	9		4	7	5	2		
5	6	2	8		9	3	4	7

Puzzle 145 - Easy

	8	2	5	6	7	9	3	4
5	4			2	3	6		8
		3	1	8	4		5	7
9	5			3	2	1	7	6
3		8	4	1	6	5	9	
	6	1	7		9	8		3
8	2	5			1	4	6	9
7			6		8	3		5
4	3				5		8	

Puzzle 146 - Easy

9			2	1	3	8	6	7
8	1			5	7	9	4	3
3	7	6	4	9	8	2	1	5
	8	7	9	4			2	
	2	3				1	8	
		9	8		2	7		4
	9		5		4	6	3	8
7	3	4	1		6	5	9	2
6	5	8	3	2	9	4	7	1

Puzzle 147 - Easy

6	2	5	9	3	8			
1	8	3	4	6	7		2	9
			2			8	3	6
	3	8	7	1	9	4	6	2
7	1	9	6	2		3		
	6	4	5	8		7	9	1
4	7	6	3		5	2	1	8
8	5	2		4	6			3
3	9	1	8	7	2	6		4

Puzzle 148 - Easy

1		7		8		5	2	4
	3	8	5	1	2	6	9	
	9	5		4	6	8	1	3
8	2			5	7	4	6	
6		9	1	2	4	3	5	8
5			6		8	2	7	
7	5	6	4	9	3	1	8	2
	1		8	7	5			6
		4		6		7		5

Puzzle 149 - Easy

2	5	4	3	7		9	8	
		7		4		3	2	1
3			2	6	9	4	5	7
7				5	3	1		
9	4	5	6	1	7	8	3	2
8		1	9	2		7		
1	8	6	4	9	5	2		3
5		9	1				4	8
4	2	3	7	8	6	5	1	9

Puzzle 150 - Easy

	2		4	5			3	8
5	9		2				7	6
3	4	6	8		7	5		2
8		5	7		2	1	9	3
2	3	9	5	8	1	7	6	4
4				3	9	2		5
6		4	9	2	8		5	1
9		3	1		4	8		7
1	8	2	3		5	6	4	9

Puzzle 151 - Easy

	2	6				4		5
	8		6				9	7
9	3			5	7	8	2	6
1	9		3	6	8	5	7	2
6	7	2	1	4		9	8	3
8	5	3	7	2	9	1	6	
2				3		7	4	9
			2	9	4	6	5	8
5	4	9		7	6	2		

Puzzle 152 - Easy

4	8	3		5	7	1	2	6
7			6		8	9	4	5
6	9	5	4	1		8	7	3
	7	9		4		6	8	2
2	6	8	7	9	1	3		4
3		4	2	8	6			
5		6	1	7	9	4		
8		7	5	6	4	2	1	9
9		1	8	2			6	

Puzzle 153 - Easy

9	5	7	8		1		6	2
4	2	1	6		9	8	7	3
	3		7		2			1
1			5	9	6	3		4
3	4	5	1		8	6	9	7
6	9	2		7	4		8	5
	1	3	9	6	5	2		8
	6	4	2	8	3	7	1	9
2	8		4	1		5	3	6

Puzzle 154 - Easy

	6	2	5	9	7	3		8
	5	7	2			1		6
9	3		1			7		5
3		6	9	5		4	8	7
5	4	1	8	7		6	3	
7	8			6	4		5	1
6			4	2	8	9	7	3
8	7	4	6	3	9	5	1	2
	9	3		1	5			4

Puzzle 155 - Easy

4	2	7		1		9		5
3	5	8	7			2	4	1
	9	1	5	4	2			7
5	3	9		8	7	6	1	
2	8		6	3	1	7	5	9
	7	6			5	8		4
9	6	2		5	4	1		8
		5		7	6	4	9	3
7	4	3			8	5	2	6

Puzzle 156 - Easy

	5	6	2	1	8		3	7
	4	2	9		3	1	8	6
1		8		7	6	9		5
2	1	7	8	6	9	3	5	
4	8	5		3	2	6	7	
3	6	9	5	4	7		1	
5		4		9		2	6	
6		3	7	8		5	9	1
8			6	2	5		4	

Puzzle 157 - Easy

2	1		8	3	9	4	5	
9	5	4		2		8	1	3
3		6	5		1	7		2
	9		4	6			8	7
6	4	8	1		3	9	2	5
7	3		9	5	8	1		4
8	6	5	3	9	4	2		
4	7	9	2	1	5	6	3	8
	2	3	6	8	7		4	

Puzzle 158 - Easy

	9	5		3	7	2	1	4
8	4	7	5	1	2		3	6
	3		4			5	7	8
5		8	9		3	6	2	1
3	6	4	7		1	8	9	5
1	2				5	3	4	
9	1	6	3	5	4		8	2
4		3		7	8	1		9
7	8	2	1	6	9	4	5	

Puzzle 159 - Easy

1		2	4	8	6		9	5
		9		3	2	7		
4	3	6		9	7	2		8
2	9	4	8	7	5		3	6
8	1	3	9	6		5	2	7
		5	3	2	1	8		
	5	7	2	4	3		8	1
	2	1	6		8			
3	4		7	1		6		2

Puzzle 160 - Easy

9	4	3	8	2		5	6	1
		1	6	5	4		3	9
	5		3	1	9			
8		9		4	1	6		3
	6	5	7	9	8	1	4	
4	1	7	2	3	6		8	5
5	8		9	7	2	3		
1	9		4	6	3	7	5	
7		4			5	2	9	6

Puzzle 161 - Easy

		2		7		1		9
1	6	7	8		3		2	
5	3	9	2		1	7		
	7		9	3	4		5	6
3	9	5	1	6	2	8		
6		4	7	8	5	3	9	1
9	4	8	3	5	7	6	1	2
2		3	6	1	8	9	4	7
7	1	6		2		5	8	3

Puzzle 162 - Easy

9	5	8	2	6				4
1	6		5	7	4	9	8	3
7	4		9		8	6	5	
6	1	9		8	2		4	5
8	2	5	3	4	1		6	9
	3				5		2	1
	7	1	8	2		4	3	6
2		6	4	3	7	5	1	
3	8	4	1	5	6	2	9	7

Puzzle 163 - Easy

8	2		9	4	3	1	7	5
		4			5	6	3	
	5	3	7	1	6			2
2	9		1			3	5	6
3	4	1		5	9	2	8	7
5	6		3	7	2	9	1	4
	8	2	5	6	1	7	9	3
6	7	9	4	3	8	5		1
1		5		9	7		6	8

Puzzle 164 - Easy

5			8		4	1		3
	8		1	7	2			5
1				6	5			8
4		1	6	8		5		2
	3	5	2	4	1	9	7	
6		2	9	5	3	4	8	
2	1	9			6	8	5	7
	4	6	5	2	8	3		9
3	5	8	7	1	9	2	6	4

Puzzle 165 - Easy

		7	1	6	8	2		9
5	1	2	4	3	9	8	6	7
6	9	8			7	3	1	4
	7	4	8	9	1	6	3	5
1	6			4	5	7		
8	5	3	6	7		4	9	
7	8			2	3	1	4	6
4	2	1	5	8	6	9		3
9		6	7	1				2

Puzzle 166 - Easy

4		1	8	9		7		2
3	8	5		7	1	9		6
9	7	2	6	4	5	8		1
	3			6	2	5		4
8	5	7	4					3
2	4	6	5	3		1	7	9
5	9	3	1	8		6		7
7	2		9	5	6	3		8
6		8		2	7	4	9	5

Puzzle 167 - Easy

5	3	8		2	9		1	
	6		5	8	3		2	7
7	2	9	4	1	6		3	8
		7	9	6		2	5	4
2	4	5		3	7	6	9	1
	1	6	2	4	5	7	8	3
	5	2	1		4	3	6	9
		1	3	9	2	8		5
		3	6		8	1		

Puzzle 168 - Easy

8	2	7	6		9	5	3	4
4	9	1	2	5	3			
		6	4		7	2		
7	6	8	3			4	1	
3		9	1	7	5		2	8
1	5	2	8	4	6	3	7	
2	7						8	6
9	8	3				1	5	2
6	1	5	9		8		4	3

Puzzle 169 - Easy

5		6	2		8	3	4	7
	3	2	4	5	7	9	6	1
1	4	7		3	6		2	
	5		6	7		4	8	9
	8	4	1	9	5	7	3	6
6	7	9	3		4	5	1	
4	1			6	9	2		8
7	2	5	8	4	1			3
9	6				3	1	5	4

Puzzle 170 - Easy

	6		3	4			5	
3	8	7	1	5	2	9	6	
		4	9	6	7		8	3
7	5		6	1	3	4	9	8
4	3	8	2	7		5	1	
6	9	1	4	8	5	3		7
9	7	5	8	3	6	2		1
2		6		9	4	8		5
8	4	3		2		6	7	

Puzzle 171 - Easy

	2		8	9			5	3
	9		5	1		6	2	7
	1	5	7	3	2	4	9	8
2				8		9	7	5
5	7		2	6	9	8	1	
			1		5	3	6	2
	4	9	6	2	7	5		1
1	3	2	9	5	8	7		6
7	5		3	4	1		8	

Puzzle 172 - Easy

		3	9	5		6	7	
7	1	6	8		2		5	
2		5			6			4
9		4		8	5	7	3	6
5	7	1	6	2	3	4	9	8
6	3	8	7	9	4	5	2	
	5	2	4	1	8	9	6	7
1	4		5	6	9	2	8	3
8						1	4	

Puzzle 173 - Easy

3			4			5	1	8
6	9		1	5	7	2		4
5		1	2	8		9	6	7
1	6	2		4	5	8	7	9
9		3	8	7	2		4	6
8	7		9	1		3		5
4	1	9	6	3	8		5	2
7	8		5	2	1	4	9	3
	3	5	7			6	8	1

Puzzle 174 - Easy

	7	4	3	9			6	5
6	5	1	7	2	4	8	9	3
3	2	9	8	5	6		1	
4	1	8			5	9	7	2
7		2	1	4	8	3	5	
5	6	3	9			1	8	4
2	8	6					3	9
	4	7	5	8	3	6	2	1
1	3			6	9	7	4	

Puzzle 175 - Easy

4	8	6	9	1			2	7
		9	4		7	6	8	3
3	7	2	8	5	6	1		
7	6	8	2	4		3		5
		5	7		1	9		
	9			6	8	2	7	4
	2		3		5	4	9	
9	5	4	6	8	2	7	3	1
6	3	7		9	4	8	5	2

Puzzle 176 - Easy

9		3		8	7		4	
1	2	8	4	9	3		5	7
4	7		2	1	6	8	9	3
3				7	2		1	4
2	4	6	1	3	5	7	8	
	1	7	9	4		3		2
6		4		5	1	9	2	8
	5	1		2		4	7	
7	9	2	8	6	4		3	

Puzzle 177 - Easy

4	9	1	2	6	3	8		7
8	6	7	5	9	4	1		
		5	1	8	7	9	6	4
9	4	6	7			5		1
2		8	6	4			7	9
7		3		1	9	6		2
	3	2		5	6	7	9	8
	7	9	3				1	5
5	8	4	9	7	1	2		

Puzzle 178 - Easy

7	9	4		6	5	8	1	
5	3	2	7	1	8		4	6
	1	6		4		5	7	3
	5		1	2	7	6	3	4
4		3	9		6	1	2	5
6	2			3	4	7	9	8
	8	9	6	7		4	5	1
	6		4	9	3	2		7
2	4			5	1			9

Puzzle 179 - Easy

5		9	3	6	1		4	
2	4		7	5	8	3		9
6		7		2	4	5	1	8
				7	5	1		3
3	7	5		8	9	4		6
	2	8		4		9	7	5
7	1	3			6	8	5	2
9	5	2			7	6		4
8	6	4	5	3	2	7	9	1

Puzzle 180 - Easy

	1	6	8		2	9	5	
	5	9	3					2
4		2	6			1	7	8
1	7	3	9	2	4	5	8	6
6	9	8	1	5	3	7	2	4
2		5	7		6	3		
	6	7	4	1	8		3	9
	8	1		3	7	4		
3	2	4	5			8		

Puzzle 181 - Easy

4	5	6	2	8			7	9
			1		5	3		4
2	3	1		4	9	8	6	5
3	6	7	5	9	1		4	8
9	2	8		3	6	5	1	
1		5	8	7		9		6
		2	3	5	8	4	9	1
5	1	4		2	7	6		
8				1	4		5	2

Puzzle 182 - Easy

1	3	4		6	5	7	8	2
5	7	8	4		1	9	6	3
6	2	9	3	8		1	4	5
	1	6		9	2			
8	5		6	1	3	4	2	9
3			5		4			6
	8	5	1		6	2	9	
		1	7	4	9		5	
9		3		5		6	7	

Puzzle 183 - Easy

3	9	5	8	4	7	6	1	2
	4	8			6	3	7	
7	1	6		2		4	8	5
1	7						9	3
9	8	4	2	3	5	7	6	1
			7			2	4	8
	3	7	4	1		9	5	6
4	5	1		6	3	8	2	7
6	2	9	5	7	8	1	3	

Puzzle 184 - Easy

9	3	1	8	4	5		7	
			3	9		1	4	5
5	6	4	7			9	3	8
4	7		2	8	1	3		
8		9		5	3	7	6	1
1	5	3	9	6	7	2		4
3	4		6	2	9	5	1	
2	1	7	5		8	4	9	6
6	9	5	1		4		2	3

Puzzle 185 - Easy

2	3			9	6	1		8
6	1	9	4	7	8	5	2	3
		8	3	1	2	7	9	6
	5	6	8		3			2
	9	2	7	6	5	8		1
	7	3	9	2	1	4		5
7	8		2	3		6	1	4
3	6	4	1	8	7	2	5	9
9		1		5			8	7

Puzzle 186 - Easy

7	2	8		4	5	9	3	6
3	9		7	2	6			4
5	4		9	8		2	1	7
4				3	9	1	6	8
		9				3	7	5
6			8	7	1			2
9		7	2		8		4	
2	5		6	9	4	7	8	
1	8	4	3	5	7	6		9

Puzzle 187 - Easy

4	8				7		9	
9	5		8	4	3	2	1	7
3	7	1	5	9		8	4	
5	9	8		6	1	4	3	
6	2		4	3				8
1	3	4			5	6	7	
8	4	5	1		6		2	3
2	1	3	9			7	6	
7	6	9	3	2	4	5	8	1

Puzzle 188 - Easy

1	4	7	9	2	8	6	5	3
6	5	2	4	1	3		9	
	9	8		7	5	1	2	
4	1		8	3	2	5	7	9
	3		7	4	9	8	1	
7	8	9		5	6	4		2
9		4	5	6		3	8	
8		1	3	9		2		5
5	6	3		8		9		1

Puzzle 189 - Easy

	9	3	7	4			2	
7	2		5	3	9		6	4
	5	4	6	2		3	9	7
	7		3	1	5	2		9
3	8	5	2	9	4	1	7	6
	1		8	7	6		3	
	4		9	8	2	6	1	3
2	6	9	1	5	3	7	4	8
1	3	8	4		7	9		

Puzzle 190 - Easy

7	1	3	8	4	6	5	9	
4			9	7	2	8	3	
9	8	2	3	5	1		7	6
1	3	7	6		4	2		8
6			7	2	8	9	1	3
		9	1	3	5		4	
3	6			8		7	2	
5				6	3	1	8	9
	9	8		1	7	3	6	4

Puzzle 191 - Easy

4	1	3	5		9	6	7	8
	6		7	4		3	2	5
5		2	3		8	4		
9		1	4	7	3		6	2
7	8	6	2	9		1	4	3
2	3		8	1	6		5	9
3	4	8						7
1	2	7	9		4	5	8	6
	9	5	1			2	3	4

Puzzle 192 - Easy

7	9		2	4	5		8	
2			8	7	1	6	9	4
		1	6		3	5	7	2
8	4	2	1	3	7	9	5	
3	1			6	4	7	2	8
6	7	5	9	2	8	4	3	
	2	7	3			8	4	9
	3			1	9		6	7
		4			2	3		5

Puzzle 193 - Easy

6	4	9	2		3	7	8	1
	5		7		4	3	6	9
1		3	6		9	5	4	2
	8	1	3	9		4	5	6
7	3	6	5	4		9		8
5	9			6	8	2	7	
4	6	5			1	8	2	7
9				2		6		4
3	2		4	7	6	1		

Puzzle 194 - Easy

	6			7	3	5	1	2
3	7	1	8	2	5			
2	9		1	4	6	8	3	7
7	3				8	2		5
			3	9	2		7	1
	1	2	6	5	7		4	8
6	2	9	7		1		5	3
1	5		2	6	4			9
4	8	7	5	3	9	1	2	6

Puzzle 195 - Easy

	9		6	7			1	4
1	4	6		5	9	8	2	7
8	7	3	1	4	2	5	6	
		4	5		1	7	9	6
7		9	8	6	4	2	5	3
5	6	2	7	9			8	
6	2		9	3	5	1	4	8
		1	2	8	6	9	7	5
9	5		4	1	7		3	

Puzzle 196 - Easy

6	4	9		8	2			
8	7	3	9	4	1	6	2	5
2	5	1			6	4	8	9
3		4	2	1			7	
9	1		7	3		2		4
7	2	8	6	5				1
4	9	6	1	2		8		7
1	8	7				9	5	
5	3	2			7	1	4	

Puzzle 197 - Easy

	6	1		5	2	7	4	9
7		3		1			8	2
2			7		8	3	1	5
6	7		2		4	5	9	1
	3	9		8	1	2	7	4
1	4	2		9	7		3	6
9	2	6	1	7	3		5	
3		5	8		6	9		7
4	8	7		2		1	6	

Puzzle 198 - Easy

3	4	2	9	1		5	6	8
9	1	7		5		4		
8	6	5	3	2	4	1	7	9
6		4	1		9	3	5	7
5	8	1		7	3	6	9	4
7	9	3	4	6	5		1	2
4		8		9	2	7		
1	7	9				2		
	3					9		5

Puzzle 199 - Easy

		2	8	9	6	5	7	1
5	8	6	7	3		9		2
1	7	9		4		3	8	
2	4	5	9	6	7		1	3
9		7	1	8	3	2	5	
3	1	8	5	2	4	6	9	
7		4	6	5	2			8
6	5		4	1	8	7	2	
8	2	1		7	9			5

Puzzle 200 - Easy

9		7	4	5		2		
4	3	2	7	8	6			
		5	2	9	3	7	8	
3	4		9	6	5	1	7	2
2	9	1	8	3	7	4	5	6
5	7	6	1	2		3		8
6		9	3	4	8		2	7
8	2			7	9	6		1
7		3	6	1	2	8	4	

Puzzle 201 - Medium

5	6	7	9	1				
3		2			8	7		1
	1	4			6			5
1	7	6		5		8	4	
		3	1		2			7
2	5	9		7	4		1	6
7	2	1	4	3	5	6	8	9
6	4	8	2		7			3
					1			

Puzzle 202 - Medium

8		2					5	
	5	3			9	2	7	1
6	9		2		5	8		
9		6		5	8	7	2	
		5	7				6	8
7		8	6		1		9	5
3	8		9		6	5		2
1		9		8	7	3		
		4	3	1	2	9		7

Puzzle 203 - Medium

8		5	7		4	2	1	6
		2	6	1		8		7
7					2	9	3	4
	2				1		7	8
			3		8	5	2	1
	8	6			5		9	
2	5		8			1	6	9
		8			7	3	4	2
9	3	4		2	6	7	8	5

Puzzle 204 - Medium

5	7	6	3	1	4	9	8	
3	2	4	8	9				6
8		9	6			5		
6		2				8		1
1	4	8	2	3		6	5	
	5	7		6	8	3	2	4
	6		5	8			9	7
		1	9				6	5
2			7	4	6		3	8

Puzzle 205 - Medium

1	3	8	5				2	4
	6	9		2	7		1	
7	2		8	3		5		9
6		5		1	3		4	7
	9			4			8	5
2		7	6	8		9	3	
		2		7	4			
	1	6	2	5	8	4	7	3
4		3	1	9	6	8		

Puzzle 206 - Medium

	4	6	8	7			2	
8	3	2		5	9		4	
7	5	1	3	4	2	6		
	2		1			9	5	8
	1		7	9		2		3
	9	5	2	8	6		7	1
	6	3	4		7			
1	7	4		2	8	5	3	
	8	9		6		7	1	4

Puzzle 207 - Medium

5			9	6	8	7		
9		7	5		4	8		3
8		1	7	2	3		5	
4		8	2			1	3	5
2			4		9	6		7
3	7	6	8		1	2	4	9
1	3	2		9		4		8
			3	4	2	5		1
		4	1	8	7			2

Puzzle 208 - Medium

7		5			1	4	2	
9	3	8	7	2	4			5
2	1	4	5	8	6			
	9	7	2	1	8	5		6
3	8					1	9	2
	2		6	9	3	8		7
8	5	9	3	4	2			
1						2	5	
	4				7	9	8	3

Puzzle 209 - Medium

1			9	6			2	5
5	7		1		4			
	2	4	3	8			7	9
8				4				1
	1	2	8	9	6	5	4	7
9		5					3	8
		6	2	5				4
2	5	8	4	7	1			
4		1	6		8	7	5	

Puzzle 210 - Medium

	1	2			8	9	7	
	6			9	7	8	1	
	7		2		1	6		3
1	8			2				6
	4	6	7	1			3	8
2	3		6	8			4	
	5	4	8	3	6	1	2	
	9	3	1	5		4	6	
6	2	1	9	7	4	3	8	

Puzzle 211 - Medium

6	3	5		1	8	9		4
		9						
7	8		4	9			5	
2	5	4	1	8	9	3	6	7
9	1		7			8	2	5
8				3	2		1	
4			8		1	5	9	
5		1	3	6	4			2
3	7				5	6		1

Puzzle 212 - Medium

5	8	4	7			1		6
3		9	8		1	4	2	5
	1	6	5				7	
1		7	3				6	4
		5	9	7	6	8	1	3
		3	4	1			9	
7		1	2	8	4	6	5	9
6			1			3	8	
			6	3				

Puzzle 213 - Medium

7		8	2	4	1	6	5	
	5	4	6		3	1	7	
	6	2	7	5	9			3
	4	6		9	7		1	8
8		9		6			3	4
3	2	7	4	1	8			5
6		3	8		4			
	9	5	1	3	6	8		
	8		9				2	6

Puzzle 214 - Medium

9	2	7			5	3	8	1
1	8	5	7		3		6	
3	6	4	9	1		7		
			6		7		9	8
5		9	2			6		3
6	3	8	5		4	2	1	7
2	5	3	8	4	9	1		6
7		6		5			3	
						9		2

Puzzle 215 - Medium

	8		9	1	5	3	6	
5		2		7	3	1	9	8
1			6			7		
	4	3		9			8	6
6	9				7	4	2	
8				6	4	9	7	1
	7			8	9		1	5
9			5	4		2	3	7
2	5	6	7	3	1	8		

Puzzle 216 - Medium

				6		2		
6	1		9	3	2	4		
8	3	2		7	5	6	1	9
7		3	6			5	4	8
			3	5		7	2	6
5	4		8		7		9	1
4	5	1	7	8		9		2
	8		5		6			4
		9	2	4	1	8	7	5

Puzzle 217 - Medium

8		2		5	9		4	3
1		9		7		5		6
6			1			7	2	9
				3	6		5	1
		8	5	9				
5	1	3	8		7	9		
	5	1		6	8		9	4
	2		9	1		6	7	8
9	8	6	7	2				5

Puzzle 218 - Medium

		7				8	6	
	9	8	4	6	2	3		1
	6	2	1	7	8		4	
6	8			5	1		2	7
	3	1	9	2		6	5	8
2	4	5	7		6			
	7	3	6	1		2	8	
	5	6	2		9			3
1	2		8	3		5	9	

Puzzle 219 - Medium

8	9		3	1		5	4	7
	5	7			4			8
6	3	4	7		8		1	9
	2			8	7	3	6	1
		1			3	8	9	2
	8	9		2		7	5	4
2	7						8	5
5		8		3	2	9		6
9			8	7	5	1		

Puzzle 220 - Medium

	8		6	4	3			
	6	4		5	7		2	
		7	1	2		6		4
	4	6			5		1	3
7		9					6	5
		2	7	3		9		8
1	9	8		7	2	4	5	6
6	2	5				8	3	7
4				6	8	1	9	2

Puzzle 221 - Medium

9	3	6	8	1		2		
	8	2	9		4	7	6	3
	4	5		6		8	9	1
6	5		2		9	4	1	
4		7	6					
3	2		4		5	6		
		3		4			2	8
	7		1	9		5	3	6
8	6		5			1	7	

Puzzle 222 - Medium

1	6		3	5		7	4	2
5	7	8				9		3
				7	1	6	5	
	5		7	1		3		4
	8	4			6	1		7
9	1	7		4	3			6
	9		2			4	7	
	4	1	6		7	2	3	5
7	2		1			8	6	9

Puzzle 223 - Medium

4	6			5	7		8	
			3	4		6	5	9
	3	8		6	9			2
2	1	4	6	3	5		9	7
	7			9		2	3	
	9		7	2		5		4
		6		7				5
9	4	2	5		6	3		
7	5	1	9		3	4	2	6

Puzzle 224 - Medium

7	3		2	1			9	8
			4	8	3	1	7	
8		1	5			4	2	3
9	4		3		8		1	
3	7			2	1	6	8	
	8	2	6	5	4	7	3	
6		3	1	4	2		5	
5				6	9	3	4	1
		7	8	3		9	6	

Puzzle 225 - Medium

1	7	5		9				
8	9							6
2	6	4	7		3	9	5	1
6	5	9	1				8	
3	1				8	7	6	
7	4		3			5	1	
4		1	5		9		3	8
5		6	4	3	1		9	
9		7		2	6		4	5

Puzzle 226 - Medium

3		1		2				6
6		7	5	4			9	3
8	5		6		3	2	7	1
		5				7		8
2	4	8	1		5			9
7			3	8	9		2	5
	8	2	9	1		3	5	7
1			2		8	9	6	4
5	6		7	3	4			2

Puzzle 227 - Medium

6	1		5	4			9	3
7	9			6			4	2
2	4	5	9	3	7	6	8	1
9					5			
		2		1	4	9		
	5		6	2	9	3	1	8
		4	2	9		8	3	
		6	4	5	3		7	9
	2	9		7	6	1	5	4

Puzzle 228 - Medium

		9	5	3	2	6	8	
	3	1		4	9	5	7	2
5	2	6			1		4	3
	9		3		5	2	1	
		5		1				
2	1	7			6	3	5	
	4		9	2	3		6	5
9		2			8	7	3	
1		3	7	5			2	9

Puzzle 229 - Medium

4			3			6	2	9
3	6		7		2	4		5
9	2	5	4	8				1
8		9		4	3	2		
1		6		2		3		
2		3	6				9	
	1	8	2		4	9	6	7
		2	8		1	5	4	
			9	5	7	8	1	2

Puzzle 230 - Medium

		9	3			6		
3			8	1	5			2
	7	2	4	6		8	3	
7	6	3	5	8				9
4	5				2	7	6	
2	9	1				4	5	
9			6				2	4
	3	7		4	8	5	9	6
	2	4	9		1		8	

Puzzle 231 - Medium

1	4	5		7		9	2	
		7	1			4		5
3	2			5				7
	8		7		1			3
				4	5		6	
7				9	3	1	8	4
	9	2	5		4	3	7	6
6				2	8	5	4	1
5	1	4				8	9	2

Puzzle 232 - Medium

3	1		8	2	7	5		
8		5				1	7	
7	6	4		9	5			
1			4	7	2	6	8	5
6		8	9			7		
2		7			6		9	1
		6			3	4	5	
4	3	2		5		9	1	6
	7	1	6	4		2	3	8

Puzzle 233 - Medium

5	6		7	8			4	1
7		8	2			5	3	6
			3	5			8	
		6	5	2		3	9	8
		9	6	3	7	1		
		2		9		7	6	5
	8		4		3		7	2
4		7		6			1	3
6				7	2	4	5	9

Puzzle 234 - Medium

5	3	6	8		1	2	9	
	4	2	5	3	6	1	7	8
		1			9	3		
	5	9		8		6		
7	2				3	5	8	9
	1	8					3	7
4		3	6	1			2	5
1	8		7	2	4		6	3
		7	3	9			4	1

Puzzle 235 - Medium

8		7	2		1			4
3	5	6		8	4	7		1
4		2	6		5	9		8
	2	8	1	5		6	4	
5			7			3	1	
		1					9	5
1	8	9		2	7	4	5	
2	7	3		4	6		8	9
	4	5	8		9		7	3

Puzzle 236 - Medium

	3		9		6	8		
6	8	2			7	9	4	1
7			2	1	8	5	3	
		7	5	8	4			
4			1			2	7	
9		6	7	2	3	4	5	
1	6	5	8	7		3		
	7				5		6	2
2		4	6			7		

Puzzle 237 - Medium

					1		4	
	9	2		5	4	3	8	1
4	3			2			9	
	7	3	2		5			
		9	8	4	7	1		3
	2	4	3	9	6			5
				8		2	1	
	5			6	9	4	3	8
3	1		4	7	2	6	5	9

Puzzle 238 - Medium

3				2		1	8	7
	1		8	3	5	9		
4	2	8	1		7	5		3
2	8		6		1			
	6	1	9			3	2	8
	4	9		8				
9			5	1	8	4	7	
1	7		2		9	8		5
	5	6		4				9

Puzzle 239 - Medium

7	9	8		3		2	5	
2	4			7	9	1		8
	1	3	4	8				9
3		5	9		4	8	2	7
		2		5		9	1	6
1		9	6	2	7	5	4	3
9		1		4		3		
8		7			1	4		5
6		4	2	9	5			

Puzzle 240 - Medium

	5		2		4	1	9	8
9			5		6	2		7
	1	2	3			5	6	4
4		3		6	5	9		1
6	7	5					4	2
	9	1		3	2	6	7	5
						8	5	
	6		8	2	9	4		3
1	4	8	6		3	7	2	9

Puzzle 241 - Medium

8			6		4	5	2	9
		5	1			6	7	3
	3	6	7	5	9	1	8	
7		4	5					1
		2	9		1	4	3	7
6	1		8	4		9		
3		7			6			8
1		9	2	7			4	5
	2	8		1	5	7		6

Puzzle 242 - Medium

2				5		7	1	4
	7	8	1	6		5		2
4		1	2			9		
	3		7	4	2	1		6
7	8	6	3			2		9
					6		7	
8	1	4	5	2		6	9	7
3	9	5	6		8	4	2	
6	2	7	4					

Puzzle 243 - Medium

7	3			8	2	9	4	1
8	2	9					6	3
4	5		3		6	8	2	7
1	9		8	6			3	
3					7	2		
			9		3	1	8	5
2	1			5	9	3	7	
	7	8	4			6		2
5	6	3		7	8	4	1	9

Puzzle 244 - Medium

	8	5	9	6		7	1	
4		6	3		7	8	5	
	7	1		5	2		4	6
6			5		1		9	
8	9		6	4	3	1		
	1	4	2	8		6		7
	6	3	4	9		5	7	1
7	4	8	1		5	9	6	3
		9		3	6			

Puzzle 245 - Medium

1	6		3		4		8	
		7	2	6	5	1	4	
4	5	3	8			9		
		4	1		9	6	5	8
	8		6	3		4	7	1
			5		8	2		9
	4	9			3		1	
5			9	8	6	3		4
	3		4		1	5	9	7

Puzzle 246 - Medium

9	6	2		3	8		5	
				5	7	2		
5	4	7	6	2	9		1	3
					4			8
7	9	8	2		1			5
	3		8	7	5	1		2
3	2		9		6	4	8	
	8						3	
4	7		5	8	3		2	1

Puzzle 247 - Medium

	6	1	3	7	2		8	4
4	3	8					2	6
2				6	8	9		1
6		4	9	3		2		8
8	2		5	1			4	
5	7	3		2	4			
	8	5	6	4	3		9	2
1	4	2	7	5			6	
3		6		8		4	7	5

Puzzle 248 - Medium

2	8	5	6	3		4	1	9
	6			4	1		2	5
	9				2	6		
6	1	7	5	9	3	2		
9		8						6
3	5	4	2	8		7		
8	4	2		1	5	9	6	7
	3			6	8			
1	7		4			3		8

Puzzle 249 - Medium

	4	2	6	3	9			
8	9	7		2		6	4	3
		3		7	4		5	
2	8	5	4	9		3		
1	7							
	3	4				2	8	7
	5		9	6	3	1	2	
4	2			1			3	
3	6	1	2		8	5	7	

Puzzle 250 - Medium

	1	5	7	9	8		3	
		8	3		2		5	4
2	9	3	4	5		1		
1		2		3		6	8	9
5			8			3		7
3		6	2			5	4	1
8			9	2			6	3
9	2		6	4	3	8		5
	3	4			5		9	

Puzzle 251 - Medium

1	7					4	3	5
		4	1		3	7	9	8
8		9			7	1	2	6
		3			2	5		4
6	5	2	3	8	4	9	1	
	1	7			5	3		2
	9		4	3				
2	6	5		7			4	3
3		1	2	5		6		

Puzzle 252 - Medium

2	3	1	4		5	7	9	8
					2	3	4	
	4	9	7	8	3			
1	7	8	6	9		5		3
4	9			2			6	7
		5	1				8	
8	1							4
		4		7	9	2	5	1
	5	2	3			8	7	6

Puzzle 253 - Medium

4			8	1	6	2	5	3
6			5			7	9	
2	3	5	9		7		6	
8		3	7	5		4	2	6
		1	4	6				
5	4			3				1
1					5	9	4	7
3	5					6	8	
	8		6	7		3	1	5

Puzzle 254 - Medium

9					7	3	8	5
5			2	3		9		
3			5	9	8	2	1	6
8	4		9	6				
6	5			7		4	3	8
	1	2		8	3	6		
	9		7		4	5	6	3
	3	5	8	2			9	4
		7	3					1

Puzzle 255 - Medium

5	4				3	2		
9			6			5	1	3
1			9	5	8		7	6
		4	3	9		1		
	9	2	8	7	1	6	4	5
6	7			2	4			8
7	1			3	5	9	6	4
	6	5	4	8	9		3	
4		9		6	7	8	5	2

Puzzle 256 - Medium

8			4	3	7	9		6
						7	5	
2	9		6		1	3		
	2	6			8	1	9	
1		8	2	6		4		5
	3		1	7	5		6	2
7		4	5		3	2	1	
	1	5				6	7	3
	8	2	7	1		5	4	9

Puzzle 257 - Medium

	7	5	1	4	9	6	8	
	8		7	5		3	9	4
9	4		8	3	2	5		7
6	2		9			7	5	
				7	3	4	6	8
	3		4		5			
8	1		5	9	4	2		6
	9			2		8	7	
	6	2	3		7	9		

Puzzle 258 - Medium

3	8		2	4	9			
	4				6	7	9	
6	2	9	1		7			8
		2	6		5	9	3	4
5	9	4	7		3			
	3	6		9			5	7
2	5	1	9	6		8		3
4	7	3	5	2	8	6		
	6						2	5

Puzzle 259 - Medium

	8	2	6	5		7	3	
	3				8	4		6
	4			3	9	2		8
	6			8	2			7
7	5	1		9	6	3	8	2
	9	8	3	7	5	6		
6		9		4		1	7	
	1			6	7	9	2	4
	7	5	9		1		6	3

Puzzle 260 - Medium

			6		7		4	2
1	7	4	5	8		3	9	6
8	6	2	3		9			7
	9		1			6		
6	4	8		3	5	7		9
3	1	7	4	9	6	2	8	
	8			5			2	1
7	5	3	9		1	4		
9	2		8		4	5	7	

Puzzle 261 - Medium

3	8			6	5			7
	2	5		4	3		9	6
4			2			8	5	3
5	3	2	1	9				4
6		9				3	2	
1	4	8	3	2	7		6	
				3				9
2	1	3		5	9		7	
		4	7	1		6	3	

Puzzle 262 - Medium

	9	2		6		8	5	4
7	1		3	5	8		2	
		8	2	9		7		3
	6	5	4	2		3	9	
		7	9		5		6	8
			8	7	6			
4		6	7			2	3	
			6		2		8	
1	2	9	5	8		4		6

Puzzle 263 - Medium

					3	2	6	
7	6	8	4	2			1	9
1	3		6					
4	8	1	9				3	5
	5	3		8	7		2	6
		6	5	3	4			
8	9	5	3			6		
		4	8	7	9	1	5	3
3			2	5	6	9		4

Puzzle 264 - Medium

4	7							
8					5	2		6
	2		3	9		4	8	7
6		2	7	5		8	9	1
9		3	6		4		5	2
	5			2	1	3	6	4
2	9		5		8	1	4	3
	8		2	4				5
5			1	3	7	9		8

Puzzle 265 - Medium

			4			8	3	6
2		6	3		8		7	4
	8		9		6		2	
8	2	5		4	3	1		7
	4	9	8	2		6	5	
6	3		5	9		2		8
9	7	4		8	5	3		
	6	2	7	3		4		5
		8	2	6	4			9

Puzzle 266 - Medium

	8	2		5			4	7
	3		4		7	2	1	5
	4	5		6		8	9	
6		4	1			9	3	8
3	1		6		4	5	7	2
		9	3				6	4
		3	5	4	9		2	
4		7		1	2	3	5	6
5	2	1	7		6	4		

Puzzle 267 - Medium

7		9		2		5	6	
6			7		3			4
	2	4	9	5		3	8	7
9	6		1				5	8
4		8	2	3	9		1	6
	7	1	8	6	5	4	3	9
3		7	6	8				5
8		2	5		1		4	3
	1		3	9	4	8		

Puzzle 268 - Medium

		4	7				5	8
7	5		8		2	6	1	9
			3		1	2	7	4
		6	9			1		5
3	1	9	6	7	5		4	2
	4		1	8		9	6	
6	3	7	5		8		2	
4				3	7	5		
5	8	2	4	1	6	7	9	3

Puzzle 269 - Medium

8	3	7	6	2	4		5	9
2	5			3		7	6	4
		4			7			3
9						8	4	7
	4	5	2		8		1	6
	7	8	9	4	6		2	5
	8	3	4	6	1	5	9	
	6	9	7	8				1
4			5	9	3	6		

Puzzle 270 - Medium

9	8					3	4	6
	1	7			6			9
6	5	3	4		9			8
2	7			4	8			1
	3	5	2		7	8	9	
	4				1	6		
7	6	1	5	9	2	4		
	2			1	4		7	
5	9		7	8	3		6	2

Puzzle 271 - Medium

			1		5	9		
				3	7	2	8	6
7	3	9		6	2		4	
	2	6	4	9	3	7	5	8
5		3	2	7	8	6	1	
8	4	7	6		1		9	
3	1	4		2	9	8	6	7
				8	4		3	9
9	7				6	4		5

Puzzle 272 - Medium

6	1	2			5	3	4	7
		7	1	6		5		9
5	9		2	3	7	6		
7	4			1		2	6	5
1				5			7	4
		5	4	7	9	1	3	
4		3	5			8		6
9		6	7			4		
	2	1		4	6		5	3

Puzzle 273 - Medium

	2	6	9		5	8	7	
7		1		8	3			6
9		8	6	4		1		2
6	1	7	8	5		2		4
8	9	2	4	3				
3	4	5	1	7		6	8	9
5	7		3	6				1
		4	5	9			6	7
	6		7					

Puzzle 274 - Medium

		2	1			4		
	4	8		3	7			5
6		3		5	4	7		
8	2	1		9		5	7	
4		7	5	2		3	8	
3	9						6	2
		9	4	7	2	6		3
	7	4	9	6		8	2	1
2	3	6	8	1	5	9		7

Puzzle 275 - Medium

8	5	3	2	4	6	7		
	2	6					4	
9		1	7	5	8	2	6	
2	3	8	5		9		7	4
5	9			7		1		2
1		7	8	2			5	
			4	8	7			6
4	7	2	1	6	5		3	
		5	3		2	4	1	7

Puzzle 276 - Medium

	9	7		6	4	8	3	2
	2	1	7				5	
	6					7	1	
4	5	9		7			2	
7	8	2			3	6		5
6	1			5	2			8
1	4	5					8	
9		8	5	3	1	2		4
2	3	6		4	7	5	9	

Puzzle 277 - Medium

5	2			8	6		3	
7	1	6	2	3				8
3		8	5			9		2
1			9	7			5	
9	7		3	6	5	8		
4	6	5		2		3		
	9	1		5	8	4	2	3
2	5			9		7	8	1
8		7	1	4	2	6	9	5

Puzzle 278 - Medium

9			7		3	8		4
4	3	2	5			7		
		8		4		5	6	3
8	6				4	2	7	
2		3	6		1			5
7	4	1	2	5		9	3	6
	1	9		2		3		
5				3	9		4	2
	2	4	8		5	1	9	7

Puzzle 279 - Medium

8	7	6	9		4	5	1	3
4		9	5	3	1		7	
			6	8		4	9	2
	9	7			8	2		
6	5		3		2	7	4	8
2	8		7			9	3	
5	4	3	2				8	
		2	8		3			4
7	6		4	1	5		2	

Puzzle 280 - Medium

4		7	3	5	2			
3	1	5	9		6		2	
		6		7	1			
			7	6	8		9	5
6	5	8	2		9	3	7	4
		9		3	5	2	6	8
	6			8		9	3	
5	4		1			7	8	6
		3			7	4	5	1

Puzzle 281 - Medium

9	7			2	4	5		
8	5	3	7	6			1	
		6		3	5	7		9
		9	3		2	1	5	
7		5	9	8			4	2
		2			7	6		
	9	8			1	4	2	3
3		4	2	5	8		7	1
	2		4	9		8	6	

Puzzle 282 - Medium

6	4		5				8	9
	8		4			7	6	3
2			8	3			5	
5	9	6			2	3	7	8
	1				8	5	2	4
	2				3	9	1	
7		1	2	6	4		9	
9		2	3			1		
8	5	4		7		6	3	2

Puzzle 283 - Medium

	1		4	8				6
4		3	1	7	6	8		
8	6		2		5	4	1	3
			3	6				4
	4	9		5	8	1	6	
	5	6	9	1	4	7		8
5	3	4	6		7	9		1
6		1	5		9	3	2	7
7	9	2			1	6		

Puzzle 284 - Medium

		7	3	5		2	4	6
	8	6	1	7		9	5	
	3	2	4	9		8	7	
	6	5			3			7
7		3	6	1		5	2	8
	2	9		8	7		3	4
				2		3		
2	5	4	8	3		7	6	9
3	7				5		8	2

Puzzle 285 - Medium

		5	2		4		9	8
8	4			6		5		
9	6	7	3	5	8	1	2	
4		6	5					7
3		9	7	4		8		
5		1	8			4	3	2
	1	3	9	8				6
2		4	6			3	8	9
6	9	8		2	3	7		

Puzzle 286 - Medium

4			7	8	6	9	3	1
		7	4	3	9			6
9	6	3		1	5	8	4	7
	7	4			8	6		2
	8		3	9		1		4
		2			4			
2		1			7		8	9
	4		9		3	7	1	
7	5	9		4			6	3

Puzzle 287 - Medium

8		6	4			3		9
		4	5	6	3	8	7	1
5	1	3			7			6
	9		2	7			3	8
7	6			3		1		4
3			1					
1	3			5		4	6	
2	5			4	9	7	1	3
6	4		3		1		8	5

Puzzle 288 - Medium

8		4		3		2		
	1		7	8				5
9	6	7	4	2	5		3	8
4	3	1		9	8			7
7	2	9	5	6		3		
6	8	5				4	9	
5	4		9		1	8	6	3
	7	6	8		2			
	9	8		5	3		2	4

Puzzle 289 - Medium

9		2	1	4		5	6	3
4	6		3	7		9		
3		5		6	9		7	
	5	4	8	1		3	9	7
			6	5	7	2	8	
8	2	7		3		1	5	6
	9		4			7		5
	1	3	7		6		4	
					1	6		2

Puzzle 290 - Medium

3		7	6	4			5	8
	8	4		1	9		2	6
2	6	9	5	8	3		1	
6		5		9	8	1		3
	9		3	5	4			
4			1		6		8	9
	3	2			1	8		5
8	4	1		3		2		
9	5	6		2	7	4	3	1

Puzzle 291 - Medium

		5		2	9	7		1
				4	7	2	8	3
8	7	2				5		
			3	6		1		
	1	3	2	5		9		
4		6	9	7		8	3	2
	6	7	4	9		3		
9	2	8	1	3	6		7	
1	3		7		5	6	2	9

Puzzle 292 - Medium

3			6	5				
5	1		8	2				7
			7		3	2		
6	5	9	1			7		
4		2	3	8	6	5		
8					5	6	2	4
1	6		5	9	8	4	7	2
7	4			3	1	9		5
2			4	6	7	8	1	3

Puzzle 293 - Medium

4	8		1				2	
		7	4	2	6	8	1	
	2	6			7	4		
3		1			5	6	4	
		4	8	1	3		5	2
2	5	8	9	6	4	3	7	1
6	4		3	9	1			
		9					6	3
8	7	3		5	2	1	9	

Puzzle 294 - Medium

		4	1	5			7	9
5	8	9	7	2		1	4	3
				8		2	5	6
	9			3	7	4	8	
	3	5		4	1		9	2
4		2		9	5	6		
1		8	3	6		5	2	
7	2	3	5	1	8		6	4
	5	6			2	3	1	

Puzzle 295 - Medium

			8	3	1	2	4	5
	4	1	2	6		3		8
2	3	8	5				9	
		3	1	8	2	9	6	7
	1	6			7	4		2
7	8			4			3	
3	2	4		1	8	6	5	9
8	9				3	7	1	
1	6	7	4		5			3

Puzzle 296 - Medium

3	2	5	8	9			1	4
		7	5	3		2		8
		9			2	7		3
		3		1	8	9	4	5
5	9		3		4	1		
2		4	9	7			8	6
	7	1	6				2	9
8		6	7	2	9	4	3	
9	3	2	4			5	6	

Puzzle 297 - Medium

2		3		8		9		6
		5	4	9	7		3	
			2	3			8	
	3	8	6	5		2	4	7
	7	2	8	1			6	
6	5			2		8	1	
5	2	6			8	7		1
4	9	7			1		2	8
3	8			7	2		5	4

Puzzle 298 - Medium

1		7	8	2	6	3	9	
6	3		4					
4	9	2	3	1	7		8	6
9				6	2	8		
	4	6		8	3		2	
8		5	1	7	4			3
	6		7					8
3	8		2	4	5	6	7	
5		4	6	9		2	3	

Puzzle 299 - Medium

	5	8	9	2				
		3	5		4	7	8	
		7		3		5	2	1
5	7	1	8		2	3	6	4
9	8			4	3	2	7	
		2		5		1	9	8
	2	5	4		1	9		6
7	1	4	3	6	9	8		2
6		9						7

Puzzle 300 - Medium

8		1	5	2	9	4	7	3
2	7				3	5	6	9
		9	6	7	4	2		
	2		7	1				4
				4	5	1		
1	4			9		6	8	7
	1		9	5	8	3		
9	5	3	2	6	7		4	
6				3	1			5

Puzzle 301 - Hard

		6						
2	4	8			5			
1	5			9		2	4	6
4	3				6		1	2
		9		1				5
	1	5	9			4	8	
	7	1	3	6	2		5	
	8	2	1		4	3	6	
	6	4		5		1		7

Puzzle 302 - Hard

8		2	1		5		9	4
	9	6	7					
		3	9		8	2		7
	5	8		7			3	
			5	9				
								9
4	6	1	3	5		9	2	
			2	8		5		1
2		5	6	1		7	4	3

Puzzle 303 - Hard

3			4		6	2	5	
		2	1	8				
	4	6			3		7	1
2	8	3		6	4			
	6	9	3	5	1			2
4	1		8		2	3		
			7	4	5	1	2	
1			2		9	8	6	
						7	3	5

Puzzle 304 - Hard

			7	9			1	
7		2	3	1	6	5	9	8
9	1	6		4			7	2
	7	4		5	1		8	
1			2		7		3	
	9			3		1	5	
6	3	7	5	2		8		
	5				8	7		
8							6	

Puzzle 305 - Hard

	9		5				6	8
	2	8		6				
	7	6		9	8	4		2
9			2	8	5			
			1	7				9
6		5	9	3	4	1		7
7	5	9		2	3	8		
8	3			4	9		5	
		4			1	9		3

Puzzle 306 - Hard

4	5	9		2	6	8		
6	3					9	2	
			8	9	3			5
	9	2			1			
	8	6		4	5	7		
1	4		3		9		6	
	7			5			9	6
	6	5			8	4	7	
		4			7	2	5	

Puzzle 307 - Hard

		5		1	7			6
		1	4				8	
	4			9	5	3	1	
	6		5	4		2		
		7			2	1	4	
		4			3	5	6	8
7			9				5	2
		2	3	5	1		9	
4				2			3	

Puzzle 308 - Hard

6		3				9		2
				6	3	8		5
		5	9	2	4		3	6
5		7	8	9			6	4
	1			7		5	9	
9	2					1		
8	6			5			2	
		2				4		1
		1	2	4	7	6	8	

Puzzle 309 - Hard

3		2		6	9	5	8	1
4				5		3	7	
6		8	1		7	9	4	
2						8		5
5			8		1	4		7
							1	
	2	6	5	8		1		
1	4	9	3		6		5	
8		5			2			

Puzzle 310 - Hard

	2			1	5	7		
			8	4				
8	4	7	3	6	2	1		9
6	1		7					
	3	2	4	5	1			
	7	8		2				3
2	8	3					7	
	9					5		
7	6				3			2

Puzzle 311 - Hard

		3		6			1	
7			9	3		8		5
	4	6	5		8		3	2
			3	9		6		
		7				5	2	
6			7				8	4
3			4					6
2		4			9			7
	7		6		3	1	4	

Puzzle 312 - Hard

2			6		1	7		8
	8		2			1	3	6
1	3	6	4	8	7		5	2
6	4	3			5		2	
	2						7	9
	1			2		5	6	
	6		9		8	3		5
		9			2	6		7
8				6	3			

Puzzle 313 - Hard

		5	2	7			3	
6						2	7	1
2		7		6				4
			8	4				
		4		2	6		1	9
		6			9		8	2
	7	2	6	8			9	
4				3	7	8		
3		8	9		2		4	5

Puzzle 314 - Hard

5	1	3		2		9		7
7	8	6		1		2		
				6			1	
	4	8			7		9	
	5	2						1
	7	9		3		8	5	
	2	1	3			6	4	9
	6	5			1	7		3
			9	8	6			

Puzzle 315 - Hard

2	3						4	7
		4		5		3	1	
	8	6	3	7	4	5		
	9			2	3		8	1
6	1					7		2
5		8		6		4		3
	4			3			6	8
	5	1				2	3	
3				4	2			

Puzzle 316 - Hard

1	9	4	8	6		5		
						2		9
6	3		9			4		8
	1			5				6
		9	1	8	7	3	5	2
5	7				6			
7	4		5				2	
9	8		7				3	5
3	2	5			9			

Puzzle 317 - Hard

		6			2		8	
		3	1	6			2	5
7		2			5		1	3
4		5	7				3	8
3			4	1			5	6
	2		5	3		9	4	
2	5	9		7	4	3		
		4		9	1		7	
1		7		5	3			

Puzzle 318 - Hard

	8	3		4		5	2	
7		1			5		4	6
4	2	5		9			3	1
1	4	8	6	5			9	7
5	6			7	9		8	
						1	6	
				6	8		5	2
			9		7			
			5		2			

Puzzle 319 - Hard

1				4		7	8	6
		3	2		8		1	
	4	8		6				3
9	7	4	8		2			
	8		6	1		9		5
5		6				2	7	8
	6	1	5		4	8	9	7
4								
				2	6	3	5	4

Puzzle 320 - Hard

	7						1	
3		1		8		2		5
9	4	2			7		3	6
7			3		5			
1			8	9		7	5	
	5	9	7	2			4	8
2	9	6	1			5		3
				5		9		
5		7	9		2	1	6	4

Puzzle 321 - Hard

	6		2	4		1	7	9
1		7	3	8	6			
4		2	1			6	8	
2	8		6			4	3	
	3	9		2	4			1
	4	1	5		8	2		
					2			4
				1		9		5
9	1	6	4	5			2	

Puzzle 322 - Hard

4	8				3		6	
	2		4		8	9		3
1				5		4	2	8
2							5	
6	5		7		2			9
7				3	4		1	
	7	2		4				
8	1			7	6			2
	6			2			3	4

Puzzle 323 - Hard

		2		1				
1			4	2				5
	5	3	7		8	2		9
5	2			4		3	6	8
7	3	4	9				5	2
		8	5	3	2			
8	4			9				
		5		7	4			1
			6	5	3			4

Puzzle 324 - Hard

9		3				1		
	6			2	8		4	9
4				7	3			2
6	1	9	3			5		
				9	4			
7				1	5	9	8	
8	4			3	9	2		
	7	2				4	9	
	9		4	5	2		3	7

Puzzle 325 - Hard

4	7		8	6		3		1
	8		9			7	2	
6	2	9			7	8	4	5
			4		3	1		
5		4		2				8
		8		5	1		7	
8	4	7	2		6			3
3	6							
9				7		2		4

Puzzle 326 - Hard

	4		7				8	6
7			6			2		4
		1	5			3		7
	6	9	3	7	4	1		
2	5		9				7	8
1	7		8	2				
		7	2		8			
	2		1	9		8	4	
3	9	8	4			7		

Puzzle 327 - Hard

	8			4	2			5
6	4	2	8		7			
								4
			7		5		1	
1		7	4	2		8		6
			1				4	3
7		6				3	9	1
					6		2	
4		3	2	7	1		6	8

Puzzle 328 - Hard

		8				4	5	6
1	3						2	7
	4		8		5			
			7	9	2	1	4	
8	9	1	3	5				
		2	6		8		9	5
			2	3	7	5		
		7		8		6	1	
3		4		6				9

Puzzle 329 - Hard

6		9			3		4	
4				9				3
3		7	6		4	9		5
5	2	1		3		4		7
		3	4	7	1	2		8
7						3	1	9
1		6			2	5	3	4
			3	6	5	1		
						8		

Puzzle 330 - Hard

		7		6				
			5				6	7
		9			7	4	5	
7			1	2		9	8	
	5		3		9			2
2		1		7			3	4
1		3	9		2	6	7	
8	2	5	7	1	6			9
	7						2	5

Puzzle 331 - Hard

8			3			7		2
	6		1		7			8
7		2	5	8				
1		7	9	3		6		5
	8	9	6					1
3	5		2		8		9	
	3	8		6		9		
2		1	4	9	3			6
					1	2	7	3

Puzzle 332 - Hard

		6	5	1			2	
5	4		6				7	
		3			2			
			2	4			9	3
		4	1	7	9		8	5
2	5	9		8		1		
1		5		6		8	3	9
4		8	9					
		7			1	5		4

Puzzle 333 - Hard

2			6	3				5
	6		8		1	9		3
						4	2	
6				8	2			1
3	2		7	4		6	9	8
9		4	1		3		5	
8		6		7		5		2
7	1		4		6			
	9		2	1			6	4

Puzzle 334 - Hard

		1					4	7
4	7		5	9		1		2
5	2		4	1			9	3
3		2		7	5		1	4
9	1		6	2	3		5	
		8			9			
			7	5		6		
		7			1	3	2	
				6		4		

Puzzle 335 - Hard

5			1	8		2		9
	4		2	6	5		3	
	1	7	3			8		
6			8			7	1	4
		3	5	9			8	2
			7					
7	9		6	3			2	
	2	1	4			5	9	
8		4						1

Puzzle 336 - Hard

4		5	9	6			3	2
8	6	9					4	
1			8		4		6	9
		8				3	1	6
					6	2	9	
	9	6		7	3		8	
	2		5	1	8			3
3	8					1		
		1		4		6		

Puzzle 337 - Hard

	2	9		4	7		3	1
	4	5		6				
		3	2	1	8			
	5	2	4	7		1	8	6
	1	6	8	3	5	9	7	
	3	4		8				
	9	7	3				4	8
						3	6	

Puzzle 338 - Hard

				7	3	8		6
	6	1			8	3		
3	8		2	6		1		9
			7		5	6		
9		6	8	4	1			2
1				2	6			
7	1				2			4
	3		4			2		8
4	2			8		5	1	3

Puzzle 339 - Hard

5						1	4	
4	1	6		8		2	9	3
	9	2		4	1	5		
			9		3	8	2	
	2	8		6			7	9
				2	7			
2	5	9	1	7				8
		1	4		8			2
	7	4		5	2			

Puzzle 340 - Hard

6		7			5		4	
			4					
1	3			7	6		5	9
			7	4		5	2	3
				3	1			
			8		2	9		
7	6		3	5	8	4	9	2
3		5				7	8	6
4		2		9				

Puzzle 341 - Hard

		6	1	8		4		3
		7		6	9		8	1
8			4	3				
9				4	2		7	6
		2		1		8		
6		4	7		8		3	
4	7	9						
2	5				3		1	4
		3	8	5		9	2	7

Puzzle 342 - Hard

	8	1	2	7	4		5	
	7	2		1			9	4
							1	2
8					3	2		1
2			7	4		5	8	
	1	5	9	8	2			
		3		9	6			
5			1		7	9	2	6
	6	9	4	2	8			5

Puzzle 343 - Hard

			1				9	
2	8		4	7			5	
6	3	1	8			4	2	7
9			6		8	2	7	4
				2				
7			3	5			1	
8					3	7		1
	4	6		8			3	9
		7	5					2

Puzzle 344 - Hard

					8			
				2		4	8	
3			7		5		9	
		1			7			
	7			8	6	1		5
4	2		5			7		8
6		5	1				2	
7	3	8	9	5			1	
2		9	8		4	5	7	3

Puzzle 345 - Hard

	8			9	2			3
		3	4	1				6
9	6	1				2		5
2		8	1	6	4		5	
			9	5			2	1
		5	7		3		6	9
4		7	5		1	6		
		9	2					4
		2		4		1		

Puzzle 346 - Hard

		2	9			5	4	
1		4						
	3	7		4	2		6	1
	6		5		1	3		
	7				6		9	8
			3	8			5	
		9		3	5	2		
8	5	3	2	6	4		1	
	1	6	7					5

Puzzle 347 - Hard

9			4	2	1			
		1	7	9	5	6		
				3	6	1	9	
1		9		6				
3	2			8	4			9
	7	4		5			8	1
		6	5				4	
5		2	3		9			
8			6		2	9	7	5

Puzzle 348 - Hard

4	3				5		6	2
9	8	7		6	2	4		
2	5		1	4	8		3	9
6			8				9	
	4			7	6		2	
7		2				6		8
		4	2				8	
	7	9			1	2		4
		8			9	3	7	6

Puzzle 349 - Hard

	4		6			8		
					1	5	4	
		3		8	7			1
3		9				6		
		7	3	1	5			9
1	2			6		4	7	
	9			4	3	7		
7	1				6	3	9	
6					8		5	4

Puzzle 350 - Hard

		3	5			2		8
8		1					6	
5	2					7		4
1	5	8	3		9	4		
4		6	8	2				
		2		5	1			3
2				4			3	
9			2		3			
	6	4	9	8		1		2

Puzzle 351 - Hard

2		7		3				8
3				2	6			
1	9		7	8	5	2		
	1	2		5	3		4	9
	3		2	6		8		
	4	8		1	7	5		3
5	7		6	4	1			
	2	1	3	7			5	
	6				2		1	

Puzzle 352 - Hard

1	9		7			3	2	
4		5	8	2	3		1	9
			1	9	4		8	
7		6			8			3
	5		3	1			6	
						8	5	2
	3	4		8				6
5	6			7		9		
			5	3		2		

Puzzle 353 - Hard

	9	5		7	3		2	1
	1	3		8				4
	6	8			4			5
1		9	3	2	5	6		8
				4		1	5	3
3	5		8	1			9	7
		6					3	9
	3		7					
			2	3	8	5	1	6

Puzzle 354 - Hard

		5	7	9	2	3	4	1
4		7	6	5	3			
			1			6		5
9							1	
	4		2			9		7
7		2	9			4	6	8
	2					7		
3	9	1		7	4	2		
6		8						4

Puzzle 355 - Hard

2	4	3	8	7		5	1	
				1			2	4
		7			5		8	
1	3	6	2	5			9	
4		2	7		3			
7				6	8			
	5	1		3	7	4	6	
3	2	4	6				7	
6	7					1	3	

Puzzle 356 - Hard

3	2				1	5	9	8
	9	8	2	5			6	
				6	9	3	2	
	8		1	3			4	
				8	6	1	3	
	6	3			4		5	9
		5		9				
7	3					2	1	
6	4				7	9		5

Puzzle 357 - Hard

7					2	4		
2	8	5			7		6	1
3		4	5		8	2	7	
4	5	9		2	6	8	1	
1	7			8			9	4
	6		9		1	5	2	
5	4			7				
	2							
	3		2			9	8	

Puzzle 358 - Hard

				7	9	5	4	1
9	5	7		4	2			8
4			3	8			9	
	7		8	9		1		6
		9	5	6	7			
3			4					5
					6	8	5	9
	9	2	7		8	3	1	4
8				1		2	6	

Puzzle 359 - Hard

		5	3		4	8	9	
4	7	3		8				
	8	9		1	2	7	4	
	4	6						
	1	8		2				9
		2	9	4			1	
	9	1		6		2	3	
5	3		2	9	1			
	6		8		3			1

Puzzle 360 - Hard

4					5	9		
	1		9				6	
			7		3		1	4
3	4		5		1		8	
1		8	3				5	9
		9		4		3		
		1		3		5		8
5		2	1		9			
9			6	5			3	2

Puzzle 361 - Hard

	6	2		8				1
4		9			5	3		
			6		3			8
9		7	8	6			2	
	3			9			7	
	2	6	4	3		8		5
5			1	7				
2		1	3	5		6		
		3	2		8	5		7

Puzzle 362 - Hard

		6		9	1		4	8
1	7		3		4	2		9
2	9						5	3
	1	3						6
	8	2		1			7	
	6	9						5
		7	5				3	
	3	5	1		6			
		1		3	7			2

Puzzle 363 - Hard

		2			5	1	4	
8		1				7	5	
5		9	1	7	6		2	
				2	1			4
	5		8			2		
2			4	6				
4	2		6	5		9		7
			7	4	2			3
	8	5	3		9		6	

Puzzle 364 - Hard

5			6	3		4	7	9
7	9					8		1
4		8	9	7		2		6
8		1		2		7		3
9		5	1	4	3			2
	2		8	9		5		
2	8			1	9			
				8				7
3	5		7					

Puzzle 365 - Hard

7		9		1	8			
		2				7	8	6
5	8				6	3	9	1
	4			8		6		
		5		7			1	
		8		6	9	4	7	
				3	7	9	4	2
			6	9	5		3	7
9			8	4	2			5

Puzzle 366 - Hard

		7	1		8			
9	2	6		7	5	1		3
1	4	8	3			7	2	
				4			9	2
		2				8		
	8				2	3	1	6
4	1	9				2		
8	7			1			5	4
	6			8				1

Puzzle 367 - Hard

5	2		3	8	9			
6	3						5	
9	1			4	6			
	7	6		3				4
8	4		6					
		9	8	7	4		3	6
			4			5	6	
4	6		1		8	7	9	3
7	8			6			1	2

Puzzle 368 - Hard

8		3	1	5	7			6
		5	9		2			3
9	6			4	3	5	7	
		7		9	5			8
1	5	6	7	8		9		
		8	2	3				5
6								
		9			6		2	4
3			5	7	8	6	1	

Puzzle 369 - Hard

			2	4	8	6		5
6		4		1	7			
8	7	2		6		4		1
	3	7	1	2		9		8
		5	7	9		1	6	
						7		4
	9		6		3		4	
		6	9	8	2	5		
5	2		4	7				6

Puzzle 370 - Hard

	1	9				4		8
5			2				9	
	2						5	6
			6	8	9	1		
6		1	7			8		4
8	7		1		3		6	
4				5	6			3
1	5		3	7			4	
9				1				7

Puzzle 371 - Hard

8		7		1	9	4		
	6			4	7	3	9	8
		9	8		2			6
		5		9	8	2	6	3
6			7		3		4	
	9				4	5	8	
7		6	3	8	5			
3	8		9	2				5
	5				6	8		

Puzzle 372 - Hard

				6		4	9	
			8			1		3
		8		5		7	2	6
	1				8	5	3	4
		2		1		8		9
	7	5		4		2	6	
7	8	9	4			6	1	
1		4	6	2				
2		3			7	9	4	

Puzzle 373 - Hard

		4	1	5				3
	5						7	
						4		6
		9	3	6			1	8
	4		2	8	5	9		
				1		6	4	2
4		2	8		1			
3	1			9		8		
5	6	8		7	2	3	9	1

Puzzle 374 - Hard

		9					5	3
			9	1	5	4		8
	4		8		2			1
					9	3		
7	1		2	6				
9					1	6	7	2
2			4	5			3	
5	7	8		2		9		6
4		6					2	5

Puzzle 375 - Hard

			8			3		
	9	7	4	3		1	2	
3	1	5					7	
	2	9			6			
	7		2	4	3	5		
5		4		7			8	
		1		6		9		
7	4	6	3		8	2		5
		3						7

Puzzle 376 - Hard

			7	6	4			2
4	9				2			
		2		1				3
	6	3			8		4	1
1	4	5		2	9	8		
7				3	1	2	5	6
				5	3	6		4
			1			3		8
8							1	9

Puzzle 377 - Hard

4			2		8	7		
	9	8	1		5	3		
	5		3	7		8	9	6
6			8				2	
	1		4		9		7	
		9		2	6		5	3
					2	5		
			5	8		9		7
5	3				7			4

Puzzle 378 - Hard

			5	9	1	4	8	
5	4					7		
3	8					1		
9				5	4	8	7	
	1	4	3		8		9	
	6	5		1			4	
	7	3				2		8
1	5		4	8	2			7
	9		1				5	

Puzzle 379 - Hard

9	5			4		1	6	
	7	6			3	8		
4	2	8		7	6	9	5	
3		4			7		9	
			3		4	2		
	1		6		9		8	
	6	9			5	7	1	8
		7			1			6
5	3		7	6				9

Puzzle 380 - Hard

9	3			4				1
		1			2			7
			1		9		5	
2		9			1	3	6	
3	6			2	4	1		
		7		3			4	9
		3		5	8			2
8	1			9	7	5	3	6
	9	5						

Puzzle 381 - Hard

	7			1				
4			7		8		3	2
8	5		4	2				
6	1						5	3
			3	4		6	8	7
				5		1	9	
	3		6	8	2	4	1	5
1	6		5	3				9
2					7	3		

Puzzle 382 - Hard

2		6		4		7		
	8	1		9	7		2	3
			2	6	8		5	
9	4		3				6	
				7			3	
3			8	2				
		4	7	5			8	
	2	8	9	3		4		
6	7			8	2	9		

Puzzle 383 - Hard

			2	4	9			
				6		3	2	
	2		1				5	
			4	1			3	
7		8	3	9	6			2
4		3				8		9
	3	7	9	2			4	6
1	9	6		7		2	8	3
	4			8	3	1	9	7

Puzzle 384 - Hard

		1	4		3		6	
	4					5		1
6		9			5			4
				3	7		1	
4			5	6		9	8	
				4	8	2	5	3
7	6	5		1	4		9	2
3	9			5		1	4	
8			3			6		

Puzzle 385 - Hard

6	7			9			1	4
		3	1		4			
	1	4		6	3			5
5	8	9			2	7	3	
2		1	8				6	
								8
3	2				1	8	9	
4		8	3	5		1	7	
1	9		2		6			3

Puzzle 386 - Hard

4			9			1		6
		9				2		5
5	7				2	9		
9	4	6				5		
1						6	8	
8		7	2	5			9	
2	9				7		1	4
7	5	1		2	4		6	
					9			2

Puzzle 387 - Hard

6	5			2			7	1
	3	9	4			6	5	
	1		5	7	6	9		
8			1	9	7			
5	9						4	
3			6	5	4			
	7	5	3	4	9		6	
		6	7		1		3	
9	8	3					1	

Puzzle 388 - Hard

6		7				8		
	4		8	6	7	3	2	5
	3							7
				8				6
		4		7		9	5	8
			6	1	5		4	
4	7	6		3	8			1
		5			6	2		
			4	5	1		7	

Puzzle 389 - Hard

9		5		3				6
		6		1		5	3	4
3			8	5	6			
4						2		5
2	6		7	9		3	4	
		1		2		8	7	
1					9		5	
				7		9		
7		3	5	4	1			

Puzzle 390 - Hard

6	5		7		3	9	2	
		3	5					
	1		6	9	8			
	7			2	1			6
2			9	5			7	3
5	3	6				2	1	
3	6		8	7	9	1		2
4			1		5		8	
1			2	3		6	9	

Puzzle 391 - Hard

	3	1	9			6		
	9			8		1		3
4	6		7	3		2		5
3	4					8	1	
				1				9
7	1			9		4	5	2
1		4		2				
9	5	2	1				7	
6	8	3	4	7	5			

Puzzle 392 - Hard

	2		7	9		6		
	5					8		3
	6	9		5		4		
		1			2		8	
	4	2			3	7	1	5
9	7	6						
7	9	4	5		1	3	6	8
					9		7	2
2				3				

Puzzle 393 - Hard

5				3	2	1	7	9
		8		7	9	4	6	2
		9		1			3	
7	1	6	2		5			
8			7	6				
			9		3			
	5		6		4		2	
9	4			2				7
	8	2	1			3	9	

Puzzle 394 - Hard

		3		2	6		5	
7		4				2		3
		2			3			9
	5		2		7			
8				6		1		4
	4	7	9	1	8	6		5
4	7	1						
2	9				4	3	1	
6			7			8		2

Puzzle 395 - Hard

	1		7		6		5	
			4		2	3	8	6
6		4	3	5	9			
				7	8	2	4	
	6					9		
		5			1		7	
5	7			4	3			2
1	9	8		6		7	3	
2		3		9				

Puzzle 396 - Hard

		1	3					8
	6		7	2	1		9	3
	4	3			6		1	2
6	5	4	1					7
	3		4	9			2	5
	9	2				3		
	8	5	6	1	4			
	1	9			3	8	5	
3			9			1		

Puzzle 397 - Hard

	9	5	7		3	4	2	
	8				2	7		
					6	3	5	1
9			2			8		
		6				1	3	9
5		8			9		7	
2		4	9	8	5	6	1	
					1			
1	6		3		7	5	8	2

Puzzle 398 - Hard

		1			3	5		
		2	8	9	5	7	6	
5		9			2		4	8
6	1	4					3	5
			6		4			7
					1	6		
	2	8	3	5			7	6
1	3		7			8		2
	7		2			4		3

Puzzle 399 - Hard

5				4				
6	7		9	1	2		3	
1	3	4	5	6			9	7
	5		2			6		9
		6		3	7	1		5
			6					3
	9	1	3		4			
	4	7	8	2	6			
	6			7			4	2

Puzzle 400 - Hard

6			4	5	8		7	
7	5	3	6	1	9	4	8	
8	9			7			5	
		9	1	8	7		6	
1	6	8	9	4			3	5
4					6			8
	7					6		
9		5						
3	8	6			4	5		1

Puzzle 401 - Hard

			6		7	3		
7							9	
3		5	4		2	7		6
4				3	5		6	
	8	2	7	6		5	3	4
5					8		2	7
2		4	5	7	3			
			9		4	1	7	
9		7	8			4		

Puzzle 402 - Hard

					7	9		
	7	6			8			1
1		8	9	6	3			5
4				1	6	2		
	9	3	4	5		1		
2	8		7	3		6	5	4
	1	9			4	5		2
	2		3	9		8		
	6		2				3	

Puzzle 403 - Hard

		4			7		1	
2	7	1	3		6	8	9	
	5		9		4	3		2
7	3	5			2	4	6	
9	1				3			
6			1		5		3	
			6			7		
		7		2				
	6		7		8	1	2	9

Puzzle 404 - Hard

4			2	1	6			5
				7			6	4
	8	6	4	3	9	1		
1		5	8	2			9	
			1			2		8
8	7	2			3		4	
				4				9
	2	4	3				5	
	3		6				8	2

Puzzle 405 - Hard

				4				5
	2	4	5			8		6
9	3					2		
				8	4	5	9	3
2				3	7	4	8	1
					9	7	6	2
4	6		9		8	1		7
	9							
5	8	7			6			

Puzzle 406 - Hard

		5	3		6		9	4
8	4				9		1	
	2		8		4	5	7	6
6		1	9	7	8		2	5
	7	2					8	
			2	3	1		6	9
4		7	5			1		
1						9		
	5	8						

Puzzle 407 - Hard

	1			7	5	4		2
8	4		1				7	
7			3		6			5
	9	8	7			5		
3					8	2	4	
		2	5		4			
			4	6	7	9		3
	7	6					8	
2	3					6		7

Puzzle 408 - Hard

4			1	3				
1				4	5		7	
		9			7	1	4	
		6	7			9	5	4
9			5		4	8	2	3
5	2	4		9				7
					2	4		
2	9				8	7		
	4	3						5

Puzzle 409 - Hard

8		2	5	6		9		
6			9		7	8		3
9		1	3		8		4	
	8				3	2		
	2	9	4		6	3	1	
3	1		2		9	4		6
1					2	5		
7	4	3					6	2
			6	3			8	

Puzzle 410 - Hard

1								
		6			2	8	5	7
			9	8			6	
9	8	7	5		6			2
	5	1						
2	3	4	8				7	6
4	1				8	6	2	
		3	2		9		4	
	7	2				3	9	8

Puzzle 411 - Hard

	2	7			3		4	9
	9	3	4		1			
		6	9			5		
	8	4						5
2					5	8		4
						7	9	2
	4			6	9	2	7	1
9			2	8	7	4		
6						9	5	

Puzzle 412 - Hard

		8			4	2	9	
	1		9	7	2		6	
	2		3		8			
2				9	6	5	1	
5		9				6		7
8			7	3	5	4		
3					9			5
6							8	2
	5			4	3	9		

Puzzle 413 - Hard

			8	5	1	4		
8	4	1	2	3	7		9	
	3							1
1	7	5		9		8	3	
9		8	1	7	3		4	2
	2	3				9	1	
	5		6	1		7	2	9
2			7	4				
7					5			

Puzzle 414 - Hard

2	4	9	1	5	8		3	
6	7						4	1
			6		4	8	9	
	6		5					9
	3	7		6				
1		5	4			7		3
3				1			7	4
	5	2		4			1	
4	8		7	2				

Puzzle 415 - Hard

	5	1	9	7	4	2	3	
		8					9	1
7					8	4	6	
	4	5						
				9	2	3		4
2	8	3					5	
3					5		1	7
5		4		1		9		
8	1	2			9			6

Puzzle 416 - Hard

8		9	1		7	4	2	6
6				8	2	1	5	
		7			5	8		
3				2	8			
	9	8	3	6			7	5
5	6	2	7					
7	8					6	1	
	3		2	5		7		9
		1			6		3	4

Puzzle 417 - Hard

			5	7		9	2	
	9	8	6	3	2			4
					1	6	7	
		2				3		9
9							1	2
		6	8					5
2	1			8	4	5		6
	5	7	2	9	6	4	8	1
	8	4	1		3	2		7

Puzzle 418 - Hard

5		2	3					6
				1				2
1			5	2	6	7		9
6	1	7				2		
4		9			7			3
3	2	8	1			4	5	7
						8		
	8	1		3			7	4
7		4					2	

Puzzle 419 - Hard

7	2	4				5	6	
			6	4	3			7
1								4
					2			8
5	8		4	3		2	7	
2		3	8					5
		5	9	1			8	
	4	2			6		5	
6		8			5		3	9

Puzzle 420 - Hard

9		1				4	2	
	3	4		2		7		8
8	7	2			4		6	
	5	6	3					4
1		9	7	4			5	
	4							
7	1				3	5		2
4	9			1	8		3	7
				7	5	9		

Puzzle 421 - Hard

		6		7	1			
9	2		3			4	1	
3		7					2	
	9	4		3	2	8	5	
	3	1		8			4	
	8					3		
2		5	9	4		1	8	
8		9		1			6	4
	4					7		5

Puzzle 422 - Hard

		8		9			3	4
9				8				1
4	6	7	5			2		9
8			9	1	2	7	5	
	7	9			3			
6	1			7				3
	9		3	4			6	5
		6	1	2		4		
		4	6		9		1	

Puzzle 423 - Hard

4			2					6
		9	8	4		7		
		3			1		8	
6			5	9	4	1	3	2
1	3						7	9
	5	2				6	4	8
2			4					
	4	5		6	9		2	
	1		7	3	2		9	5

Puzzle 424 - Hard

8	9		1			2		3
2			3		4		6	
7			2			3	1	
3	2	9	7				5	
		8		4		7		
9	1			3				8
4	5	3	8	1				9
6	8	2	4			5		1

Puzzle 425 - Hard

8			3		4	7	5	2
		4		7			8	1
	6	2	8		1			9
3			6	4			2	
				3	9		6	
1		6				5	9	
4	1			9		2		8
6				1			7	5
9		3	5	2		4	1	

Puzzle 426 - Hard

				6	2	1	9	4
2			4	1	5	3	6	8
	6			3	9			7
1				9		6		5
9			6	8			3	
					4		1	
			9		3			
3	8			5	6	4		1
			1	4	8		5	

Puzzle 427 - Hard

		2	7			1		
6							9	8
		5	3	9	8	7		
5		1	4	2	9	3		6
4				7		2		9
	2	9		8				1
	9	4		3			2	5
	5	3	9	6				
		6		4				

Puzzle 428 - Hard

9		2				6		7
6		4			7	9		1
		1			2			
1		7	2		8			
2			6	5			1	4
5			4	7	1		9	8
	9	5	3		6		7	2
7	2	6			9	1	4	3
	1					5		

Puzzle 429 - Hard

2	7			3		8	1	5
3					1			2
6	1	5	7	2	8	9	3	
	2	3	9	5		1		7
5	9					2	6	
			2		3	4		
	3	4				5		8
		2	8					6
	8	6	3			7		1

Puzzle 430 - Hard

	9	5	1		4	7		3
	1				7		5	4
7			2		3	9	6	
5	2	7			1	4		
					9		7	
9	6		8	7	5			
	3	6		1		5		7
2			5			1	4	6
	5	1		4	6			

Puzzle 431 - Hard

	9			7				3
	8		2	6		1	5	
1					4			
	4		8		7			5
7		9		3	1			
8	3						7	
2				8			6	
3	7			1	6	4	9	2
9		5			2	3		8

Puzzle 432 - Hard

6	3			8			9	
8	1	5	4			3		
	4	9		6			1	5
		3				7		
	2		9	4			3	
	6	8	7		3	1	2	
			1	7	6	4		
1	5	6		3	4	9	7	
					5	6		1

Puzzle 433 - Hard

		8				7	9	
2		1		7				
		7	8	1	3		5	
		9	4			3	6	
4	8	3			2			
1	6		3		5	4	7	8
	7	6	9	2	8		4	5
	2	4		5	7			
	1				4	8	2	

Puzzle 434 - Hard

	2	4		5				
1	5	8	2		7	3	9	
7				8		1	2	5
2	9		6				8	
8	1			9				6
4	3			2	5		7	1
				7		6	5	
							1	7
6		1		4	2		3	

Puzzle 435 - Hard

						8	5	
2		9	1				3	6
	3				5			
	2	6			1			3
5		1	8	6	3	2	7	4
8	7		5			9		
		5	2		6			7
	4	7	9	1	8	6	2	
			4			3	1	8

Puzzle 436 - Hard

	8	7		2			1	3
5	2	4	7				9	6
3		1	4		6			
	3			7	2		4	
				9	5			
	1	5	8				2	
	5				3	7	6	
1						9	3	
	6	3	9	4				

Puzzle 437 - Hard

	5	7	6		8		3	
8		4			1		2	5
		6			3	8		1
4	9	1	3	7			8	
	8	5	1		9		6	
	6				2		9	4
		8		3		9		
					4	3	1	
	4	9	8		7			

Puzzle 438 - Hard

1			8	5	6			
	5		3		9		1	6
	6	8		4	7	5		
	8	1					2	4
		3	6		4			
	4		2				9	
			4	8			6	
	9	6	5			1		3
	1	5		6		2	4	7

Puzzle 439 - Hard

	7	4	2		6			1
			3	5	1	4	6	7
		1		8		3		9
2				4	5			3
		8			2	7		5
9	4	5			3		8	
7				3	9	5	1	4
			5	2		9		6
					7		3	8

Puzzle 440 - Hard

2		8				6		5
3	6		9	2		8		
							4	
			7	9			5	
9		2		1		7	3	8
7	3				2	9	6	
1		7		6				
			1	8				6
6	8	5	2			1	7	

Puzzle 441 - Hard

8		3	1		6			5
			2	3	8	4		6
	2	7			4			
		6	4	8	1	7		
		5		6		1		8
1			7		5	9	6	4
9	6					3		2
7				1	3		4	
			9	4			8	

Puzzle 442 - Hard

		9				3		
4			9	2			5	
		3		5		4		
	5		6	8		2		3
	4				9		6	
	8			4	5	7	9	1
6		5			4	8	2	
7	3		8	6		9	1	5
					1	6		

Puzzle 443 - Hard

	8				9	7	5	
	5	9	2				4	6
4	1			8			3	
		6	7		5		8	4
8		1	9	4	3			
5		3		2		9		7
1		8				4		
2		5		9	4		7	
	6		8					

Puzzle 444 - Hard

2	6		1		9		7	3
	1	7	5		3			2
		9		4	2			1
1	3	5		9		7		6
			4					8
7							1	
	8	1	3				2	7
4			9	2		1	8	
5				1		6	3	

Puzzle 445 - Hard

2		9	6	1				
	5		3				6	
7				8	5	2		
6		7	8	5		3	1	2
9	8	5	1				4	
	2		4		7			5
5		3		9		4		
	6		5		8	9	2	
	9	2				6		

Puzzle 446 - Hard

	2		7			4	8	1
	6	7			1	5	2	
	8	4			5			
					4		6	9
8		1		5				
4	7		9		3	2		8
6	4		2				1	
3		2	5	4	8	9		6
			1	9	6	3		2

Puzzle 447 - Hard

				4	9	2		5
	7				3			
8	4		2	7			9	3
			6	3			2	
		6	1	8		3	5	9
7					2		8	
		4	3	9	8	7		
	1					5		8
	8	7	4	1			3	

Puzzle 448 - Hard

			1		3	5	4	
6					4	8		7
9		5				1	3	
7				2	5	4		
4	1		7		8		5	
3			6		1			
2	7		8					5
	9	3	5	7	2		8	4
5	6	8	4			2		

Puzzle 449 - Hard

	4	6	8	3				2
8					2		6	
	1		4		6		8	
2					1		5	3
		3				2	4	
	8	4			3			6
	7		1	8	5	6	2	
5		1			4		9	8
		8		7	9	1		5

Puzzle 450 - Hard

	4	5	6			1	7	
9				3				
		3	5				2	
	8	7				3		2
	3				4			5
		9			8	7		4
7	9	2		4		6	5	
		8	9	1		2	4	7
	1		7	2			3	8

Puzzle 451 - Hard

4					1			3
5			4		3	1	7	
1			7		2		9	
		8					5	
	9					7		2
2				9	5	3	4	8
9	1			2				
8	3	6	1				2	5
7		2		4		6		

Puzzle 452 - Hard

6			3	2	4		9	
1	8		6	5	9	2	7	3
	9		7	8				
3					5	4	1	
	1		2	9			5	8
5		8	4			3		9
9		6	1	3		7		
	3	2				1	6	
			5		6	9		

Puzzle 453 - Hard

		9			1	7		
				9		3		4
		3	6	8				
7	8	1	9		3	5	6	2
				7		1	4	
9		4	1		2			3
3			8		4		2	5
5	1					4	3	
2							1	

Puzzle 454 - Hard

				9	4	8	3	1
	4	1	6				7	2
3	7	8			2			4
6		9		4	5	3	1	7
	3	7		2			5	8
8				7				
2	5				8	7	9	
		4	5				2	
				3	7	4		

Puzzle 455 - Hard

	3			8		9		2
8		9	2				6	
2	6	5		3		4		8
3		8		9	4			
			8					3
	2	1						
	8	6	1					4
	9		5	4	3	1		6
			7	6	8		9	5

Puzzle 456 - Hard

	9	5		6	2	3	7	
				3		4		5
		8			5	9	6	2
8	3	9		2		7	4	6
5	6	2		4				
	4		8	9				3
	7	1				2		4
6								7
2		4						

Puzzle 457 - Hard

	1	3	5		2			6
				3	7		9	1
	2	7	6		1		8	5
		8				6	2	9
			2				3	
2	7		3				5	
4		2	1				6	8
1	3			5	8	7		2
7	8		4	2		5	1	

Puzzle 458 - Hard

1	7	3		2	9			
6		9			5		2	
		2	6	8			1	
			8				5	3
		7			3	1		4
4		5		6	1		7	2
	9		3	1	6			
		4		9	8	2	3	
	5	6		4		9	8	

Puzzle 459 - Hard

7			6	4			8	9
	3			9		7		6
6		4			5			
		6			8	3		
	2	5		7	4			
	8	1		2	6	9	7	
2				1	7	4		
	6		4	3		8		
			5	6	2		9	

Puzzle 460 - Hard

	8		2		4	7		9
6	7	9					5	
	4					1	3	
	6			2	1			
9			5				2	
4	2		8			6	1	
1			6			5		3
	5	6	7				4	
2	3		4			9	8	

Puzzle 461 - Hard

	3	4	7		5	8	2	6
	7	8			2		5	9
		5	3					7
7	8	2		1	3		4	
4	1					2		
5	6	3				7		
2			6	3				
		6	2	7			3	
	9	7			8	1		

Puzzle 462 - Hard

	2			6		4		
5	4	7			2		3	
	6		9	5	4			
4				3		5	6	7
3			7	2			9	
		5				8		
	1	4		7	3	9	5	8
	3	9	5	1	8		4	
2	5	8		9	6			1

Puzzle 463 - Hard

3		2		7	9	1		5
		1		4			3	2
	8				3	6		
5	7			1		2		
		3		6	2	4		
	2	8				7	1	
4	5	7				8		6
		9						1
			9		7	3	2	4

Puzzle 464 - Hard

	4		3		5	8		
		8	4			5	2	
				2		1		3
2		6		8	1		7	
	1		7	5		9	6	
	8		6	4			5	1
7	6			3	8			9
	9		5	6	4			2
4			1	7				5

Puzzle 465 - Hard

		6	5		4		3	
3	1	4			8			
8	7	5	6			4		9
4	6				7			
	5	8						
2		1	4	3		6		
5			3	4			9	6
1			7			3		5
	3		1	5		7		

Puzzle 466 - Hard

2	9		1	5	7		4	3
		5		4				8
			6	3		9		5
4	8					1		
				7		2		
	5	7			2			
8	6	9	5		3			1
5	2		7	8	4	3		6
		3						

Puzzle 467 - Hard

5			7			6		
6						9		
	4	1	3	6	9	5	8	
	1	2			5			
	8		1	4	7		6	9
	6		9		2			5
8	7	4	5			1	2	
1	5							8
		6		1				7

Puzzle 468 - Hard

4			8	9	5			3
7	5	9				4		8
3	8	2			4			9
		5		8	7	1	9	6
				2				
1		8	6		9			2
8		1	9			5		
		7					8	1
5		4	1	3	8	2		7

Puzzle 469 - Hard

			9	4	3		6	
9		3	1		6	7	5	
		6	7	5	8		4	
	5	2					3	
	6	1	4					5
3	8		5	6	2		1	
			2		5	3		
		5		7	4	2		1
6								4

Puzzle 470 - Hard

3		9		2	7			4
		8		5	4			3
	5		1	3	8			9
7	6		2		3	8		5
5					1			6
	2	4	5					
9			8	1		3	5	
2	3		7			4	1	
	8				5			2

Puzzle 471 - Hard

				2	5			
4				7	8			
7		8	3	4	1	5	6	2
9				6	4			3
2								9
		6		3			1	
	8		4			9		
	4	3			6	1	2	7
1	2	9	7			4		6

Puzzle 472 - Hard

2	7	9	6	5		3		
3			9			2	4	7
1			3		7			5
7		1				9		
	8		7			5		4
		4		9		7		8
4		7			9		3	
					2	4		9
8		3		7	6	1	5	2

Puzzle 473 - Hard

		7		9	2	3		8
8						9	4	
1		9	8			5	2	
4	9	6			8	7	5	1
7	2			4				
			7	6				4
			3		7			9
5	7	4		8		1	3	
9	8	3	1					

Puzzle 474 - Hard

5	2	4	8					7
1	9			5		6		8
	8	7		9				
8	5				3	9	4	
				1	8			5
3					5	8	1	2
2							8	
7			1			2	6	9
9					2	7	3	1

Puzzle 475 - Hard

	7	2	9	8	1	6		
		6		7	2	8		
1	9		4	6	5	2	7	3
		7					4	8
9	8			1				
		4		9			1	
			5	3				
		9	1	4	6		3	
	6	3				1	8	

Puzzle 476 - Hard

8						7	9	6
			6	9	5	2	8	4
6	4			2			5	3
	7	5		8		4		1
			5	7	9	6	3	
				1	2		7	5
	2				1	5	6	
7	6	3		5	4	8		
	9		7					2

Puzzle 477 - Hard

6				3		5		7
			5	1		9		8
			9		6	4		1
8		4		6			7	
9			4		5		1	3
	6		1	2				9
	8					3		6
5			6	4	3	1	8	
	3	6	2	5	8	7		

Puzzle 478 - Hard

		6	7			4	8	3
	8	7				6		5
2		5		6				
	3		5		9			
			2		6	7	3	4
	7	2		3	4	9		
	5	9	1	8		2		
	2		6	9		3		
8	6			2		5	9	

Puzzle 479 - Hard

	6	3	4		2	1	8	
1			5		8		6	
2	8		6		1		7	3
	3		1			7	5	
4			7	8			2	
7	9	1		2		6		
	2							
				5	3	8		
5		8		1	4			

Puzzle 480 - Hard

3				1			2	
	9	8	7	4				6
6						9	5	4
7	4			2		6		
5			6		3	4	8	
		6		5		2	7	3
1		5	4		8			2
4	6		2	3	1			
				6	7		4	1

Puzzle 481 - Hard

		8	9					
3	9			8				
			6	4		8		9
9	8	2			5	6		3
6	5		8	3			9	2
4	1		2				8	5
5				2	6		7	
7			1	9	8			4
	3					9		6

Puzzle 482 - Hard

1		4		8		9		
		7				5		
5	3		9	1	6	4	2	
	8	5	2	7				1
2			8		4		3	
7		3						5
					8		7	4
				6				2
4			1	3	9	8		6

Puzzle 483 - Hard

	4	6			3	8	5	
				2	7		3	4
	1	7	4	5	8		2	
7	8	5	2					
				3	1			9
9			5		6			2
	6	2				4	9	3
	9	8		1	2			5
	7				4			8

Puzzle 484 - Hard

	5	7	9	1		3		6
1		8			6	9	4	7
		4	8			2		1
8			4	7	3	6		2
		9		5	1	8		4
		2				7		
		1		6	8	5		
	2	3				1	6	
					2		7	3

Puzzle 485 - Hard

3	5			9	6	7		2
			8	2		5		
			5			6		8
9	8	3		6				4
5			9		8			7
6		7					8	1
8		6	1			4	9	3
	9			8			7	
		1						5

Puzzle 486 - Hard

			1	2	7	8	6	
	5	2	9		8			4
				3	5	2		7
5								6
	8		5			4	3	2
2	6		8	7		9	5	1
6	7		3		4	5		9
4	2	8				1	7	
3					2			

Puzzle 487 - Hard

	6					5	8	9
9	5	3		6		1		
8	1			5	4			
5	3		2		6			
		1		9			6	2
		9	8			4		5
2	9	6		7	1	3	4	8
3	7			8				
		8			3	9		

Puzzle 488 - Hard

	2				5	8		4
		9	4		3			
4		7	8	2	6	5		1
					8		5	
3		1		6	9		8	2
			2			1	7	
6		8	3	4		7	2	
	1			5			4	
				8	2	9	1	

Puzzle 489 - Hard

5	3				9	8		4
4				8	7			5
		8	5	4	1	6		3
		4	8		3		9	
8		3					4	
	7	5			2			
1	5	9				4	8	
6	4		1			7	3	
3		7	9	2	4	1		

Puzzle 490 - Hard

	7			2				4
1	9	4	8	3				6
8	6		9	4	7	3	5	1
			1		6	9	7	
		9			4			2
7			3	9		4	8	5
	5	3			9	1		8
	4							7
			5	1	3	2		

Puzzle 491 - Hard

1				3	9		5	
	2					3		7
		6	4	7	5		2	
7			9	4	8		3	
	5	9		6	3	1		
			5	2		6		9
9	1	2	3	8		7		5
6	7			5	2	9	8	3
	3	8						

Puzzle 492 - Hard

						1	7	
8			7	5			6	9
	6			1	9	2		4
1		2	3	8		7		
	3		9	2			8	1
	8	9		7	6		2	
	7		4		8			2
	4		2			6	1	5
	9	6				8		

Puzzle 493 - Hard

	6				8		5	3
4		8	1		5		7	6
	5			7		8		4
6			4				2	7
8		2			3	4	9	
	7					1		
9				1				
5	4				9			
	2	1	8	5	4			9

Puzzle 494 - Hard

			1		7		9	
7			2	4		6	5	
	9	1			3		7	
	8	2						3
	6	5		3	8		2	
		7	9		1	5	8	
6	5	3		9			4	
8	1	9				2	3	
2	7		3	1			6	9

Puzzle 495 - Hard

5		8	2	3	7	6		1
			8	1	9			3
			5	6	4		8	
		7	4					6
6	4			7				8
2	5					1	7	
9	3						1	
8	6	4	1			3		7
1	7			2	8			9

Puzzle 496 - Hard

8						9	7	
			3					
	5		7	2				6
7			9					5
5	1						4	
	4			3	7	8	9	1
	6		4	8	9	1	3	
4	8			1		6		
3		1	6	7		4	2	

Puzzle 497 - Hard

			8				3	
2	3		5	9			7	
	4	9	3			8	6	2
	9	4				3	2	
7		3		4	2	6	9	
8				7			5	1
			7		9			6
9	2			5				3
	1					5	4	

Puzzle 498 - Hard

				9			4	
	4		8		3	2	9	
9			7			8	1	
5	9		2				3	1
7		4	9	3		6	5	8
	3	6		7		9	2	
2			3					
4			1		6	5		
3			4	8			7	

Puzzle 499 - Hard

		8		1	6			4
	2	1	7	3		9		5
3	9	6						
1			5				7	
				2			4	1
	6			8	4	5	3	
		3		9	1		5	6
9	8	2		7		4		
6	1	5	2				9	

Puzzle 500 - Hard

		6			2	4		
	8			3				6
2			6		4	9		1
8			1		6		5	
5	7	4						3
6					7	8		
1	4	9		6	5			
	6	8	4	7	1	5	9	
7			8	9	3		1	4

Puzzle 501 - Difficult

5	2		6	3				
				4		1		5
		1		7			3	
		6	3			5		
		4					7	1
2		7	1	6	4		8	3
	6	5			3			
			7	9	5		4	6
	9		4		6	8	5	2

Puzzle 502 - Difficult

7	9	2		5			1	
1		3			2		6	
		6	1					
9						8		
6			3			1		
8	2	4				3		7
2	6	9	4			5		
3	1		2				4	
	7	5	9	1				3

Puzzle 503 - Difficult

4		6						
			8	1		4		3
		9		3			2	
	4							
			9		7		4	
3	2			6	5			8
6	9	4	1				3	7
2				9	6	8		4
			2		3		1	9

Puzzle 504 - Difficult

	6	4		1	2			
				4	9	2	6	3
					8			
8	1	2	3				4	9
				5				
5		9	2	8		3		
6		3				1		
2			8			4	3	7
	9	8	1	7			5	

Puzzle 505 - Difficult

		5				3		8
3		8	5				1	
7		9	3		1	6		
		2		3			5	
6		7	4					
5	9		1	7			8	4
			9	1				
2	3	1	6	5			4	7
				4				1

Puzzle 506 - Difficult

			4	2			6	9
				3			5	
6	8						7	
5	4	6						
				4	1	7		6
	1	7	8	6	3	5		
4					9	6		
7		5		8			2	
	9	2		1			3	

Puzzle 507 - Difficult

	5	2			9			4
		6	1	3				
			2		5		6	9
		7	4		1		3	
			6	9				
			5	2		7	1	8
		9	3		6		8	
	8		7		2			
	6	1	9	5	8	4		

Puzzle 508 - Difficult

3			7	6			5	1
	4			5	8	7	9	
	8	5	1	2		6	4	3
6	7			4			3	9
9		3				2		
	5	2	9	3		1	6	
					6		8	7
						3		
5						4		

Puzzle 509 - Difficult

							7	
	8	1		9	3		5	
3					8		4	
		3	2	6		1		
			1				2	7
2	1				9		6	
		9					1	6
	3	4		7			8	
6	5			1	4	7	3	

Puzzle 510 - Difficult

	7	1				9		
	5		7	2			4	
		6		8		7		5
5	1	2	9		3	4		
	6	9		4			5	
	3	8			5			
			4	5				6
3							2	
	2			1		5		7

Puzzle 511 - Difficult

7	2	8	4		9		6	
		1		5	8			
			7			8		2
				2	5	6		
					6	9		1
8	9		3	4	1	2	5	
			5					
9		2						5
	5	3	1	8	2			4

Puzzle 512 - Difficult

6	2		1	5		4	7	
4	1	3	2				6	
5				8		1	2	
7	4		9			8	3	
					8	2		6
				1	2			4
8	9	1		7	6	3		2
2	6		4					
							1	

Puzzle 513 - Difficult

8			1	6			4	
2	5	6						
1	3	4		8		2		6
4	8		3		9	7	6	1
		1	8		6			
		3			7		2	8
		7					5	3
3		8			1			7
	4					8		

Puzzle 514 - Difficult

	9		4		6	7		
		1	8	7		2		
7		6			5	9	8	4
		5			4	1		
		3	2		8			7
4			5		7		2	
1							4	9
	5						6	
	6	4				3	7	

Puzzle 515 - Difficult

	5		8			1		4
				7				5
	1		3					6
			7	4	3	8	1	
			9		8	6		
		8		1			9	
1		3	6	5				8
5	7	6	1	8				
9			2	3				

Puzzle 516 - Difficult

8		4			1			
			2	4	3			
		3	7	9		4	1	
		2	3			8		4
9					4			
			9					1
	8			6	7	3	5	
3	9	6			5	1		
4				3	9	2		

Puzzle 517 - Difficult

	8							
7	3	9			1		6	
	4	6				2		7
			9		8	4		2
6					3			
			4	5		6		
5		7	6		9			3
				7	2			6
9		3	5		4	7		

Puzzle 518 - Difficult

	8		1	3	9	5		
	4		2		6			
	1		7			3	6	8
		4		2			7	
1			5					
		3	9		1		4	5
		6	3	1	2			9
4					5			7
2			4	7	8			3

Puzzle 519 - Difficult

				9				
8	2						6	
6	7		8	5	4	2	1	
4	6				8	7	5	1
2		8	3	7				
				4	1	3		
1	5		4	8		9	7	
		2				6	8	
9			5				3	

Puzzle 520 - Difficult

	8	3			5	6		1
6			8			7	2	3
7				6			5	4
		4	6	3	8			2
3		5		9				6
8		2						9
1					2			8
	9	8	4	7		3		
			9	8				

Puzzle 521 - Difficult

	1	3	5	6		2		
6	9		3		8	4		
5			1		2	3		9
		9		3				5
3			9			7	4	
	4			5	7			3
		6				8		7
		8	7	1	5		9	
			8	9		5		

Puzzle 522 - Difficult

		6	8			5		4
2	5		9					
		4			7		2	
	9				3			5
1			7		5	4	8	
			2					
4		9	5		6	7	3	
		1	4			8		2
				1		6	4	9

Puzzle 523 - Difficult

4	7					3		8
	2	9						7
3		5	6					
1	3			9	5			6
	6	2		4	7			9
			1		2	7		
2	1	4			3	6	9	
		3						
	9			1				2

Puzzle 524 - Difficult

6	5	7			4	3	1	2
	1		5				9	8
			6	3				7
9							8	
	6				7	1	3	
1		2		4		7		6
	9				5		7	
		1			9			3
		3		1		9		

Puzzle 525 - Difficult

2			7	3		8	1	4
8		5			4			
	4	1	2	8				5
	5	8		2	1	9	4	
		4	9	5		3		
	9				6			7
					2		7	
			1				5	
5							3	

Puzzle 526 - Difficult

	4		2				5	
			9	8		1	6	
			6		5		2	
	6	1				4		2
	5			3				9
			7		6	5	8	
3		5	4			2		
8			5	2				7
2		4	3	6		8		5

Puzzle 527 - Difficult

	8							
1	9	4			3			2
		3			8		4	
				5	2		3	
7			3		4	6		
	3			1	7			
6			8		1	4	7	9
9		1	4		6			
	4		7			1		

Puzzle 528 - Difficult

	3						9	5
7			6	5	9	1		
			8		3	2		
			1		7			8
1					5		4	
	5	7	9			3		1
	1	2					5	
3	7	9			1	4		
		4	2	9		7		

Puzzle 529 - Difficult

9						3		
	6		2	9				
5		2	8				7	9
				8	5		2	
6					9	8		
		5		7				3
	5			4	8	6		7
	8		7					4
1			9	3		2	5	

Puzzle 530 - Difficult

	3	6	1	9	8		5	2
		1						
		9	7	5		4		
3	4	7			1	8		
			9		6	2		7
9		2	8	7				
			3					
8					9	3		
					5		1	9

Puzzle 531 - Difficult

		2				5		
		3	9		8	1		
		4		5			9	2
8		9				6		5
			8	4		2	1	
	4							3
4			1	9		3	8	
3	1	8	4					
6	9	7	3				2	

Puzzle 532 - Difficult

	6			5				
7		1	3				4	5
		2			9	7	6	
			5	7	8	1	3	
				9				7
1					4			
		9			6	3		4
6				2	3		7	
	4			1		8	2	

Puzzle 533 - Difficult

			1	7		2		
4			5				3	1
		1					7	5
			9		8	3		7
7		5		3		9		
	4		7	6		1	5	8
1	9			8		7		3
	2			1				
	6	3				5		9

Puzzle 534 - Difficult

4					1		5	
	6						7	4
5	2		4			1		8
						2		
2		4	7					9
			2		8		1	
6		3		2		5	8	
9	1					7		
	4	5			7	9		3

Puzzle 535 - Difficult

	5		9					8
7							1	9
1		4	8	7	2	5		
	1	8		6				
4			1	5		3	9	6
		5	2	4	9		8	
	3			9	1	8		
		9		2			4	1
2			7				3	

Puzzle 536 - Difficult

6		2		4	3			
			6				3	
			2	7	1			6
	1	7				9		3
	3		1	6				4
2	4	6		9		8	7	1
	7	9	4				2	
1	2					6		
3							9	8

Puzzle 537 - Difficult

							2	
3		2	5	1		8	9	
						4		1
		1	9		4			
8		6	1	3	2	9		4
		9		8	5			2
5	1	3				2	6	9
6				9	3		5	8
2							4	3

Puzzle 538 - Difficult

9	1						2	5
			4	9		3	6	
6	4		7		2			1
4	7			3				9
8			2		7			
	6	5	9	8	4		1	
	2					9	4	
	5							
3		6	1			5		

Puzzle 539 - Difficult

1	2	6	5					
		7	1	8				
		8		6			3	1
4		2	8	5		3		9
8	1	5		3	7			6
	7		6	2	4			
2								
		4	3	9			2	
	5					8		

Puzzle 540 - Difficult

				3			1	4
	4		5			9	6	3
			4	1		7	5	8
	6				3	1		9
	7	9	1	6			8	
					9		3	6
8		4		9	5	6		
9		7			2	3		
			7			8	9	

Puzzle 541 - Difficult

7		6		5		9		1
		8	2		6			
		4	7	8		5		
		5		2	3		9	
					7	8		5
9			8			2	4	
	5						2	8
8		9		1			3	6
2				3	8	1	5	

Puzzle 542 - Difficult

			9		3			2
9		7		6			4	3
5	8	3	2					
	5	1				4	6	
	9	8						
	3	4	5					7
		2			5	1		
1		9			6		5	4
			4	2		7	8	

Puzzle 543 - Difficult

	9			1	8	3		
6			5		7			2
			3				1	6
1	2				6			
7	4	6	1	8		9	2	3
8	5	9	2		4			
		4			3		7	
		7			2			8
			9					

Puzzle 544 - Difficult

	3		4			9		7
		2						
5	9	4	7			8		6
			1	6	4	7	5	
					5		8	3
	2	3		1			6	4
8	4		5	3				1
1		7				3		8

Puzzle 545 - Difficult

		5		9		7		
	9		3	5		1		
2	8				4	3	9	
				6				4
				4	3			7
1			9		5	8	6	
				8	9		7	
		8		2	1	4	5	
	7	4		3	6			

Puzzle 546 - Difficult

	4	3		8				7
		6		4	7			
		8		9	3	4	2	
		1					7	
4	3			7		9		5
			5		4	8		
3		4				7		
8		9	7				4	
			4	3	1			9

Puzzle 547 - Difficult

8			5		7		9	1
6			4		2	5	7	
			6			8		
		3	7		5	1	8	9
5		2	1		6		4	
9								
					1			
7	3	8		5				6
					8	4	3	

Puzzle 548 - Difficult

2	6			7				
7	9				4	3	6	
5					8		9	2
	2				1			4
	8		6					7
							5	
4			9		5	2		1
8	5	1			7			
	7		4	1		5		

Puzzle 549 - Difficult

4	7							
5	1	2		4		7		
	6							
7			9				6	3
8		1	7		6		4	5
	3	5	4			9		
	5			9			1	
9		6	2		3			4
1				7	8	6		9

Puzzle 550 - Difficult

	6	8					2	3
2				7	3			
				2			4	7
	5	2					3	1
8		4	3				7	
3	1				5	9		8
				5	9			
		6	1		2	8		
	2	9	4	8	7		5	6

Puzzle 551 - Difficult

7	4		6				9	5
3								6
		9	3			8	2	1
		5				1		2
			5	7			8	3
2			1	8		9		
6	1	7	8		5	2		
		8	7					9
	2		4	6	1			

Puzzle 552 - Difficult

				6		1		
3	5	7			1		4	6
	1				4	7		9
	4	3			6	9	5	
7			3	9				
6			4	7		3		2
9		8	6	4		5		1
1	6	2		5				4
		4						

Puzzle 553 - Difficult

	7				5		4	
	5		3	6	2	9	7	
9		3			7		6	5
7	4					2		
	1			7		5	3	8
3					6	4		
		4						
	9	2	7	1	3	6		
5	3			2			8	

Puzzle 554 - Difficult

		7			2	9	8	
9			3		1		5	7
2	8		6		7			3
		6		4	9	7		1
1	7						9	
8			7			6		5
7	5							9
	9		1					4
	3					5		

Puzzle 555 - Difficult

2	8			1				9
4					7			
	6	7		5			8	1
		3		7				
				4		8		
	5			8	6	7		
	2	9	7		8	3		4
			4	3			2	
	3				1	6	5	

Puzzle 556 - Difficult

5	1		7	3		2	4	
2				6	1			3
8	7	3	2	9			6	5
		7				8	1	
			3		7	9		
9	6			2	5		3	7
	8		9	7		6		
					6			
6	3		8					

Puzzle 557 - Difficult

	9		3	7	5	2		
2			8	1	4		7	
	5	1	2	6	9	8		4
	8	9	6		7		2	1
	3				2	6	4	
				9		7	5	
8	4	2				1		3
							6	

Puzzle 558 - Difficult

9	3						1	
	6	2	5		1	9		4
		4		8	3			5
	5	9						6
3					5		8	9
						2		
6	4	7	2		8	1	9	
2		3	1				6	
		8	3		6		4	2

Puzzle 559 - Difficult

1		8		5		2	6	9
					1		8	
	2	7	9			1		5
	7	5		4		8		6
	1				6		5	4
		4	5	3	9		2	
	6					5		8
					5			
	5	1	4				7	

Puzzle 560 - Difficult

					4		5	
		2			7	9	3	
	8	9		3			4	
			7	2			6	
7	3	5		6	1	8	2	
2				9				
9	1							
	7						1	3
5	2	8	1	7				

Puzzle 561 - Difficult

6	1		5	3		4		
8	5		7		9			
	3	7						
5				2				6
9			1		7			
3			4				2	
7	2	6				9		4
		5		9			3	
4	9	3			8	2	1	5

Puzzle 562 - Difficult

4					1			6
	5			8	6			
3		1			5	9		
			1				9	
1	9			6	2	3		8
	7		9	4	3			5
2	4		5			8	3	
								9
5	8		6			4		

Puzzle 563 - Difficult

	1	8						5
	9	7						
2		5	4				7	3
6	8		2				3	
			9	5	7	6		
			3	8	6		9	1
	4	2		1	9	3		
	7			3			1	
		1		6	4	7	8	

Puzzle 564 - Difficult

	7		6		1			
	5					6	8	7
8		6	7		4	1		
	4		8				3	1
			3		6			9
3	9				5	8	6	2
		4				9		
5	6			4	3			8
		2		6			4	5

Puzzle 565 - Difficult

	2	3	5	4		8		
		9	1	6	3		4	
			9	2	8	6		3
	3		8		4		6	
	5					3		8
	7	6			9			4
5			4		2			6
1		2	6	8		9		
				9			2	

Puzzle 566 - Difficult

		6	9	8	1		4	
		4			6		3	8
			3			5	6	
6		7						
5				3			1	2
1		3		2		9		
		5	8	9		4	2	
	9			4	7			6
4	3	8					9	

Puzzle 567 - Difficult

	2	7	5	4	3			
			6				7	3
6						5		
2	1	4	9	5				
3	6	8		7	1	9		
							6	1
		6	2	9	4		8	
9				3			4	6
1	4							

Puzzle 568 - Difficult

	1		3		6	2	4	8
6				1	8			7
						9		6
	9				2	3		
		5	6	3			9	
			8			6	7	
3	7							1
				4	3	7	6	9
	6		2	8				

Puzzle 569 - Difficult

	8							
3	4	7			5	8		
	1		4	3	8		7	
5	3	8				6	1	
6					3			4
		4			9		3	
	6				1	9		2
				5	4			1
1	5		3	2		4		7

Puzzle 570 - Difficult

			6	7				3
	2			9	3	8		
		6	5	4		9	7	
5		1		8	4			7
		8				1	2	
2		4	9	3		6		5
	1		4					
				6		2		1
	5		3	1		7		

Puzzle 571 - Difficult

5	2							7
			6	4	9	2	1	
		6				3		9
		5	3			8		2
6	3	2			5		4	1
	7			9				
		3						8
2			5	7			9	
		1	9	6		7		

Puzzle 572 - Difficult

		7			1		9	
6	9	4				8		
		1		9			3	
	7	9	8		5		4	
8				1			7	
4	1			7	9			
			9				2	
7	5	3		4		1		
	6					5	8	

Puzzle 573 - Difficult

1				9				8
				3		1	5	7
		2		8			9	
	4		6	5		8		3
	2					7		9
3	8			2	7	5		
	7	8				3	1	
		3	2			9		5
4			8					

Puzzle 574 - Difficult

6	3			2				5
					4	6	3	1
	1	8			3		4	
5	6	2	4					8
			3				2	
3		7		8			5	6
1					7		8	
				1		4	6	3
4					5			2

Puzzle 575 - Difficult

	7					9		2
6		5				1	8	
	9	4	5	2	1			
			4	8	2	6		
	4			7	9			5
			1			2		
7			3	4			9	1
					5			7
4			7	1	8			

Puzzle 576 - Difficult

6	5			8	4	2	1	9
			3					5
	7			5		3		
3						4	2	
			4					7
2					7			8
	1			9	3		8	
7	8	6		4	2	1	9	
4				7			5	2

Puzzle 577 - Difficult

	8	6			1			3
4	1			7	5			2
		3			4			9
			7	8		6	3	4
	6	4						
				4		9		
		5	6	3	9		4	
	3	7	4				2	6
6		8		5		3		

Puzzle 578 - Difficult

6		2		8	4		5	1
			2		5		7	
	5	3				4		
3		8	1	7	9		6	5
		9				8	4	
5			4	6	8			
4								8
		6		9	7		3	
	3			4				

Puzzle 579 - Difficult

1				4		9	7	
					6		2	
	2		7	9			6	
9	5		8	2				7
8	4	2				1	5	
6				5	4		8	2
	8	1			2		9	6
			5			2	3	
				6				4

Puzzle 580 - Difficult

1	4	7	6					
			7				3	
	6	3			5	7	1	
		1	3		8	9		2
								7
8			1		7	5	6	3
7	1	9		3		8		
4	3		8		1	6	2	
		6						

Puzzle 581 - Difficult

		4	9		6		8	1
	9	2	8		5			4
8				7	4		3	
		5			9		7	3
6				4		9	2	
3	7			8			4	
5			3	9	7		1	2
9	2						5	

Puzzle 582 - Difficult

				7			1	
6	1	7	9					
5					6		9	7
	3	9	5			6	8	1
	8		6		2		5	3
					8			
	7			2			6	5
			7			3	4	
		8	3	5	9		7	

Puzzle 583 - Difficult

3		9			5			
	7			9	3	8		
								9
5		8						3
	6		7	8		1	2	
		7	3		9	6	4	
	3	5				4	1	7
7		4					8	
	9	6		1				

Puzzle 584 - Difficult

2	5		6		9	1	4	
						2	6	8
1		8	7	4				
8	1	2	3	6	4			
	7			9			2	
9		5						
	8					9		
			9	7		6	3	
4	9			3	5	7		1

Puzzle 585 - Difficult

		3				9		2
	9			3				8
4			9	6	2	1		5
	2			8		4	7	
	4					6		3
6		7		4		2		1
8			1	2	6			7
	1	6	7			3		

Puzzle 586 - Difficult

				3	7	2	9	6
5	3				9			
9		6	2		1			4
		1		9	3			
		7						
6			7	5		4		
8		5		7	4		1	
7		4	3	1	5	8	6	9
3					8		4	

Puzzle 587 - Difficult

7		8	5					2
9					7		6	4
		5		1	4			9
						9	3	
3	5	7	2		8		4	
1	9		4			7		8
	7		9		5		8	6
		3	1			2		7
	1					4	5	

Puzzle 588 - Difficult

2	7		9				3	
9	8		2			4	1	7
6	3		1				5	2
			6					3
5	4			3				
1			5					
8		2		1				6
3	6				5			1
				2		3	8	5

Puzzle 589 - Difficult

					6			
6	7			5				
	5	4		8	7			9
					1	5	9	7
		7	6	9		3		
			3		8	4		6
5		6		1	3	2		8
	3	1	8			6		
7					2	9		1

Puzzle 590 - Difficult

	4	7			1			6
5	3	1	7				9	
2	9			8	3	1		
			8	3	9			
			4		2	7		
3			1		5	9		4
9		2			8	4	6	
4							1	
6	1			9	4			8

Puzzle 591 - Difficult

9		5	1	7	6			
8	1	6	4			9	2	
	3				8		5	1
		1						
	7			3				5
							8	4
1		7	6			5		3
3	9		5					6
			3		4			2

Puzzle 592 - Difficult

6		4				3		
	1					2		6
7					3	1		9
	5	9		1	6	7		
	4			5	8	6	9	3
3		2			4	8		5
							3	
9			6	2	5	4	7	8
	8					9		1

Puzzle 593 - Difficult

		8		5		3	2	
5				3	2	8		9
	3	2		1		9		5
				9	4	2		
	9		8					
3		5			9	7		4
6	4	7		8	3	5	9	
					7	1		3

Puzzle 594 - Difficult

	5					8	2	7
				6			1	
					7			
8	1	3	4	9	2			5
9	2		1	7	5	3	8	
	7	5		3				
							3	
	9	2	7		3		4	6
						2		8

Puzzle 595 - Difficult

6	2						9	
9				6	4	3		
3	4			1	9		6	8
2			1	7				
8	9		6					
	1							3
1	8			4	5			
	7	9			6		3	
5			9	3	1	8		

Puzzle 596 - Difficult

			9	4	8	1		
8	4		3					
			5	7				2
	2	8	1			7	9	
		6	4	8	7	2		1
7	1	5						4
					9			7
	8	1		3		5		
	7	3				6	4	

Puzzle 597 - Difficult

3	6	8	1		2		7	
4		5		6				1
		2		5				
6			5	3				2
				4	7	1		
7	5				1			
5	1		8					3
9				2	4	6		
		6						7

Puzzle 598 - Difficult

		5		4				
	6		2			1		
8		2	9		7			5
		8			4	9	7	
7			6	2	9		8	1
1			5				3	2
						2		
		9	4			8		
6	2	4		8			5	9

Puzzle 599 - Difficult

	6	4						
7	2			8	4	6		1
	8		7	1		3	4	
		2					3	6
	7		9		3			
		8		6		2	1	7
5		6		3	7	1	8	
2					8			5
	1	7		5				3

Puzzle 600 - Difficult

6			1			2		5
		4		5	6	3	8	1
1			3	8	2			6
5						7		9
4	2	1			9			
				3	5	1		
	4			6				3
			8	9			1	7
			7		3	8		4

Puzzle 601 - Difficult

	9		2					
							3	2
1		2			9	6	4	5
2	5		1	8	7	3		9
	6	8			3		2	1
		1	6	4				8
			8				9	
8	2	6				7	1	
	1		7		4		5	

Puzzle 602 - Difficult

8	9				3			
7	6	2	8			9	3	
4	3					1	8	7
	7			3		4		
1	4			6			2	
9		8		5			6	3
6				9			7	
	8				6			1
		7			2		9	4

Puzzle 603 - Difficult

		2	8					
			7	6				
		5	3	1	2		4	
			2		9			6
7		6		8				9
2	9	4					5	8
5	3	7		2		6		1
		9	1	5	6	7		
6						2		

Puzzle 604 - Difficult

9	3	7		4		6		
5			6			3	1	
8		1						
3		8	9	7	1		2	6
	7		3	8				1
	9	4			6	8		
6	2						8	
		9	5		3			4
4				6				9

Puzzle 605 - Difficult

		6			2	4	5	
						2		
4	1	2						3
	4		3	6		7		9
2	6		1	9	8			4
						1		
		3				8		
1	7		8	5				2
6	8		2	4	3		1	

Puzzle 606 - Difficult

							8	3
	7					2	9	
	6				9			5
8	9	4						
		7	4	1	5			9
6	5		2					
3		5		8	7			1
7				3		4		
1	8			4	2			6

Puzzle 607 - Difficult

3	4					8	1	6
9			3	7	1	5		
	5	1	8		4	7		9
	3	2		9		6		
1		4		5		3		
8			7	1	3		9	
		3				9		
			5	3			4	7
			1					

Puzzle 608 - Difficult

	3		7		1		4	
	1	5		4				7
				5		1	2	
4			3		7			5
			5	8	4	6	1	3
				2	9			4
		3		9	6		7	
		8		3	2	4		
	4					3		2

Puzzle 609 - Difficult

6			9			1		
	9	4					8	
	1	5					9	2
2		8	6			9		1
	5			1			4	8
			7					
4	2	9	5	3	1		6	
			2	7	9		5	
	7			6				

Puzzle 610 - Difficult

	1	5		4			9	
		8		9			1	
		7			1			
4				3			5	7
1		9		7	4	3	6	
8			6			9		
5	9	1	8	6	7	2		3
	8					6	7	9
		6		2	9			

Puzzle 611 - Difficult

	3		4				2	5
2	5	7	3			9		
				2	7			
	4	2	6	9	1			
						1		4
5	8		7			2	9	
		5			3	6	1	
9		3		5				2
8		6	1	4			5	

Puzzle 612 - Difficult

			2			5	1	
	1							7
		9	8	1		6	3	4
1		2	9	4		3	7	
4		8			7			6
7							8	
			5	8		7	6	
	4	7			6	8	5	2
		6	7		2		4	

Puzzle 613 - Difficult

	2					9		7
1				8		6	3	4
3		4	1			2	5	
5		2		9				1
		9			1		8	
7		8						9
	4		8		9			
	7		6	5		8		
			7				4	

Puzzle 614 - Difficult

	7	4	9			2	1	
				8	2	4		
6	2		7			3		8
	6						5	3
7		8			3		6	
					7			1
2		9	8			1		
4			1	2		6	8	
	8	6			9	5		

Puzzle 615 - Difficult

9			3			5		1
	6							
5		4					6	
6	1					2	3	
7		8		2		1		
2	4				9		8	
8	7		9	6			5	3
3	2	6		5	7			9
		5			1	6		

Puzzle 616 - Difficult

		4		5		7		
	6	3	2	8		9		
		2			9		6	
		6	9	2				
9	2	8	3		4			5
				7			2	
3		7	6			2		4
	1	9			2		5	7
2		5					1	6

Puzzle 617 - Difficult

	2	6		1	9	7		
			3	7	5	8		
		5		4	6	3		
5				8	4			2
			5		3		8	
		8				5	4	
8	9	7			1			
			9	3	8			
4	1				7	2		

Puzzle 618 - Difficult

		5	8		9	6	7	
7					1		9	
6	4		3		2	8	1	
	7				3			
4	1					5		3
	8					7	2	6
8			5				3	
		7						
2	5					1		8

Puzzle 619 - Difficult

	6			5			4	
	5	8		2	4	1		6
								2
	9		5			6		4
1	2			4		3		
	3	6	8		2	7	5	
	7			6	1		8	
2				3		9	6	7
6	4				8	2		

Puzzle 620 - Difficult

			8	3		4		
	6	1		4		2		
			1		6	9		
1		6		5	8	3	9	
		2		9		5		
					4		1	
7	2	8				1		
		9			5	8		
	1		9	8			4	

Puzzle 621 - Difficult

3				1	6	9		
			3	4				2
8	6		2		7		3	4
	9	5		3	4		8	1
				2			9	
1					5			
9	1	8	4					7
6		7		5				
		3				1	2	

Puzzle 622 - Difficult

7		5					8	
9	8		7			4		
	6	4		3		7		
	7			1			9	6
6					7	1		
5	1		4	6	9	3		
		6		9				
3	5				1		4	8
8				7		2	6	3

Puzzle 623 - Difficult

4	1		7	6				
	3						5	6
			3	1				
			6	9	2	7		5
						6	1	
9	6		5		1	3		
3	9		1				4	
2				3		8	6	1
			2	5				3

Puzzle 624 - Difficult

7			4		5			
						4	8	
3	9	4		2	8			
	1		9	5	6		7	
9	5		2				6	8
	2	6		7	3		1	
				8		1	2	7
	7	1	3		2	8		6
	4							5

Puzzle 625 - Difficult

9	1	5			7	6		
3	4	8		6		7		
	6	2		5		9		8
					9			4
	7	3			8			2
	2		7	4		3		
			5	7				
		1			3	4	6	
	3			2				

Puzzle 626 - Difficult

			8	4	2			
	1		7			2	6	3
		2	3	1			7	
3			2					
2	6		1			8	4	
	4	8		7	5		3	2
7		1		3				
9			4				8	1
4							2	9

Puzzle 627 - Difficult

1	3		7					
4	8	2		3	1	7		9
9	6		5	4			1	
2	5			7		8		
		8	9				2	
6			2			3	4	
8		4						
			1	5	4	9		2
	9		8	2		6		

Puzzle 628 - Difficult

2		5		9			7	8
		6		4		5		
			8	6	5			9
4				1			8	
	1	2		5	4	3	6	
			7	8	6			
		4						6
		1		7		2	5	4
						7	3	1

Puzzle 629 - Difficult

2	9	7						
					2	3		8
8							7	6
9		3				6	8	
6		4		3			1	
1	7			6				9
7		1			8			5
					6	8	2	
	6		7	2	9			

Puzzle 630 - Difficult

		8		3	4	2		6
9	2	6		1			3	
							8	5
6	1	3	9	5	8			4
			3				1	8
8			1	4	2		5	3
2	8			7	1			
		5	2		3		4	
								2

Puzzle 631 - Difficult

6		4					3	
		8	6	1				
	3	9	4			6	7	8
	1	2			7		6	3
			8	3		2		
	4			2	6	9		
5					9	3		4
				8	5		9	
	9	7					1	5

Puzzle 632 - Difficult

	8				7	2	4	5
	3	5			4	6		
		7	8					9
			2			5		7
2	1		5	7	3		9	
	5				6			
	4		7				6	3
			6		1			
5		6		4			8	

Puzzle 633 - Difficult

				9			3	4
			2					
2		9	4	3		6		
5	3				2		7	6
9								
	6			1	4	9		8
3			1	4	7			
6		1				3	4	
4	9	7					1	2

Puzzle 634 - Difficult

9		5		1		3	6	
				9			4	
		2		3	4	8	5	
5			9	2	7			
			1					
	2	4				5	9	1
		3						
4		8	2					6
2			4	6			8	3

Puzzle 635 - Difficult

		2				6		5
	6			9	1		2	
7	1						3	9
	5				4		8	
6				3	9			
2	9	1	7				4	
	7			5		1	6	8
	2	9			8		5	4

Puzzle 636 - Difficult

9		4					5	
2			1					
3	1			9	4			
5			3	6		4	7	8
	2				7		3	
4			8		1		9	2
	3			8			2	
	5			1	9			6
	4			7				

Puzzle 637 - Difficult

8	6	9	7			3		
			5		2		9	7
					6	4		1
			3				1	9
9	2		4	1		5	7	
		7						3
		1				9		
2	4				7		3	
	9		1		4		6	2

Puzzle 638 - Difficult

			5	8			3	
3		5		2				4
7	8		1	3				
8		4	2	9		3		7
	7				5	4		
	1	2		7	3			
				1			7	3
	6	7					4	8
2					8	6		5

Puzzle 639 - Difficult

1	3			9				2
4	2					1	8	
	7	8		6				
6		4		7	5	8		
	5			8			9	
		1	4	3	9	6		
		3	7			5		8
	1	7			8	9		3
8	6		9					

Puzzle 640 - Difficult

				3	4		9	
6				7	8			
9	8			5	1		3	
3			7			9	8	
	4	1			9	2		
	5				3			6
5	9							1
4			1	8	6			9
	6					3		8

Puzzle 641 - Difficult

9	4						6	
				4		3		2
2		7	3					
	5			3				
	2					1	8	7
1		9	2				3	4
8	7	1			6			
		5	7	2				
4	3		5	8	1	9	7	6

Puzzle 642 - Difficult

			6		8	5	7	
		7		2	5			
1				7				6
				3			6	7
9			7		4		1	
	3					2		8
	7	3		4	1		8	
	4	1			2	7		3
5	8	9				1	4	

Puzzle 643 - Difficult

4			8	6		5	9	3
	6							1
2	8	5				6	7	4
5	2							
9			2		6		5	7
			3			8		
6	5	2	4		9	7	1	
1	7	3	6		8			
			5		7			

Puzzle 644 - Difficult

			5	3		7		
	7		4					
	4				9	8	2	
		6			3		1	
4	5		1	6			9	8
2					5			
	1			2			5	7
	3	4	7	8		9	6	
			3	5			8	

Puzzle 645 - Difficult

	6	5						
			6		9		8	
			7	2			1	5
2				4	1		3	6
		6	8		2		4	1
	1	7			5			8
						4		9
6		4	2	3				
	2		4				6	

Puzzle 646 - Difficult

		2	4		9			
9	4		2			7		3
6	1	5	3	8				4
1				4			6	2
	2		9					
8	9		5	2	6	3		
	6				2	5		7
2		1			8			
				9		1	2	6

Puzzle 647 - Difficult

8		2						
			2		3	4	8	6
6		3			5	2	9	
1	8		4				6	
		9			8		4	3
			6			8	5	
	7		1		9		2	
		8						
9	5		8	7				

Puzzle 648 - Difficult

		9		3		1	7	
	3	6				8	9	
			8			2		3
	7	3		5	8			2
				4				
1		8			6	4	3	
7	2		6	1		3		
		1	9		5	7	2	4
9			3			6		

Puzzle 649 - Difficult

	7	4		5	2		8	
6					1	3	9	
9			3		6			
	6	3			5			1
	9	1	4	3	7	8		
			6		8		3	9
	4					7	1	
1				7	3		4	
	3	2	1					8

Puzzle 650 - Difficult

			4			7		8
4	9	6			8		3	5
8					9			
9			8		1		6	7
		2	7			4	8	
	8				4	1		2
		5	3				1	4
		9						
1	3	8		4	7	5		6

Puzzle 651 - Difficult

				6	5	1		
	1	6	8				5	
			3	4		7		
1	9		6	8	3	4		
		5	1	9			3	8
	3						6	
	6	1				8	4	
3	4	8		7		5	1	2
5								

Puzzle 652 - Difficult

	8			5			4	
		7						
	1		3	7		8	6	
		5		1			9	
9		3		2	5	6		
8	6		4					2
4	7		5			2		
6	5				7			8
1	3		9	4			5	6

Puzzle 653 - Difficult

8		5			6			4
						6	3	2
				9		5		
			6				5	7
	3		4	5	9	1	8	
5			1	7	8	4		
		1	2		3		6	
		2		6	1	3		
		3	5		7			

Puzzle 654 - Difficult

4	6			3	8			9
				1	4			2
8	1	2					6	
			4	5	3	2		7
7	5	3	9					6
								3
1				9		4		
		5	1					
3		4	8	6			7	1

Puzzle 655 - Difficult

	1					8		2
9				4	8	6		
	8	5			3			4
8	7	9		2		3	5	
	4	2		3				
						2		9
3	5	8						1
	2	6		5		7		8
	9	1		8				

Puzzle 656 - Difficult

		8			7			9
2			9			3		
9	6		2		4			7
8			4		3	5		
3		5			9		8	
							3	4
5	8	4	7					
1	3	9	8	2		4	7	
		2					1	

Puzzle 657 - Difficult

			5		7	2		
5	2		4					9
9				8		1	5	
	1	8		6		5	2	
2	9			7			4	
	5		8	2		9	1	
						4	6	
	6		3			7		5
			6	5	8			

Puzzle 658 - Difficult

	6	4				9	5	1
9								8
					1		3	
	4		2	8		1	7	5
	9	2	4	1	7		6	
	1	7	6	5		4	2	9
				2		6		
					6		1	
	2			7	8	3		

Puzzle 659 - Difficult

7	3		4	1		9	5	
	1		9	7	3			2
2	9			6				
4				3		7		
			1					
9	6							4
					7	6	1	
		7		4		2		3
1	2	5				4	7	8

Puzzle 660 - Difficult

9	6	7	1	2	3	4		
4		8	9					
1	3						7	
8	7		4	9		6		
3	9	2		6		8		1
		6				9		7
					9	1	3	
			2		1			
		3		5			9	8

Puzzle 661 - Difficult

	6			1	5		2	
	3	1	2	4				9
8	2			6		3		1
				7				
					2		7	
	4		6	5	9	1	3	
		6		9	1			5
4				2	6		1	
9	1						4	

Puzzle 662 - Difficult

			3	7	1	5		
	1							3
		4			6	9		2
	6		7		5	4		9
5		9		2	8			
3	7	8		9			5	6
	5			8			2	
4	9					8		
		3				6		5

Puzzle 663 - Difficult

5			6	3			1	
8			7	4	9	5	3	
3	4				5			
					8			4
7				2	4	1		5
		5	9	7			8	3
						8		
	5			1	7			
	9						7	6

Puzzle 664 - Difficult

		2		4	7	9		
5	9		2					4
1			3	9	6	2		
				6			2	
6			8					7
7			4		5			3
		6		5		7	4	2
		4	6	3	2	5		
2	8		1				9	

Puzzle 665 - Difficult

1				2	5		8	
9				7				6
		8	4			9	1	
	7					2	5	1
	9		6	5		3	7	8
8		5						9
	2			4		1		
		9		6	1			4
	1	4	7			8	6	

Puzzle 666 - Difficult

			1			3		6
			4	3		2		
		2				4	1	
	2		7		1	9		3
	5	7		4				2
8	1	3		9				
		9	6	5		8	4	1
5				7			3	
	4		9			5		

Puzzle 667 - Difficult

		8	7				9	
4						7		
5		1		6	4		2	
					7	8		1
				8		2	6	9
		2			6			
	6	9			3	4		2
		7			9		3	5
3	4		6		8			

Puzzle 668 - Difficult

6	5	9		2	1		4	
4				9		2		
		3	5		4		7	9
3	9					1		
			2			3	8	5
					5			
8	4				6	5	3	
9		1				4		2
		6	3				1	8

Puzzle 669 - Difficult

		4			3		7	6
	8		5			4		
2		7	4				3	5
			8					3
	3	2		6	5			4
			9				8	
5				9			4	
6	4				7			
	2	9			1	3	5	

Puzzle 670 - Difficult

5	7		9		2			
3			5			1		
9		8					7	2
	1		8			7	4	
		9		2	3			6
		4			9			
	2		3	4	7			1
		6		9		2		7
		7		5				

Puzzle 671 - Difficult

6	4							7
3	5	8			7	6	9	
1			3		9			5
		7	6	1				
			7	5		1		8
8			2					
9	8		4					6
	2	5			6		7	
			5		1			4

Puzzle 672 - Difficult

6	5	8	3					
1		9	6	2	8			
	2	7					9	
7			9	6				
5			1		3	2		9
			7	5				3
				3	9		4	
	8			4			3	
	1			7		9	2	8

Puzzle 673 - Difficult

6						3		
	8			7	5	6		4
4		7	3	6			8	9
					8	5	4	
		5	7				6	
			5	4		7		3
5	6				7			
2		4			1	8		
7				2				

Puzzle 674 - Difficult

1				7	2			
		3				1		
	9	6		1	5			2
3		2			6	7		
				5		8	4	
5	7	4	1			6	2	
			9		1		7	
9		1		8		2		
	2	7	5				1	8

Puzzle 675 - Difficult

8	6	5	1		3	9		
				2	9	8	6	
								5
3	5	2	8	7				6
	1			5				8
		8			6	5		7
	9	3			5	7		
	8				1		5	
5					8			9

Puzzle 676 - Difficult

			7		6		4	
1	7			5				8
	4		8	1				
	1	4		7		8	9	
9			5		1	3		
	2	6	9			4		
		8			9		1	7
	5	1				9	6	3
			1	6				

Puzzle 677 - Difficult

	6		7			1		9
4	1	5	8	9	2			3
				1	5	2		
2	5		3			8	1	
3					1			
1				4				5
		7		5			8	
			4				6	
5	4	8		6	7		3	2

Puzzle 678 - Difficult

4			8	9		5		
9				6	2			
		7			4	1	8	
		2	6	8			7	
7			2	4			5	
	6			1		8		
5	3	9				2		
8	4	6		2				7
	7		9	3	8		6	

Puzzle 679 - Difficult

	3	2		1				
				3	8	2	5	
			6	4		3		
4	5	6					7	
9				7	6			
7			1		5		3	
	9		7	8				1
1		7				8		
	8			6	1			5

Puzzle 680 - Difficult

		1				8		
7			3		1		4	9
	2	9			4	1		5
		5				9	6	
	6	2	1	5		4	8	
	1	7	6	8				
		6		1	7		5	
		3	9			2		4

Puzzle 681 - Difficult

		5	4	9	3			6
3						5	8	
								9
					2	9		
	1		8	3		6	5	
	6	2		5			7	3
			6	2			9	8
	9			7		4	1	
		3	1				6	

Puzzle 682 - Difficult

7	6		1	2				4
						5		
		4						
9		2					4	5
	4	1		9	6	7	8	
	8		4	5			9	
8		6	9		3	4		
4				1		9		
2	9	7		4	8			6

Puzzle 683 - Difficult

1		6		2		9	7	
9								
					9			2
			9	6			4	
5			8					
				4	5	3	6	7
3	7	8		1	6		9	
			2	8	3	7		1
2	1					8		6

Puzzle 684 - Difficult

	1		3		5	6		2
5		6				8	1	
7			6				3	5
8	5		7		9	2	4	
			5			7		
	6	7	4	3				1
2			1				6	
		3			6	4	5	
	4			5	3			7

Puzzle 685 - Difficult

5		6	2		9	1		
	8	2		7			6	
	1		8		3			
	9		6				1	
7					8	3		
					5		9	6
6	5	1	3			9		
2		7	1	9		5	8	3
	3				7			1

Puzzle 686 - Difficult

	6	5	9		7			8
2		1				4		
	3		2				1	6
8			6			9		
1	4	6			3	7	5	
		3				8		
5	1	4	7	6	2			
	2		3		9	1	7	4
		7			4			

Puzzle 687 - Difficult

	4	5		8			9	
1				4	7			5
		7	1	9	5	8		3
2	5							
8		3	4	7	6		2	
			2					
	3	1						2
4	6		8	3				
7		8					1	

Puzzle 688 - Difficult

4								1
5	2	6			1			
				8	9			4
	1	5	9		8	7	4	
	4	3		1	2			9
		9		3	4		1	
9	8	2						6
	5		8	9				2
	3	4			5		8	

Puzzle 689 - Difficult

4	2	6		8	3		7	9
		9		6		3	4	1
		3	9	4	5			
				3		2	1	
			5					4
			2			8		
		8					5	
	5		8	9		4		6
1					4			

Puzzle 690 - Difficult

3					9			
	1			6	5			4
8	6	5			4			9
6	3		4		2			
4		1						
		2		8	1			7
			3		8	9	7	
7			9	4		1	2	
				5	7	8		

Puzzle 691 - Difficult

8		5	9	6				
3		9	2	5	1			
					3			1
		6		3	5		1	
4			6			3		
	5			8	9	4	6	
2		7			6	1		
5	6			1			2	
			5	9		6		

Puzzle 692 - Difficult

				6	7		3	4
7		6		4				8
	9				5		2	
6	4		3	1		7		
2		9		5		3	4	
				2	4			1
	6				1		7	
1	7					8		9
		4	5	7		2		

Puzzle 693 - Difficult

				2	4			1
	4		3		9	7		
6		8	7	1				
		5				3		8
	8	1	4				5	
9	3		1	5		4	7	
		3	5		1	9		
			8	7				
8					2			

Puzzle 694 - Difficult

	9	6	2			5		
5				1	8			
7		2	6					
				8	6			4
	6	4				1	8	
	1	5	4	3	2	7	6	
			8				7	2
	2	1			9	8	3	6
			3		4			5

Puzzle 695 - Difficult

	9					6		2
4		2			9			8
	8		6				9	1
				6	7	9		
	3		8	9		7	2	6
9				4		1	8	
		3	4	5				
		1				4		
8	4		1	7				

Puzzle 696 - Difficult

		2		4		7	9	
	3				7	5	4	1
	7	1	6			2		
			5		2			
			4	3	8			
8	2	5		7		3		
2				1	4	6		9
					6			2
9	1		3					8

Puzzle 697 - Difficult

	3		9	1			4	
7		4			8		5	
6				2	4			
	1	7		3		6	2	
						1	7	8
9	6							
3		9	6			4		5
		5	1		9		6	3
	4		7			8		2

Puzzle 698 - Difficult

3	7	2			9			
	6	4	2	8		9		7
				6	7	1		
	4						7	3
		7	8			6	1	
		1		5				
	5	8	6	9	4			1
	1			7		4		9
4	9		1			7		

Puzzle 699 - Difficult

	4			1	7	2		9
1	8			9				
9		3				5		
	1		6	4		7		
	6		8	2		3	4	5
	2		7			6		8
6	5		9	7				4
2		4	1					
	9	7			3		2	

Puzzle 700 - Difficult

5	1		6	8				2
9	4			5				
2						5	6	
			1	2	6			9
	3			9				4
1			4		8		5	
	6	5		1				8
8		9	3	4	5		7	
3		1			2	9	4	

Puzzle 701 - Insane

			3	6		5		7
		5				6		
4	6		8				1	2
	9	8		2		7	5	4
2		3		8				
			9				3	8
	8			3	5	1	9	
	2					8		
6		1						

Puzzle 702 - Insane

		5			7	1	3	
				4			2	8
							6	
	9		1					
	4		8					9
		6		7	4			2
	8	4		6				
		9			1			6
	3	1		8			5	

Puzzle 703 - Insane

3	6		8		4		7	
	9	5			1	3		4
6			2					1
		1		4				6
					9		3	2
4	7		5	1		2		
			3					
1							5	3

Puzzle 704 - Insane

	6					5		
		1	9		3		6	
		9						
		3	4	8		1	9	
		5					8	
	1		7		9		5	
				5	1		4	
	7		3			8		
4		8	2					

Puzzle 705 - Insane

	6	7		5		8		
					3			
4	5				7	9		
		4		2				
	3						9	8
	8					5	7	
1				9				7
	7			6	4			2
8			5		1			

Puzzle 706 - Insane

9			7	8	4		6	
6				5	3		8	
	4	5	9			1		
					9			2
4	5							
			8			7	3	9
							2	8
	6			7		5		
5						3		

Puzzle 707 - Insane

		1	4					
	5			3	6			
	7			5				8
	1	3						
					2	8	3	9
	8	9			4	2	5	
3		8		2		7		
	6		5			1	9	2

Puzzle 708 - Insane

3			5				1	4
		8	7			6	5	9
	4							
			3			1	7	5
	5		8					
	1				6			
4						7		
6				4				1
9	7	5		2				6

Puzzle 709 - Insane

		9			1			
8					3		4	
	5	3	2	8				1
2	4	7						
				1	2			6
			5					8
5		8	7		6			4
6						2		
	2		9			7		

Puzzle 710 - Insane

2		6					3	
		5		8	3			
				7		5		
4	8						7	6
5					7			8
6						3		1
	6		8		5		2	
		9			4			
		3	1	2	6			4

Puzzle 711 - Insane

		3			6	4	5	
7			5		1		2	
5								8
	8	9	3		2		6	
	2		7				9	4
	7					1	3	2
	5						4	9
				8	4			7
	6	4			7			

Puzzle 712 - Insane

	2		4		1		9	
				2		4		1
			5				2	
6		2		4	8			5
		8	6	5	9			
				1	2	6		
5	4				3	2		
				6	4	5		
9	7	6				3		

Puzzle 713 - Insane

					3			9
	7	9	1	4				
2	1				9	6		
9		7	4				1	
				5	6			3
		4					6	7
3	4	1	5	9			2	
	9	2						5
	5		2	8				

Puzzle 714 - Insane

	8			4		5	3	
		9	7	5		4		
	5	3	9			2		
3			6			1	4	
		4		2		3		7
6		2			4			
						6	2	3
	3		4				1	
9		8	2					

Puzzle 715 - Insane

9		3				1		
			5		3	4	9	
	4	8		9	6			
	9					7		
					4			
7			9		5			
	3		7					9
	7		2	3				5
	6	9		5			2	

Puzzle 716 - Insane

	1				2	7		
							2	
	9	8		7	1	6	3	
			2	8		1		
	8			1	3		9	4
9			5	4				
			7					
		7		3	4			8
8	6					4	1	

Puzzle 717 - Insane

7	8			5	1		2	
1					2			
5				8		3		
				9	8	7	6	
	4	6		2			3	
3			5	6	4		1	
							5	
9			2					
		2	6			8		

Puzzle 718 - Insane

4		2	6		7			
	8	5				3		
1	7	6	5					4
		8		6				
	6						4	8
		1					3	5
				3	4	9		
	1		9				7	
			1		2			

Puzzle 719 - Insane

1					8	4	3	
8	5							
			1			5	2	
9					5		4	
			3	4				2
4	1		6	9				
7		9						5
2				7			8	3
		1					9	

Puzzle 720 - Insane

			3			1		
4	3		7	1		5		
	7			6		4	9	
			2					
7		6		9				
1				7	3	2		
	9		4			8		2
2	4				1	6	3	
	1		8			9	4	

Puzzle 721 - Insane

		5	3			1		4
8			1			9		
		1					8	
		7	6				5	
	5	4		9				3
1	2				5	8		6
		6	2					
				4		5		2
				7	9		3	

Puzzle 722 - Insane

	6					4		
5	4				7	9	8	2
2		8						
		2					7	4
				2				5
			1	7	4		6	
	3	7		6	2	8		9
	8		4		1			6
4					8		3	

Puzzle 723 - Insane

		1		8			7	
7						1		
6					5	2		
9	7							5
	3	8				4		
	6			9	2	8		
		7						
3			6	2	8			1
5	1			3	4		8	

Puzzle 724 - Insane

5		9	1		4	8		
3				2		7		
	2							1
				9				
					3			6
8						2	4	7
	5	4	9		7	3		
9		1	3	4		6		
				1	5			

Puzzle 725 - Insane

	1	3		9	8		2	
			7			9		
9	5	6	1	2	4			3
4		5		7		2	9	
		9	3		5			
				8				
1		7						
5		4				8		9
	2					5		1

Puzzle 726 - Insane

9	6		3	7	5		2	
4	7	8	2	6				
2						6		
				1				8
		6	8				4	
	1			2		5		
					4	3	8	
5		7		3				
			7	8				6

Puzzle 727 - Insane

				8			6	9
8		5					1	4
		6				5		
7			3	5	8	9	4	
		3		7				
				4		8		
	5	1	4	3	7			8
			9			6		
				6	5			

Puzzle 728 - Insane

2	6	5		3		7		8
		3			8		2	
8			2		1			
		8	9		6	5		
9	5							
		2						1
	7			8			9	
					2	1		4
			1		4		6	

Puzzle 729 - Insane

4		3		8				7
			3				1	
	2					5		
8	3				2			4
7		4			1		2	6
	9				8		5	
	4		5	6	3		8	
								5
2			4			7		3

Puzzle 730 - Insane

1	2	5					8	9
8						6		
	7	4	5			3	1	
	6				9	8	3	
				7	1		2	4
	9							
5			9	6				8
	8					7		3
9					3			5

Puzzle 731 - Insane

	8		7	2	3			
9							6	
	3						8	2
8					9			
		3			5	6	9	
			1					
					6	1		4
7			4	3			5	9
		4	8	5				

Puzzle 732 - Insane

4	9			5				
	3	8	1					
	6		7	3			9	2
		6		7		3		1
9					1	5		
		5			3		2	6
7	5			8				
	8	9			5			
		4						

Puzzle 733 - Insane

				1	7	4		
	4					6	9	
	3		6	8	4			
5		3		7	8		6	
	1						8	
	6	2	4					
6			2	5				
	7			9				6
					6	8	1	9

Puzzle 734 - Insane

2			8	7		3		
	7	6			3	2		
5								8
	6	7					8	
			4			7		9
4		8	9				5	3
	9	2			8		3	
6		5	7			8		
3					6			

Puzzle 735 - Insane

		3				4		
5	8	2			7			9
		6					5	
	6				9			1
			3			6		
1			6	7	8			
2							9	6
	9		2		5		3	
	5	8		3				2

Puzzle 736 - Insane

	7	1			8			
2			9			1		8
		5		2	1			
					3			
5				1			2	4
3	1			5	2			6
		4	2	3		7		
	3	8		4	5			
			7		9			

Puzzle 737 - Insane

		9			2		7	8
				9		5		1
	8			3				
2		8	3					
			4		9	2		
	1							
		2	8	4	3		1	6
			9					4
7	3						9	

Puzzle 738 - Insane

2				8				9
1	3	8		2		4		7
5		9	4					2
	2		7		8			4
3			1		4		5	
4				3				
7					9	8	4	
				4				
					7		2	6

Puzzle 739 - Insane

	5		9	6				
1				2			6	8
		6			5	7		9
	1	3		9	6			
			1	7		6		
			8		3		9	5
	3			8		2		6
	7							
	2	5			1		7	

Puzzle 740 - Insane

7		5						
1			2			8		
					3	2		
			8		2			9
		2		4		7	6	
9	8							3
2	7	4	3					1
			7		9		4	
6	3							

Puzzle 741 - Insane

6				9	8	2	3	1
2		9		7	3		5	
	5						7	
	2							
	3		9		4			
8					7			5
			3	4			9	2
9	4	2	7		6			8
5						7		

Puzzle 742 - Insane

9		3						5
5	2	6						
8	7	4					6	
				8		7		
7				3			9	4
	4		5					
			4	6				9
			3	9			2	
4	5		7	2				1

Puzzle 743 - Insane

	3		5	7	2	8	4	
				3		6	2	
	4			1	6		9	
			7		1			
			3	4				
4		7	6	8		2		
	5		1		8			2
6	8							
1	9					4		

Puzzle 744 - Insane

	2	1		6	5			3
5	9			1				
				2	8		9	
		2		5				
8					2			
		7		3		1		2
9				8	7	3	6	
	8	3						
6			3		1		8	5

Puzzle 745 - Insane

2					9	8	5	7
								3
7			8		6	9		
		8						4
	9				8		6	
	1			2		3	9	8
1	6		9		2			
5							8	
		2			7			

Puzzle 746 - Insane

	7	1				8	5	9
5	4	2	1		9			
			7			2		1
4		7	9		8			
2		3		6				8
8						5		4
				2			8	
						9		5
		4	5			6		3

Puzzle 747 - Insane

	8			2	1			
		6		8				5
4	1	2		6				
		8						3
	9				7		5	6
		3			8	1	7	
	3	4		7			6	8
		7			5		4	
		9	8		4		3	

Puzzle 748 - Insane

		2			8	1		
9			4	2				
7		8	5	9				2
	8					5	6	9
1								3
		9				7		
	2	4		8		9	5	
	9	1				6		
	7		9	4			2	

Puzzle 749 - Insane

	5		3				9	
	6		7		4	1		2
		7	5		9	4	8	
				3		8	4	6
8		6			5			
9		4	1			3		
2							6	
6	3				2			

Puzzle 750 - Insane

7								5
					4	1		
4	9							6
2	6		7					
	7						3	1
					5	2		4
	4	8	2	6				
		3	1	4	8			
	2			3	9	4		8

Puzzle 751 - Insane

9						8		1
	4					6		
6		3	1	2				4
		4					1	
		2	3					8
	9	6	5		2	4		
	6		9	8				2
4	3							9
				7	1			6

Puzzle 752 - Insane

5			3	1		2		
		7	9		5			
				6				
3		4		2	1		9	8
			4			1		
2				8			4	
1	6			7	4		8	9
			1				6	
4		3	8					

Puzzle 753 - Insane

2					3		6	8
			8					
		8	6		1		9	
7						5		
8	3							
9	5		7			4		
			9				7	
		1		8		9	4	
6		7	1	2				

Puzzle 754 - Insane

								4
2	7			4			3	1
	5		7	1	3			8
9		4	6				8	
3				8	7			
8	2							
7		6		3		4		
5								3
			9	7			6	5

Puzzle 755 - Insane

4			6			7		
9							6	
			8				4	9
	1			5	7	4		
	3		1				9	
5	6			9		1		
		5					3	2
				6	8	9		
8				4				

Puzzle 756 - Insane

9	3	8			6			
	5						6	
			8		1			
			7				3	8
				2	9	6		
2		3				5	7	
				6	5	1		2
	1	5		8				6
		6		9	7			

Puzzle 757 - Insane

					2	8		
	9						4	
	1			7				
2		8	1	5	4			3
	5	6	3			4	2	
					7			
3						9		2
9				3	5	7		4
	8	7	4	2			3	

Puzzle 758 - Insane

8				4		2		
	2	4	1			3	7	
		7			2			4
3			7				2	
	8	2	3			1	4	
								6
			6		8			2
						9		
			2		3	4	6	1

Puzzle 759 - Insane

	6				4	8		1
	8	9	3					
	1		7		8	4		6
	9			1			8	3
			6	5		2		
		6						8
8				3	6	9		4
9		4	8				3	

Puzzle 760 - Insane

								6
2				3			4	7
	3		4	9				
3	8			5				
1		5			9		7	3
9								5
		9	5			8	2	
	2		9	7			5	
		4	6					

Puzzle 761 - Insane

		6			5			9
		5	9		2	7	1	
9				3	7			2
							2	3
		3	5				8	7
						6		4
	8		4					5
						3	4	
6	5		2			9		

Puzzle 762 - Insane

6		2			4			7
7				2	6	1		
				5	3	2		
1					8	7		
9			1					8
8		7	2		9	3		
	4					5		
		6			2			
3			6	9		4	8	2

Puzzle 763 - Insane

	6			3	1	4		5
1			2			3		9
	4				6			
	2	8	5		7		3	
	1					5	9	
			4					2
4	3			8			7	1
		1			3		4	6
			1					

Puzzle 764 - Insane

5		4	2	9		6		
				7		5	2	
2	1						8	7
		6				9	1	
		3	5	1	9			
	8			4	6			2
		2	9		7			5
				5			9	8
			1	6				

Puzzle 765 - Insane

				7	3			
		6	2	4		9		
1	4						7	
	3	2	1					
7								
4	6			3	2	5		1
	5				4		9	
		1		5				7
	2	4	8		7			6

Puzzle 766 - Insane

9	4	6	8					1
7					3		9	
8		1			9	6		2
1		4			8			
			9		2		6	
	9		1			8		
	7	3	2					6
				9				3
	8			6			1	7

Puzzle 767 - Insane

				2		7	4	
9		8	1	5			2	
							8	5
5				8	7		1	
					1			
6				9			3	7
				4	6		7	3
	6		2			8	5	
	3	9						2

Puzzle 768 - Insane

4		6		8	7	3		
5	3		2					
9			5			1	4	
	4	9			1		6	
1	5							8
3		5						
			3	2		5	9	1
	1		4	9		7	3	

Puzzle 769 - Insane

	8			7		2		
1		4				7		
			1		4	3		
9			3		6			
					5	8		
6	5					9	4	3
		1	2	4	7	6	9	5
		2					3	
	7		6					

Puzzle 770 - Insane

		6				4	8	
	8			3	4		2	
6		4		2			7	3
		5	7				4	
7		2						
2		1	4				5	9
		8		9		7	3	4
	4	3			8	2	6	

Puzzle 771 - Insane

9	6			8	7			
4		1		9				3
			3					4
	9	4				1	5	
	5					8	9	2
		9				6	7	
6					5			8
	2	5			3			

Puzzle 772 - Insane

4		5		8		3		
	2			3		6	8	
	7					2		
2			4					1
3			8	7	9			2
6		7		2				8
			6		8		4	7
9	8		7				2	
					5		9	

Puzzle 773 - Insane

		5		2		1		8
4	3							
2		9	4		8	7		
	5	3	6					
				1				
						8		5
		2	5	6		9		4
				3			8	
			9			5		7

Puzzle 774 - Insane

							4	8
3				1	9			
	5	2	7				1	
7			6					
9							3	6
2		6	4	9			5	
		7	9	3	1			
4		9			6			3
	3							

Puzzle 775 - Insane

	1						2	
5								
9	6	2	8		4		7	
	5			3	9	7		
6	2		7	8		1		
		9						
		6	1					5
				5			8	7
	7	5		6	3	9	1	2

Puzzle 776 - Insane

	9	7		5	1			8
	8			9		6		4
				8		7		
2		4			9	5	7	
8					3		9	6
5				7	2			
	5	2			8			
				2			3	
		3				9	8	

Puzzle 777 - Insane

		3		6				
	6	4				9		
		5			3			6
	3				9		8	7
	9		3			4		
1					2	6	3	
		7				1	6	2
3		9						8
	4		7	2				5

Puzzle 778 - Insane

9				7	3	2	1	
			8	1	9			
								9
	4	2					5	6
	3	5	7		2			1
		8	3		6			
5			9	2	7	1		
		7		8				
				3		5	6	

Puzzle 779 - Insane

	6				1	8	3	
8	2	4						9
		9			7			4
			6	4	8		5	
7		5					8	6
2				5				
		2		7	4			
			5					
	9		1				7	

Puzzle 780 - Insane

4			1			5		
	2	5						
				5				
				6				8
	7		9	2	3			6
	9	6	8				2	7
			4	3		9		
2	5			1		6	4	3
		9				2		

Puzzle 781 - Insane

		8		5	2			6
6	5	3			7			2
	2		8			1		9
		1		4				
	6						4	
	4					3		
2	9		3		4	8		1
				9	8		7	
			5			2		3

Puzzle 782 - Insane

						4		
2			7	6			1	9
			3	9		2		
		8	4				6	
		4			2			
5	3	7						4
	7				1		4	2
		5	6	2				8
	6		8		9			3

Puzzle 783 - Insane

7		8					1	5
	4		7		8		6	9
	9							
		2			6			
	1		2		5			
5	8			4		3		
	3				2		7	6
		7	3	6			4	
			9			5		

Puzzle 784 - Insane

					1		5	
	6		3			2		
	5		8			3		4
5		1		9			4	2
		2	5			7		1
9	8		1					6
	2	6	9					
			2	8				
			7			4		5

Puzzle 785 - Insane

		5	2			9	7	
4	8				9	3		
				3			4	
		8	3					
			4	1				2
2	7	3			8			
9			7	6		1		3
7				9				5
				4	1	7		

Puzzle 786 - Insane

	1		2			7		9
9							8	1
		8			3	2		
	7			8			2	
	6			3		4		
	8	5	4	7				
8			3					
			6			8		2
	2	4			5	6	3	

Puzzle 787 - Insane

	6			3				2
			5	8		4		3
7								6
					9	1		
	5				4			
	4	1		6	5			7
		8	4			6		
			6	5				
4	9		2				3	8

Puzzle 788 - Insane

			3	7				5
2		4		1		6		
	5						9	
	8						2	
		6	1					7
	9		8		3		6	
			7		1		8	9
			5					
8	2					7	1	

Puzzle 789 - Insane

	2	4			1			3
	8			9	3	1		6
1								
2			4		9	3	8	
5	1			6	7	2		
					2	7		
			9	1			2	
	7		5					9
4	9		3					

Puzzle 790 - Insane

					9	4		
2	5				1	8		
7	4		2	8			9	
3			6	5				
	1					5		3
		2				7		
		5		9				
	3		7			1		5
4				1	6			

Puzzle 791 - Insane

2		9			7			
7	8							4
		5			8	7	6	
	3	2		5				
		7			6	8		3
		6				1		
	1		6		4		3	
5			9			6		7
6			1			9	4	

Puzzle 792 - Insane

6								3
4	5	2	7	3				
8			6	9			5	
	9			1	3			
			2			6		
	2	8			6			4
					2		9	5
		7		4			6	
	6				8		4	2

Puzzle 793 - Insane

				5	4		6	7
	4					3	1	
	2				9	5		
	3	4		2		8		9
		7			8		3	1
				7				6
		3		4	1		9	5
	7				2			8
			5			1	2	

Puzzle 794 - Insane

					1		8	
					4	9	3	6
8						1	7	
3			4	9	6			
	1			7				9
9	7					6		
	6	3		4		8		
		7		2	3			
5		4			9	3		

Puzzle 795 - Insane

	9		3	8	4			2
	2					5		
	8	7		1				
	6		5		3			
1			7					3
					1	9		
9			6		8		4	5
						7		
3		6				2		8

Puzzle 796 - Insane

			5					
1				2				
7				8	1			
2	7			5			6	3
3	1			7			5	
6	8					2		7
		1		6		5	2	
9	6				5		8	4
	4			9		6	7	

Puzzle 797 - Insane

	8	1	6					
	7					3	2	
		4	3	8	7			
	1							9
8				9		4		2
				3	1		8	
					5	1	7	
	4	3						
	2	7					5	

Puzzle 798 - Insane

3	7	6		2			1	
	5	1					8	
						5		
	4			8	9		6	
			1		2			3
2		9				8		
			4	9		6		8
4	9		6		3			
7					8	4	5	

Puzzle 799 - Insane

5	7	8					6	4
		2	5					7
	4		7	6				
9			1	2		4		5
				9	6		1	
						6	8	
	5							
	2	1					4	
4	9						7	6

Puzzle 800 - Insane

		7						8
		2			4			
1		8			2		3	
	2			4	9		5	
	1					9	7	2
			5				6	
5		1	9			6		
2	7		4			3		
	9			3		5	1	

Puzzle 801 - Insane

		8			9			
	9		5			1		
	7				3		6	
	3	2	7				4	1
5						7	2	
	8	1			6		5	3
6				3	5	4	1	
				6	4			
	5			7			9	6

Puzzle 802 - Insane

5			7					
	7			2		4	3	9
3	4				9			5
	1				2		8	
			6			2		
			3		1			
4				9	3			2
	9			5	6		7	
8	5	3				6		

Puzzle 803 - Insane

8								9
6			5	9			7	
7		9			3	4	5	
	7		1					
2	8	6						
			3	6	9			
	2			7				6
	6			5		3		8
4					6	7	1	

Puzzle 804 - Insane

	8	3		4		9		
			1		3			
					2		7	6
		5	8				6	1
	1			3	6	5		
							8	
8	7				5	6		4
					8			
1	9	6					2	5

Puzzle 805 - Insane

5	3		7		4		8	2
					2	5	4	9
			6		5			7
	8			2		4	7	
3		2	4	5	7			
				3		2	9	
		3				9		
6						7		
	2			7		1		

Puzzle 806 - Insane

	2				9		4	
4		1		7	8		2	
5	8		2		1		9	7
								9
			3			7		
	1					2		8
		8			3	1	7	
	3	7	1	8				2
1			7	6				

Puzzle 807 - Insane

	5							4
		6				2		
1					9		8	5
				6	3		4	
				8				7
7	6	3				5	2	8
8	2				1	7	9	
	7		5			4		
	4	1			2	8	5	

Puzzle 808 - Insane

	3		4					7
	9						5	
6		2		7			1	
4		5		8	1		2	3
3	6							1
		9		5	4			8
					9		7	
9	1			4	7		3	
5		7			3			

Puzzle 809 - Insane

	5			7	3		9	
9		2	8			3		
						5	8	
7				9	6			
		4	7					5
5					1			9
	8							6
	7		6	5	4	9		
		9	1			2		

Puzzle 810 - Insane

		7	3		9	8		6
8		6			4			9
4			1		6		5	
				6				
9	5		4	1				
		2				4		3
3			7				2	
					8	5	7	
	8		9	4				

Puzzle 811 - Insane

4	7				1		8	6
3		2	4			7	1	
		8		7			9	
5				4			3	1
	3		2					8
		4			3		5	
	1							
	4			1		8	2	
			8	6			7	9

Puzzle 812 - Insane

					6			
3	4	6					9	
9		2	5		3			
7			2	4				
	2				5		7	1
				7			8	
2				5	4		3	7
			1			8		9
5	7			6			2	4

Puzzle 813 - Insane

	8		4				1	9
		1	9		6	4		
	2		5	3		6		
7				2				
	1	2	8			9		4
		6	7	9	4	1		5
2						5		8
					8			
				5			9	

Puzzle 814 - Insane

4	6						3	8
				6			5	2
		8		2				6
	4			3				
2				8	1	7		5
		5	7			6	2	
		6	1		3			
	8		9	5				
9				7			6	

Puzzle 815 - Insane

					7		1	5
	2		1	3				
		4					9	
9		2				7		
7	3			4	6			
		6				8		
2	8			1	4	9		6
				6		1	3	
					3	4		7

Puzzle 816 - Insane

6								
5	1		2		9			6
	4	9			1			2
	5		3		7		1	
	7			8				
			1					5
		1			6	4	2	
	2				8		9	3
			4		2		5	

Puzzle 817 - Insane

			4	2		8		5
	4	5		8	9			1
	1	2		3				
7		9	8			3		
	3	4	7		6		8	
	6			9		5		
	2	3		7		4	9	
							5	3
						1		

Puzzle 818 - Insane

	3					2		4
		7			4			
2			9	3		6		
8		3		4				
					1			2
		1			2	8	6	3
4							2	
	1	8	2		9	4	7	5
	6	2				9		1

Puzzle 819 - Insane

				4			9	
		1	7					2
5	6	8	2				7	
		4			7		6	
8		2		6		9	5	
	9							
	2	3	1	8	6			
								6
		6	5		3			

Puzzle 820 - Insane

	4	1			9			
3			2					5
	5			4				
1	7		4					
	9			2	5			6
		5	9				2	
		9		6				1
8		4		9			3	
	3					4		2

Puzzle 821 - Insane

	2	7						
5				7	8			
6	8	3	5		4		7	2
					1	8		
			9	3	6			
9	1	6						
2			8			6		5
1			3	2				7
	3				5			

Puzzle 822 - Insane

		8			7		6	
6								7
			6	5			4	8
	8	3			6			
9						7	8	
	1			7	2			
			2	6	3			
4	6		7				3	
				4	9			2

Puzzle 823 - Insane

2								4
	9				6		8	
6	7			4		2	1	
	3	6	7	1	4			
	1				5	4	3	
		8						
	6				1			8
3							4	9
8			6					2

Puzzle 824 - Insane

9	4			5	7		3	
		2					9	
			9	1		7		
	2		3		5			
			1	9				
4		8	2					
8				6				
1		3				8		
2	6	7				1	4	

Puzzle 825 - Insane

			7					3
3			5	1				
		8					6	
	9		2					
				4		9	1	7
		7	8			3		2
4			1	7		2	9	
		5	6		3	7	4	1
				2	9	5		

Puzzle 826 - Insane

				3		7		6
					4		2	5
7	4	6		2		8		
6							1	
					9	5		
	1					3	6	
			2	4			3	
		2		9	5		7	8
	6	1		7		2	5	

Puzzle 827 - Insane

						8	1	4
			9		4			
				8		7		
		4		1				
		8	7			6		
	9		4		8	2		
	4	3		7	1		8	
7				5				6
8		6		4		1	2	

Puzzle 828 - Insane

5		9					7	8
	6		1				9	
2			8	9			6	1
7	9					3	2	4
1					5			
		6	2	4				
8							1	6
	7	1			3		4	
6		4			8			

Puzzle 829 - Insane

		7						
		8	9			1		6
5				3				
	3	9		1	5			8
	2	5		4	9			
				2			7	
	1				2		5	7
	7						6	
		3	6			4		9

Puzzle 830 - Insane

	5	9	4					
6			5		9		1	
			7					
		8			5			1
		2					6	5
7	1	5	9		8	2		
				5	2	4	9	
9		6	1					8
5		3						

Puzzle 831 - Insane

	4	8	1		6			
5		9	4	7				
		6						
9						6	7	4
	6	5			7	2		3
					2	1	9	
8						3	1	7
		1	8		5			2
6		2		1				

Puzzle 832 - Insane

9		2						
		8	9		7	3	6	
	3		1		4			2
6	8	4		7		5		9
		1			5		4	
5					8		7	
8					2			7
				5			8	
				3		2	9	

Puzzle 833 - Insane

8	4				5			7
			1		7	4		
3	1				8			
		1				8		
2		8		5				
7	9							
1	5		2	6	4	7	9	
			7	1		6		
						2	1	4

Puzzle 834 - Insane

7	8		1		4			2
		4		3		5	6	
			9					8
		2	7		3	6		
4	6							
3				1		2	7	
	3				8	7		
		6						
	7			2	5	1	4	

Puzzle 835 - Insane

	6	8			7	9		4
9			1	8				7
3					6			
		9	8				1	
5					1		8	3
				2		4		
4					8		3	5
		3				8	4	2
	5				3	6		1

Puzzle 836 - Insane

		3			5			
			6	9	3		7	4
7						5	9	
		2				8	6	
	5		8	6	4			
1		8			9			
		1	2			9		5
				3				
			9		8	6		1

Puzzle 837 - Insane

9		2	3					
3			4			5		
5		6		1	7			
6		4			9	7		
2					5		9	
			7					6
					8	2	7	
			6		1		5	8
		5						

Puzzle 838 - Insane

	9	3		7	8	4		
						5		7
	5		2					
					9	2	5	
			3	2				
2					7		6	8
	6		1	3	4	7		5
	2		7			3		
		7						

Puzzle 839 - Insane

1				6	2			3
6	2				5	1	9	
						2	5	
5		6			4			
		7		2	6		4	
	3		5		7			
		3	4					
						8	7	
4				7	8			

Puzzle 840 - Insane

8	4			7				
		2		5		6	7	1
	6			9		2	8	
			7		8		2	
		3	9	4				
7			2	1				
		8						
	2	4				5		3
		9				4		8

Puzzle 841 - Insane

			6			5		
6		7	5			9		4
4							6	
5	8		2					6
7		4			6			8
		2		4		7	1	9
	3		9	2		4	7	
2						1		
					7			

Puzzle 842 - Insane

				1		6		
		6	4		9		5	
	2	5	8			7		4
2		7	9		6		3	1
1					5			
				7			8	5
		2		9		8		
6							4	
	9			3				6

Puzzle 843 - Insane

	5			9	8	2	4	
7				1		8		9
		9	3					7
	6	4	9	5		7	1	8
5				2				
		3			7	5		4
		5						1
		8			6	3		
1								

Puzzle 844 - Insane

			6		3		8	
			1			3		6
7			5			1		
	7			2	8			
3					1			
		1					9	7
1		7				6	2	
	9		2					
6		5	4				3	9

Puzzle 845 - Insane

5	9		2	7			8	6
6				1	3			
						2		
	2			4				
	1	7			6			
	6	4				7		8
				2			6	
			8			3	5	
			3		7	9		2

Puzzle 846 - Insane

		7				6	4	
			1					8
			6	5				
	6	8	4		5	2		1
		5			2			6
2							3	
	7		2	8	9			3
		1				7	6	
		9						

Puzzle 847 - Insane

	9					2	7	
				4				
		6	8					
	7					5		
	2			7			6	3
	1		2	3	5	7	9	
					9			
	6	5	3				4	
	4			6	1	8		

Puzzle 848 - Insane

5		9	8	4				
6			7	1		5		
7					5		8	6
		6				9		4
				5		6		1
1		4	2	6				3
3		2					6	
		8				3	9	
	6			3		7		

Puzzle 849 - Insane

4	9	5		7		8	6	
	3			6	8	9		
1						7		5
6	7					1		
				8				
			1	4				
8					6	5	9	
5	6						4	2
2	4				5			

Puzzle 850 - Insane

	8			6			3	
		2	7				8	1
3				2			9	
			1			3		
2	5		6	7				
	6					4		
								9
8				4	6	7		3
5	7				8		4	

Puzzle 851 - Insane

		2						8
3	7	5					9	
		8	6				7	5
5				6				
	9				7			6
	8	1	4	5			3	
		4		8			2	
1	5						8	
8			5					

Puzzle 852 - Insane

					3		4	
	9			8			5	
	6		9				8	
		9				8	6	3
4	7	8		3	5	9	1	
		6	7					
1		7		5	9			6
			2					

Puzzle 853 - Insane

	3		1			7		9
	6			3				5
9	8					2		
		6	5		9	1		2
2		5			3		9	7
	7				1	5	3	
		3						
			3					
1		8			5		2	

Puzzle 854 - Insane

		7			1	5		
			7	8	5	4		9
	2	5	6	3		7		
	3	2			8			
	1			9				
			1		2			8
	4		9			1		
		9				8	5	
			8	1		3		4

Puzzle 855 - Insane

4		8				2		3
2				4				9
	5		3					
	4	2			1	7	9	8
	7		9		3			
	9	6	4					
					5	8	4	1
				8	9		3	
	8	7					2	

Puzzle 856 - Insane

	5			1			3	
	4			8		7		
		7		2	5			
6					9	5		
					2		1	
3		8				4	6	9
					1			8
		4		6			9	
		6		9		2		

Puzzle 857 - Insane

		8		1				
				9	7		4	
2		4				5		
				4		6		
4	1		6			7	3	
	9	5				4		
	3		8					4
8	2	9					5	7
				7			6	3

Puzzle 858 - Insane

6	8	1				2		
5	4						3	
							5	
				1				
9	2		3		6			
1				4	2	5	6	3
7	6		8		1			
8	5			7	9		2	1
	1					8	9	

Puzzle 859 - Insane

		6					2	
2						3		6
	5							4
6			8		9			7
	1		2			5		9
	3	9			7	2	6	8
7			9	1				3
	4	5		7		6		
	8					7	9	

Puzzle 860 - Insane

					5		8	
	6	3	9				5	
7				2	8		6	
	9						4	
			7				3	
	1		4	8		2		
	5	4			1	8		9
9				7				
	7	8						3

Puzzle 861 - Insane

	2		3	4			5	
3	4	6					2	
				7				8
1				3		2		7
	7		1				6	
				5	8	1		
	6				7			3
9			2	1	5			
				6			9	2

Puzzle 862 - Insane

6		4	1		2			
2	9							3
	1	8						
	2		3	8		4	7	
				9				
	4			1		3		
				3	5			9
1							6	4
			6	7	1			2

Puzzle 863 - Insane

		1		2	7	8		
7		5				3	4	
				1				
			3	7			5	
					6	7	8	
6						9	3	
		2	7	4	9			
	4		8				7	
		9		3				

Puzzle 864 - Insane

	4	7					2	
	2		4			1	6	
	9				7	3	5	
			7		5			
	5			3				2
1	7	6				5	9	3
				1				
2			9			6	8	
	6			8	3	2	4	

Puzzle 865 - Insane

9					3			
3		6	2	1	7			
	1	5	4					6
	9		1	6		8		
		1	5				6	
6	5		7	9			3	4
						2		
							1	
1			3				4	9

Puzzle 866 - Insane

2		7		9	3	8		1
9			6					7
	8	1			5			
3		4	2					
	9		3					
			9	4	8	2		
					2			
7			5	3		4		8
5						3	7	2

Puzzle 867 - Insane

8		7			5	6		
5	2		8	1		3		
9					7	8	2	
			2	6				
	7		4	9	8		1	
		2		5				
						1		
7							4	9
3	1	9						

Puzzle 868 - Insane

				6				
3		9			4		6	
4			7	2				
	2	7				9	5	
							4	
						6		7
	4		2	9			3	
	1	2		3				6
		6	8			7		5

Puzzle 869 - Insane

4	7	8	1				6	
2				4		8		
1			7	8		4		3
	4					9	3	
	8							5
5	3	1	4			6		8
	1	6	5					4
	5	4		7				
								9

Puzzle 870 - Insane

			5			6		
	8	5			2			7
	6	1	4		3			
				2			7	6
			8		5			
3				9		8		4
4	9			3				
		6			4			8
				5	6	4		3

Puzzle 871 - Insane

	9	1	3	6				
	5		1		8			
		8	4					
				9		4		
			6	4	1		7	
			5			3		
7		3						5
6		5	8		4			9
						2		6

Puzzle 872 - Insane

2	5							
	8		4		3	9		2
	1	9			5	6		
			9	8		2		
							3	
1	2		3			8		
		7	5			3		
5			7				6	
6			1		9			7

Puzzle 873 - Insane

		3		8		5		
	8	6	7		2		1	
1						2		
	9	7	6					
2	6					9	7	
6				4				1
			1				3	
5			3	9	6			2

Puzzle 874 - Insane

	2				5	7		
6			4		9		8	
4				2			5	
	9			1	7			
		4		3			6	
					4			5
	3	7					1	
9		5				8		
8	4	6	7	9	1		3	

Puzzle 875 - Insane

			7		1	4		
8					4	7		
7	4		8	9			2	
	9							5
	2		9			3		
6	7			1		8		
2	8				9		4	
	6						7	
		7						3

Puzzle 876 - Insane

	5				6	1		
		8	2					
		9				6		8
	2		8	5	4			1
			1		2	4		
	1	5	6	9	7			
5		1					3	
3	7			1	8			
8		2	3					

Puzzle 877 - Insane

			5			9		1
	6		2	3				5
	5				9		7	
			6		7			3
					4		9	7
			3	1		5		
	7	4			8	3		
2	8							
		3						9

Puzzle 878 - Insane

3				2		5		
4	2					9		
					1			2
			5		6		8	
							9	
1	5		2	9	8	6		
5	9				2	3		
				6	7	1	5	
	8			5	9			

Puzzle 879 - Insane

		8		1				9
		2		3		8		
5	1						6	
	5		2	9	7			
				8	4	7		
	8		3			1		
2			5			3		8
8							7	
	7		4					

Puzzle 880 - Insane

						2		4
7	8						9	
			3					1
		2			8		3	
9				7	2	5		
	7		1	9				2
				2				
3		4	7	1	5	9		
	5				9		6	

Puzzle 881 - Insane

8					1			6
		1		8	9		5	7
7								
				5		9		2
	1							
4					6			8
9	8		7			6	4	5
6	3			4				
	4		9	6		8		

Puzzle 882 - Insane

4	9	1						
	2		9				6	
	7				3		1	
		7				8		
2								
3					7	6		2
9			4	7		3	8	5
					2			1
	5			9	1	7		

Puzzle 883 - Insane

		4			6	3	9	
	3	1				4	8	
	8		3					
	9						2	
1		8						9
7		5	6					3
		9		6	4		3	
	6			8				
			7	9				4

Puzzle 884 - Insane

	9	6			2	4		
		8			4		2	
						8		3
	2	1	8			3		
	8					5	6	
	7							2
				4	8	2	5	1
1			7		5			
	4		1			6		

Puzzle 885 - Insane

	9			7	8	6		1
	6				2			5
7				6			2	
	3			8			5	
6	2						1	
			7				6	8
9		6	2	5		1		
1	7	2		4				
		5				4		

Puzzle 886 - Insane

6		1				9		7
	3			6	7			
			8				6	
		7	2				4	
	4			8	9		7	
				7		3		
		3			4	8		5
2					5			
	1	9	6	3		7	2	

Puzzle 887 - Insane

				6				
			7		1	2	4	
	2		8	9	5		7	
9		1		7			8	
		7						9
2	6	3		4	8	1	5	
					2	7		
		2		1				
1	3	8	6			9		

Puzzle 888 - Insane

5			1					
		3		4		8		
		4		2				5
	8	7	6	1				
	6							
4	3	5	8	7		9	1	
				8			9	
8	4	1		5	9		3	
	5	9	4				2	

Puzzle 889 - Insane

3								
					5	8	1	
5	4				3			2
	3	7		4	9	1		
	1							9
8		3	5			4		
2		5	3			6	8	
		4		8	2	9		

Puzzle 890 - Insane

4	2				1		3	6
			4			7		
		5						
6		2	3			5	9	
				1		3		
			6					1
5					2			
8	4		7					3
2	3	6		8			5	7

Puzzle 891 - Insane

	9	2	7			1		6
6		7						
3	8				9	7		
				3		8		5
			8		4			
					7	2		3
		6	5					9
	5	3		9	2	6		
8				6				

Puzzle 892 - Insane

					3	7		5
	8			1				
	5						8	
	3			5		9		8
		2	3	4	8			6
				2				3
6	2	8	1	9	4		5	
5							9	
3	4				7	2	6	

Puzzle 893 - Insane

9			7			6	2	
		3		8	2			
		4		6				
		5		7		4	6	8
	9	7						
	8		2	3		7	5	
1	5		3				8	4
	7	2	8					
				1				

Puzzle 894 - Insane

5	8			3				
		1	5	9		4		
		7		4	8			6
	4							3
3	2						9	
8								
9	1	3	7			2		5
					3			4
				2		1		

Puzzle 895 - Insane

7			6					
2					9			5
				5	2			7
9		6		1			2	
1							4	
		7				9		
	1		2					3
	7		4	3				9
5	2		8				7	

Puzzle 896 - Insane

								8
	5			1				
6	4				2			5
		4	2	8		5	6	1
		6		4				2
		9		5	6	3		
4	2	7	5		1	8		3
3								
	6					7		

Puzzle 897 - Insane

3		6		1		4		
			3		6			
	8	5					6	
6	3		2	7			5	
7	5		6		8			9
		4					2	
2			4	3				
1	4		9			5	3	
					2	7		

Puzzle 898 - Insane

2	9	1		7				
	8					9		4
				9	5	1	3	2
	1	8				6	4	
			4		3			
	3			8	1	2		
	5		9		6	3		
6					8		1	
		9	1					6

Puzzle 899 - Insane

				2				8
3				4	5		6	2
		2					4	9
7	1	4			8			3
					3			4
2	3					6		
6			3			2	8	
5		9					3	
8				7	1	4		

Puzzle 900 - Insane

		2	7				1	9
	9			1				
8	4	1		3		2		
5	2				3	9		
	1	6						
			6			7	5	4
		3	9	5		8		
	8	9						
2					8			

Puzzle 901 - Insane

	3	7	1		4			
9				5	6			3
	8		3				7	
		3						7
7			5		8			
			6		3		1	
		9	4		1	6	2	
	4		8			7	9	
1		8	9				3	

Puzzle 902 - Insane

3							9	4
	9				6	5		
5			7		3	1	8	2
7				1				5
		5					4	
		3			5	7	1	9
	6	7		2				
1	5		9					
			8			4		7

Puzzle 903 - Insane

2				8		5	3	
	3			7	2			
8			5		3			
			8				9	
	6					8	1	
		9	1			2	7	
	7	6				1		2
4								7
			7	4			5	

Puzzle 904 - Insane

6	3		4					9
	8		7		3		1	
4								3
	4	6			8	2	7	
							6	
			6	2				
	2	8		4	7	5		
3	7	4						
			3	9				

Puzzle 905 - Insane

		5			7			8
		1					2	
		3	1	8		5		
1			2		8			
			9	1	4			
2						1	9	
6	1	7				8	4	
	8	2		4		6	7	
5								

Puzzle 906 - Insane

		2	9		1			
			2	6	3	5		4
		3						
		1	4		9			6
			8		2			9
	8							
8	1				5			
2	9	7				6		
3		6		9			1	8

Puzzle 907 - Insane

3			4	5				9
			9		8			
	2		3					
					5			3
6		1		9			8	
	7					1		
	8					2		1
			5	1			7	8
1	4	5			2			

Puzzle 908 - Insane

3		4			1			7
	1			4	9	2	6	
2					7	1		
	7			6				
	2							
		8					7	4
		7		9	6	8		
				7	8			6
8		9	2					

Puzzle 909 - Insane

		9			2		4	
4			6			9	1	
			4			6		8
		2	5				3	
6	3			8		5	7	1
			3	6			8	
		3						7
5		7	1	2			6	
8				5				

Puzzle 910 - Insane

	5							
		3				7		
		1		4		6	9	
3				8	6			5
	1	8	3	9	4			
				1	7	3	4	
		2			8	4	6	
4					1			7
			4		3			

Puzzle 911 - Insane

2			7	6				1
		9	8		5			
	5				4	3		
				4				
6		3		9		1		
	2	4		3	8	7		
3						5		7
8	9		2	7			4	
		1			6	2	8	

Puzzle 912 - Insane

		2	1			3		9
4	9							
				6			2	
5		6	7		9	2		
	1	7			5	8		
8	4							
			6	3	8			
				7			1	
				9	1	7		2

Puzzle 913 - Insane

			7		8		1	
9								
8	4	7	5					
				8	6		2	9
6			3		9			
			4				7	
7	6	9					4	5
	3	4				2		
	1		9			6	3	

Puzzle 914 - Insane

		1	7			3	9	8
		2		6		1	4	
9					5	7	8	
			1		2	5		
				8	7		1	
					8		5	
5	7		3		1		2	
	3		4	5		9		

Puzzle 915 - Insane

2		6						
	8		3	1				
	4					5		2
				5		4		3
	5	7	4				6	1
			1	2				
4					8	9	5	7
		2				1		
			9	7				

Puzzle 916 - Insane

8				6				3
			9			8	1	
	6			7		9		
	7	8						
		9	8		6			
							8	
	2	4	6	8			5	
5	8		4	3				9
7				1		2		8

Puzzle 917 - Insane

		5		9	3			
2		8	1	6				5
	4		5	2	8	6		
	3	1					7	8
	5		4				3	
						9		
4					5		2	1
3							4	
					1			

Puzzle 918 - Insane

8				7				
	6	9		3				1
1	4							
		2				4	3	9
	5				3	6		
6	9	3					1	
	7		8			2		4
9			6		5			
				2				

Puzzle 919 - Insane

1					9	7		3
		2	3			1	9	
							4	8
9	6	7		4				
				3		5		9
		8		7			2	
	7		8		1	4	6	
		9	4			8		

Puzzle 920 - Insane

	6							3
4	5	2		3		7	1	
						2		6
		5	7			8	3	4
			8	9				
8		1			6			7
7		3			2			
			1		9	3		8
		8	3			4		2

Puzzle 921 - Insane

			5		1	4		6
								3
1	4	6			3			
2	7						3	5
		1						2
				8	7			
		7	6			5		
	1			9			7	4
	6				4	3		

Puzzle 922 - Insane

		1						5
	3			8		7	6	
6				3		4		
8	4			1				
			7			2		1
		2	3	5		9		
		4				8		9
					3			
	9			7		6	3	

Puzzle 923 - Insane

	1	6				8	3	
5	3	7			2		1	
	4	8					9	
	2	3	1					9
					9			3
	6				5		2	
		2	5		6		8	
1				7				
			3	9				4

Puzzle 924 - Insane

	3	6		1				
				9		3		
5			2					
	1	2	7		5	6	8	
			4			7	9	
8		7						
	6		1	4				8
			8		7			5
	8			5				

Puzzle 925 - Insane

6				2			4	8
	8	4			9	5	7	
		5	1	4			2	
			5		7			
		7		6			1	
			8		4		6	
						7		
				5		2		
5	3							9

Puzzle 926 - Insane

	4			7	9	3		
		5						7
8	7						9	
2			5			6		3
5	6	3	9	2				
7			1			2		
9		8	7	4	1			2
		1		9				8
			2	6				

Puzzle 927 - Insane

4			9		5			
		8		1				
			4				6	
7	6		2	8	1	9		4
	1		6					7
2				4				
8		2		9				1
				2				
			1	7	6		2	5

Puzzle 928 - Insane

			8			6		
			2	7	6		4	
		7		4				
6	2			9		5		8
9					7			3
	8			1				6
	1				8			4
			4				2	
4		2	1		9	8		

Puzzle 929 - Insane

	5	9						
	2	7			8	5		6
8			5			2	4	
5			7		3			
	7					8		1
				8	2			
	9	5	8					4
7			2		1		3	5
		3		5			8	

Puzzle 930 - Insane

2	1		7	9				
7					8			9
						5	7	
			4			7		1
	2		5				9	
8		6						4
				7	1	6	4	5
		1	8		2			7
9					5		1	

Puzzle 931 - Insane

8					4	3		
	1			9				
			7		3			
			5	6				3
2	9			3		5	6	
						2	1	8
9						4		1
		2		7		6		
		3			9		5	

Puzzle 932 - Insane

2			1	8		6		
	5				7			
		8	5			7		3
4		7	2					6
	9		4	3	5			
						4		
			3			9	6	1
	3		8	1				4
					2		7	

Puzzle 933 - Insane

1			8		3			
	6		1			2	8	3
		8		2		4	5	
2		3		8				9
5		1		9				8
	8				4	7		5
	5		9			3		
		9	4		5			
	3			7				

Puzzle 934 - Insane

	1							
3				1		5		4
4					3		6	
		2			5			
							8	2
	7		9		2			3
7				2			9	5
	9		1					
1		8		9		6		7

Puzzle 935 - Insane

6		8						
7				4				
3			2		1	8	6	4
				6		1		
		7		1	5	9		8
				8	4		2	
	9	3						
		6	8	3		4	5	
		4					9	

Puzzle 936 - Insane

			4	3		5		9
1	4							
	5			7			4	
4	7			5		3		
	3		2	1				
						1	7	
8						6		5
		5			8			1
9				2	5			7

Puzzle 937 - Insane

4			2			6		5
	6	2						
		3			6	1	2	8
7					4	9		
				5			8	
6		8						2
1						2		
	9					8		6
	4				1		7	

Puzzle 938 - Insane

		4		7	9		6	
3		6		1			5	
		7			6			
	2	1			7	6	8	
						4		
			4		5	3	2	
			8			5		
		8	7					
	9	3				8	4	

Puzzle 939 - Insane

			4	8	3			6
			2					9
4			6	5		7	2	
			8		5		1	
	5							
	9	2		1		5		
	2	7		3			9	
	8		9			4	3	5
				6				

Puzzle 940 - Insane

					6		4	
				5				
		3	7	9		2	5	6
	5			3	7			
						1	8	
	2	6	1			3		
5						9		
			5			4	3	2
	6		2	8	9			1

Puzzle 941 - Insane

	2	7	3					
8	5	9	7				2	
					2			
		6		3				
	4	1		9		6		5
9		2		1	6	8		7
		3				4		1
			6				9	
	7							

Puzzle 942 - Insane

		9			8	7	2	5
7								4
	6			5				
	4	7	2			1	3	
	2		3	7	1			8
	1	5		6		9		2
6		2			3		1	
				2				
			4		9			

Puzzle 943 - Insane

9		8		3	5			
					7	5		
1							3	
	4					8		
6					3	7		
		5			2			
	2	4	6				9	5
		9	3	5				6
	8		2			3		7

Puzzle 944 - Insane

2				1	5			
		3	7					1
	1	5		3		2		
					3	4		
	9			7				
8	7	2		4			1	9
				5				2
					1		4	8
	4				8	9		

Puzzle 945 - Insane

8		4	9		5		6	
5	3					1		8
			1				5	
1						9	7	
			4					
	6				9		1	
2	4		7		1			6
		5	3		4		9	
				6				

Puzzle 946 - Insane

				3				6
2			9	8		1	3	4
	3	9	5		1		8	
	7							
1		3				8		
						4		
7		2	3			6		
	9			6				2
	8	6	2		5		1	

Puzzle 947 - Insane

			1				2	
				3	6			7
2	5	8		4				
						2		
3	2	5	9			1		6
8	9							4
1			3				4	2
					1	7	6	5
				2			8	

Puzzle 948 - Insane

	7				1			3
	1		9	4	5		8	
		5				1	9	
					9	7	6	4
1			3					9
6							1	
			5		7	8	3	1
	5			1		9	7	6
						4		

Puzzle 949 - Insane

		1						
8						7	5	6
	7	6	8	9	5			
				4		9	3	2
	6	9	5			1		7
			1	8	9			
	4					3		5
		7	6	5				
5			9			6		

Puzzle 950 - Insane

6					3			
						9		2
				4	6	7		3
			8					
						4	1	8
4		6		3			7	
7				6	2	8	9	1
2			4		7		3	
3				9				

Puzzle 951 - Insane

2					1			
		8	2				7	
			5		7	9		
	3		7				9	
	2	5	9	4				
6	9						3	1
3								
		2	1	5				
5				7	2	6		

Puzzle 952 - Insane

	1	7		8				9
6		4	5	3		7		1
5			2					
		2		9	6		8	
		6		2				
8						1		
4								
3	2	1	8	6		4		
			3				5	

Puzzle 953 - Insane

4							5	3
5		6				7		
	7	2				8		9
	2			7				
			8			6	7	
7				5	4			8
2		7	1		5		3	6
						5	8	
6	4	5		2		9		

Puzzle 954 - Insane

	9			7	2	1		
	7			4				
8	3			1	6		4	
5								2
		7		3			5	9
			4					
9		8		2		3	7	5
			6					
1	4		7			6		

Puzzle 955 - Insane

	4	9		5		3	2	1
1	3		6	2				4
	7						9	
	2			1			6	7
5		6		8	7		3	
		3		6				
					3	9	1	
3		2						
			8					

Puzzle 956 - Insane

	9			3		8		
	8							4
7			2			5		
5					9			8
				2	1	9	4	
			5	4				
				6		1		
2				8				7
	1	8		9	2			3

Puzzle 957 - Insane

					4	7	2	
			1	9	2			6
	8						1	
1				7				5
		4	5				9	
6			2					
	1							
	9		7	2	3			
	7		6	1			5	4

Puzzle 958 - Insane

				5		4	8	
					7			2
		1		2				6
6	2				8	3		4
	7	3		6			1	
9			7					
		2	4			8		
								1
	6	7	1				4	3

Puzzle 959 - Insane

		4		1	9			
9			6			7		
			4			8	9	
6		1	5	8	4		7	9
5	4	8		7				
2	5		7		1			4
	8					1		
		7		4		5		3

Puzzle 960 - Insane

					8			
9	5		7		3		4	
8		7		4	1		5	
2	6			9		8	3	
				1		7	9	
1	7				6		2	5
4		8	5					
		3					7	2
				3	2			

Puzzle 961 - Insane

			2		4	3		5
	3	2	5	1				
7			6				1	
				5		8	9	
1				9	3			6
	8						3	
					1	9		3
	1					4		
	5					7		1

Puzzle 962 - Insane

3		5						
				8				5
						4		
4	9	3	1	5	2		7	
				6	8		2	
	2			7	3		9	
5			8	3		9		
7							1	2
					4		5	

Puzzle 963 - Insane

3		6		2		4	8	
	2	7						3
1	5					7	9	
6				3		8		
			1	4				7
			8	7		1		
5	1				7		2	6
2								
					8	9		

Puzzle 964 - Insane

		7	8			4		
					4			9
					9	5	3	
		4			2		9	5
2	9	3	7	8				
	7	5	9	4	1			
	4		3	5				
	2							4
5						9	1	8

Puzzle 965 - Insane

8	4					6		2
	3						7	
5		9		1		4		
				2				
							9	
			3		6	2	5	4
3			1	8		5	2	
	9	5						
2			5				3	1

Puzzle 966 - Insane

	1		9					
4				7			6	
	7		1	3		5		
	5				3		2	
	2	4		5	8	6	1	3
	3						8	
				2				
	4				9			7
5	9		3		7	2	4	

Puzzle 967 - Insane

	9			6				1
	6			3	5		8	
			8		9			
2						8	4	
							2	9
		3		2			1	
				8	4			
9	4					1		8
	1	7	3			2		

Puzzle 968 - Insane

		5	8		4		6	1
			7		9			
7	6	3	2				8	
		6	4	7	8	3	5	
	7					6		
								2
		9	5		6		3	
5				8	7		9	
6	3							5

Puzzle 969 - Insane

				7			5	
					8		4	
7	2	4						
6		2					3	
9	1		6			7		
4			7					
5	6				7	2	9	
				9	3	1	6	
3	4			1		5		

Puzzle 970 - Insane

		3			8			
6	1							
	2				1	7	9	
			3	5		1	8	
				2				6
3		5	8		6		2	7
		9	6					
	4			8	7			1
					3			

Puzzle 971 - Insane

7	6				8			
8		1			6	3		
				3	2		8	
			9			2		
	8						4	
		9		2				8
5	4			6			1	
				4	3		5	
	7				9		6	2

Puzzle 972 - Insane

	5		2		4		6	
1	3					7		
					1			2
	7				2		1	5
			3					6
2					5	9		
		7	1	5		8		
4	1			2	8		7	
		8				5	9	

Puzzle 973 - Insane

	3	2			8		1	
7		1				3		
				1		5	9	
4	1	3	9			6		5
				6				
2		6	3			9		
		7	8				5	6
				7	9			
	4		5				2	

Puzzle 974 - Insane

7								
					7		5	1
				3	5		2	8
8	5		7		4			2
4		1						
9		7		1	3			6
6				2	8		7	
	8	9		7	1			
			5		6	1		9

Puzzle 975 - Insane

		8		6	3			
4	1		7					
	3		4		2	5		
8	9	4			7			3
				4		6		
	6	1	3				4	
					4		7	
1		9						
7	8		9	1				2

Puzzle 976 - Insane

1		4						
			7	9				
7								9
5	2	9			1		7	
		6	5		2	8	9	
		7	3		9	4		
			1				5	
	6					2		4
2							3	6

Puzzle 977 - Insane

		9		4				1
		4			8	5	9	3
		1	7	5	9	4		
					5	7		4
	8			6				
5			8				6	2
6	1			9		2		
7							1	
					7	8	3	6

Puzzle 978 - Insane

			1	6			2	
6			2	5			9	4
7	2	5	4		9		1	
			3					2
		3		1		7		
		6	8			9		
	7							
	6	9	5		3			1
							8	3

Puzzle 979 - Insane

	2		3		4	1		
7	8					2		
	6	1			7			
			1				7	6
2								1
4		9			5	3	2	
			8	2			1	
		7						
1			6		3		8	4

Puzzle 980 - Insane

	1		4			2	3	5
5								
			2	1				
	9					6		
7				2		8		
		6		3			4	2
6		1			8		5	4
					2		8	
4	7		6					

Puzzle 981 - Insane

4	2			8	1	5	9	
5			3		9	7		2
			6		5		3	
3		1					2	5
					7			
9			8					
	3		5			2		
		8		7	3	6		
				9	6			3

Puzzle 982 - Insane

3					1			
	1		3		7		8	6
	7		8		6	4	3	
					4			3
								8
		3	2			7		
		5	7	6		1		
		9	5					
				1			9	5

Puzzle 983 - Insane

6	2	5		1				8
	9				7	5	3	
	3	7				9		
	7		5		8			
			7	6			4	
		3	1	2	4			
	6		2			7		4
7		1						
3	4					1		6

Puzzle 984 - Insane

			7			8	1	
	9				8			5
	8			2	6			
3			6			9	5	
		8		5	2		3	
6					3	2		7
1	6	3		8				
					4	6		
		9			1	5		

Puzzle 985 - Insane

		6			4			2
3					1	5		
		9		5		4	7	
	4	3	7					
		7				3	2	
2				9				1
9		1		4				6
6			8	1	2			
					9			

Puzzle 986 - Insane

			4			2		
			3		6	5		
	3			2	5	8		
		5			8	9		7
	8			5				
		4	6	7				
3							2	
		6			2		9	
	5		7	6		4		

Puzzle 987 - Insane

5				9	3	4		
9		2		4	8	3		
8		4				1	5	
6			8		5			
3	2		6	1			4	7
				2			3	
		3						
4	6					2	9	
	5		4				1	

Puzzle 988 - Insane

		9	7	3				
	2				8			5
	3			5				
		4	9			5	7	
7		6					1	
1					7		3	
	1		2		5	6		
	7			6		8		
2					9	7		

Puzzle 989 - Insane

8		7					1	
4				6			5	
			8		3			
	3		2		7			
5	8		3					9
		1		9				2
			6	5			2	
			1		2	5		
2				3	8		6	7

Puzzle 990 - Insane

5	1	6	8		9			
	7				2			
						8	1	
6				1	8	3	2	
1	9				7	5	6	
3		2						
	8		7		6	4		
		1			5	9	3	

Puzzle 991 - Insane

8					2			
	2					7	6	
	7				5			
6					3	4		9
	9	3	5					
4					6	1		
		4		6		3		
		8	1	7		6	4	
2	6	9	3					

Puzzle 992 - Insane

	8			3	5		7	2
7	2	3	1				9	
	4	5		6		8		
		7				3		
	9				6			
6							4	7
4	6		8		2		3	9
				7		6	8	1

Puzzle 993 - Insane

9			8	3				7
		6	7					5
						9		
3			1					
	5				4	8	7	
1		7		6			9	
8					7	3	5	
				8	6	7		
					3		4	

Puzzle 994 - Insane

2						6	3	
	3		1					
				6				4
6			4		3		1	7
	4		2		7			9
9	2			1				
	9							
4				2	5		9	
	7	1			9		2	5

Puzzle 995 - Insane

				6	9		7	
	7	8			4		6	1
			7					
9							2	8
		7					4	3
	8	1	5					6
	4		8	5	7			
7	1					3	8	9
	6				1			

Puzzle 996 - Insane

	2		4			1		
3	1				8		7	
	8		2		5			
			3					5
1		3	6		9	8		7
4	9	8					2	
9						4		6
		6	8					
	4				6	2		

Puzzle 997 - Insane

			4			2	5	7
						1	3	6
	1			7	3	8		
3	2		8			4		
		9		4		5		
4			9	2				
	6		1					
		4			6	3	2	8
8					2	6	1	

Puzzle 998 - Insane

								7
9	8			1				
		4		7		1		8
6			3	8		4	7	9
								1
	4			9	6			5
		1		4				2
					8			
7			1	2	9		3	4

Puzzle 999 - Insane

8		7		5		1		
4	9			1	8		5	
		5	3					
7	3			6	1		4	
5	1		4	2		8		
	8		5					
3					2	4		7
			6		4			
		1					6	

Puzzle 1000 - Insane

4	7							6
				6		4	9	7
6	5	3		7				
1						2		4
3	2	4			6	9		5
	6		4		7			
	9	6	7				4	
				9			3	
					2	7	1	

Puzzle 1

4	5	6	7	2	8	9	3	1
9	8	1	3	4	5	7	2	6
2	3	7	6	1	9	5	4	8
5	2	4	8	7	3	6	1	9
7	1	3	2	9	6	4	8	5
6	9	8	4	5	1	2	7	3
1	4	9	5	3	2	8	6	7
3	6	2	9	8	7	1	5	4
8	7	5	1	6	4	3	9	2

Puzzle 2

6	2	5	1	9	3	8	4	7
4	3	1	7	8	6	9	2	5
8	9	7	2	4	5	6	3	1
7	6	8	3	2	9	5	1	4
5	4	3	8	6	1	2	7	9
9	1	2	5	7	4	3	8	6
1	8	4	6	5	2	7	9	3
2	5	9	4	3	7	1	6	8
3	7	6	9	1	8	4	5	2

Puzzle 3

8	3	5	4	9	1	6	7	2
2	4	9	8	7	6	5	1	3
7	6	1	5	3	2	8	4	9
4	5	8	1	6	9	2	3	7
3	2	6	7	5	4	9	8	1
9	1	7	2	8	3	4	6	5
5	9	4	3	1	8	7	2	6
1	7	2	6	4	5	3	9	8
6	8	3	9	2	7	1	5	4

Puzzle 4

5	9	7	3	4	8	2	6	1
8	4	6	9	2	1	3	7	5
1	2	3	5	7	6	9	4	8
9	1	8	6	3	4	5	2	7
3	6	5	2	8	7	1	9	4
4	7	2	1	9	5	8	3	6
6	5	9	7	1	2	4	8	3
2	8	1	4	6	3	7	5	9
7	3	4	8	5	9	6	1	2

Puzzle 5

5	2	6	4	3	8	7	1	9
1	9	4	2	7	5	6	3	8
3	8	7	9	6	1	5	4	2
2	7	3	1	4	9	8	5	6
9	5	1	7	8	6	3	2	4
4	6	8	3	5	2	1	9	7
8	4	5	6	9	3	2	7	1
7	3	2	8	1	4	9	6	5
6	1	9	5	2	7	4	8	3

Puzzle 6

2	5	8	1	4	7	6	9	3
6	9	7	5	3	8	2	1	4
3	1	4	6	9	2	5	7	8
4	6	2	7	1	9	8	3	5
5	3	9	8	2	6	1	4	7
7	8	1	4	5	3	9	2	6
9	4	3	2	8	5	7	6	1
1	7	5	9	6	4	3	8	2
8	2	6	3	7	1	4	5	9

Puzzle 7

1	3	9	8	7	6	2	5	4
5	4	8	2	1	3	9	7	6
6	7	2	4	5	9	3	1	8
9	8	7	3	2	5	4	6	1
3	2	6	7	4	1	8	9	5
4	5	1	9	6	8	7	2	3
7	9	5	1	8	4	6	3	2
2	6	4	5	3	7	1	8	9
8	1	3	6	9	2	5	4	7

Puzzle 8

4	3	9	6	1	7	8	5	2
8	1	2	5	4	3	7	6	9
7	5	6	8	9	2	3	1	4
3	9	5	1	8	6	2	4	7
1	6	4	7	2	9	5	8	3
2	8	7	3	5	4	1	9	6
6	2	8	4	3	1	9	7	5
5	7	3	9	6	8	4	2	1
9	4	1	2	7	5	6	3	8

Puzzle 9

2	5	3	8	1	6	7	4	9
6	8	7	2	4	9	1	5	3
4	9	1	7	3	5	6	8	2
7	1	6	4	2	8	3	9	5
3	2	9	6	5	7	4	1	8
5	4	8	1	9	3	2	6	7
1	6	5	3	8	2	9	7	4
9	7	2	5	6	4	8	3	1
8	3	4	9	7	1	5	2	6

Puzzle 10

6	1	9	3	8	7	5	2	4
8	5	3	4	9	2	6	1	7
7	2	4	1	5	6	8	9	3
2	3	1	7	6	8	9	4	5
9	6	7	5	2	4	1	3	8
4	8	5	9	3	1	2	7	6
3	9	6	2	7	5	4	8	1
5	4	2	8	1	3	7	6	9
1	7	8	6	4	9	3	5	2

Puzzle 11

9	2	3	7	4	8	1	5	6
7	6	8	2	1	5	4	3	9
5	1	4	6	3	9	7	2	8
6	9	7	8	2	1	5	4	3
4	5	1	9	6	3	2	8	7
3	8	2	4	5	7	6	9	1
2	7	6	3	9	4	8	1	5
1	4	9	5	8	6	3	7	2
8	3	5	1	7	2	9	6	4

Puzzle 12

9	4	3	1	5	2	8	7	6
2	8	6	9	3	7	4	5	1
5	1	7	4	8	6	9	3	2
6	7	5	8	1	9	2	4	3
4	2	1	7	6	3	5	8	9
3	9	8	2	4	5	1	6	7
1	6	4	3	2	8	7	9	5
7	5	2	6	9	4	3	1	8
8	3	9	5	7	1	6	2	4

Puzzle 13

4	3	6	7	1	5	8	9	2
9	2	8	3	4	6	7	5	1
1	5	7	8	9	2	6	4	3
3	1	2	5	7	8	4	6	9
8	7	9	4	6	1	3	2	5
6	4	5	9	2	3	1	8	7
7	8	1	2	5	4	9	3	6
5	9	3	6	8	7	2	1	4
2	6	4	1	3	9	5	7	8

Puzzle 14

8	5	4	2	1	7	6	9	3
9	1	2	4	6	3	7	5	8
3	7	6	5	8	9	4	1	2
2	6	1	8	3	5	9	4	7
4	9	5	7	2	6	3	8	1
7	3	8	9	4	1	2	6	5
6	4	3	1	5	2	8	7	9
5	8	7	3	9	4	1	2	6
1	2	9	6	7	8	5	3	4

Puzzle 15

9	3	1	2	4	6	7	8	5
2	6	7	1	8	5	3	4	9
8	5	4	9	3	7	1	2	6
1	9	5	3	2	8	6	7	4
7	2	6	4	5	9	8	1	3
3	4	8	7	6	1	5	9	2
6	7	3	8	9	4	2	5	1
5	8	9	6	1	2	4	3	7
4	1	2	5	7	3	9	6	8

Puzzle 16

5	8	6	1	9	3	4	7	2
3	7	4	2	8	6	5	1	9
9	1	2	4	7	5	8	6	3
2	6	1	8	3	9	7	5	4
7	3	9	5	4	1	2	8	6
4	5	8	6	2	7	3	9	1
6	9	7	3	5	4	1	2	8
8	4	5	9	1	2	6	3	7
1	2	3	7	6	8	9	4	5

Puzzle 17

4	5	1	9	8	6	3	7	2
8	6	9	7	3	2	5	4	1
2	3	7	5	4	1	9	6	8
7	9	4	3	5	8	1	2	6
1	2	3	4	6	9	8	5	7
5	8	6	1	2	7	4	9	3
9	1	5	2	7	3	6	8	4
6	4	2	8	1	5	7	3	9
3	7	8	6	9	4	2	1	5

Puzzle 18

6	8	3	7	5	9	2	1	4
4	2	5	8	6	1	7	9	3
9	1	7	4	3	2	5	6	8
1	4	8	3	9	7	6	5	2
5	6	2	1	8	4	3	7	9
3	7	9	6	2	5	4	8	1
2	9	1	5	7	3	8	4	6
8	5	4	2	1	6	9	3	7
7	3	6	9	4	8	1	2	5

Puzzle 19

7	5	4	8	2	1	9	6	3
1	2	8	6	3	9	4	5	7
9	3	6	7	5	4	8	1	2
3	7	2	5	1	8	6	9	4
4	1	9	3	7	6	2	8	5
8	6	5	4	9	2	3	7	1
6	4	3	1	8	7	5	2	9
2	8	1	9	4	5	7	3	6
5	9	7	2	6	3	1	4	8

Puzzle 20

2	5	3	9	6	4	7	1	8
8	6	4	7	1	5	3	9	2
1	9	7	2	3	8	4	6	5
6	8	1	4	2	7	5	3	9
9	3	2	1	5	6	8	4	7
7	4	5	3	8	9	6	2	1
4	2	9	5	7	3	1	8	6
3	7	6	8	9	1	2	5	4
5	1	8	6	4	2	9	7	3

Puzzle 21

8	5	7	4	6	3	9	1	2
4	3	9	2	8	1	5	6	7
1	6	2	5	7	9	8	3	4
9	1	5	6	3	7	4	2	8
3	8	6	9	2	4	1	7	5
7	2	4	8	1	5	6	9	3
2	4	1	7	5	6	3	8	9
6	9	8	3	4	2	7	5	1
5	7	3	1	9	8	2	4	6

Puzzle 22

2	5	8	4	6	1	7	3	9
6	3	7	2	8	9	1	4	5
9	4	1	5	3	7	2	8	6
1	9	5	8	4	6	3	7	2
4	6	2	1	7	3	9	5	8
7	8	3	9	2	5	6	1	4
5	7	6	3	9	4	8	2	1
8	1	9	7	5	2	4	6	3
3	2	4	6	1	8	5	9	7

Puzzle 23

8	1	4	9	5	3	2	6	7
7	9	2	6	1	8	5	3	4
3	5	6	4	2	7	8	1	9
6	7	1	8	3	5	9	4	2
9	4	5	7	6	2	3	8	1
2	8	3	1	4	9	7	5	6
1	3	7	2	8	6	4	9	5
4	2	8	5	9	1	6	7	3
5	6	9	3	7	4	1	2	8

Puzzle 24

4	1	6	9	5	2	8	3	7
5	9	2	7	8	3	1	4	6
8	7	3	1	4	6	5	2	9
6	5	7	2	1	8	3	9	4
9	8	1	6	3	4	7	5	2
2	3	4	5	7	9	6	8	1
3	4	9	8	6	1	2	7	5
7	6	8	4	2	5	9	1	3
1	2	5	3	9	7	4	6	8

Puzzle 25

6	7	8	5	1	3	4	2	9
9	3	2	4	8	7	6	1	5
4	1	5	2	6	9	7	3	8
3	8	1	6	5	2	9	4	7
7	6	9	3	4	1	8	5	2
5	2	4	7	9	8	3	6	1
2	5	6	8	7	4	1	9	3
8	9	3	1	2	6	5	7	4
1	4	7	9	3	5	2	8	6

Puzzle 26

9	3	5	7	8	4	6	1	2
6	8	1	9	2	3	4	7	5
7	2	4	6	1	5	9	8	3
2	5	3	1	7	9	8	4	6
4	1	7	5	6	8	2	3	9
8	6	9	4	3	2	7	5	1
3	7	8	2	9	1	5	6	4
1	4	2	8	5	6	3	9	7
5	9	6	3	4	7	1	2	8

Puzzle 27

9	2	8	5	6	7	3	1	4
3	7	6	9	4	1	8	5	2
1	4	5	3	2	8	7	6	9
2	5	9	1	8	4	6	7	3
8	3	4	6	7	5	9	2	1
6	1	7	2	9	3	5	4	8
4	6	1	8	5	9	2	3	7
5	9	3	7	1	2	4	8	6
7	8	2	4	3	6	1	9	5

Puzzle 28

8	6	9	2	3	7	4	5	1
7	2	4	1	9	5	8	6	3
5	1	3	6	4	8	9	2	7
1	7	5	4	6	9	3	8	2
6	9	8	3	5	2	1	7	4
3	4	2	8	7	1	6	9	5
2	5	6	9	1	3	7	4	8
4	3	7	5	8	6	2	1	9
9	8	1	7	2	4	5	3	6

Puzzle 29

8	9	3	5	4	7	6	1	2
5	2	7	8	6	1	4	9	3
6	4	1	9	2	3	5	8	7
9	6	2	7	3	4	8	5	1
7	3	8	1	5	9	2	6	4
4	1	5	2	8	6	3	7	9
2	8	9	4	1	5	7	3	6
1	5	6	3	7	2	9	4	8
3	7	4	6	9	8	1	2	5

Puzzle 30

3	9	2	6	5	8	7	1	4
8	5	4	2	7	1	3	9	6
1	6	7	4	9	3	2	5	8
6	4	9	3	2	5	1	8	7
7	3	1	8	6	9	5	4	2
2	8	5	1	4	7	9	6	3
4	1	6	5	3	2	8	7	9
5	7	3	9	8	4	6	2	1
9	2	8	7	1	6	4	3	5

Puzzle 31

1	7	4	8	5	3	6	2	9
5	8	3	2	9	6	1	7	4
6	9	2	7	1	4	3	5	8
9	2	5	6	3	1	4	8	7
3	1	7	4	8	2	5	9	6
8	4	6	5	7	9	2	3	1
2	3	9	1	6	7	8	4	5
4	5	1	9	2	8	7	6	3
7	6	8	3	4	5	9	1	2

Puzzle 32

6	1	9	7	3	4	2	8	5
2	8	4	9	5	6	1	7	3
7	5	3	2	1	8	4	9	6
3	7	1	8	2	5	6	4	9
5	4	2	1	6	9	8	3	7
8	9	6	4	7	3	5	2	1
9	3	8	5	4	1	7	6	2
1	6	7	3	8	2	9	5	4
4	2	5	6	9	7	3	1	8

Puzzle 33

4	1	3	5	6	8	2	9	7
2	5	8	1	9	7	4	6	3
9	7	6	2	4	3	1	5	8
1	4	2	7	3	9	5	8	6
6	9	5	4	8	1	3	7	2
8	3	7	6	5	2	9	4	1
7	6	9	3	2	5	8	1	4
5	2	1	8	7	4	6	3	9
3	8	4	9	1	6	7	2	5

Puzzle 34

6	8	9	4	1	3	2	7	5
4	2	5	8	7	6	9	1	3
1	3	7	9	5	2	6	8	4
7	4	6	5	8	1	3	2	9
2	9	1	7	3	4	5	6	8
8	5	3	2	6	9	7	4	1
9	6	2	3	4	8	1	5	7
5	1	8	6	9	7	4	3	2
3	7	4	1	2	5	8	9	6

Puzzle 35

2	7	3	9	1	8	4	5	6
9	5	8	3	4	6	2	7	1
1	6	4	7	2	5	8	3	9
6	8	1	2	3	4	5	9	7
5	9	2	1	8	7	3	6	4
3	4	7	5	6	9	1	8	2
4	3	5	6	7	1	9	2	8
7	1	9	8	5	2	6	4	3
8	2	6	4	9	3	7	1	5

Puzzle 36

1	6	2	7	8	3	4	5	9
3	5	8	2	4	9	6	7	1
7	4	9	6	5	1	3	2	8
4	7	3	8	1	2	9	6	5
8	9	1	4	6	5	2	3	7
5	2	6	3	9	7	8	1	4
6	8	7	5	2	4	1	9	3
2	1	5	9	3	8	7	4	6
9	3	4	1	7	6	5	8	2

Puzzle 37

5	4	2	1	9	3	8	7	6
8	7	1	2	4	6	5	9	3
6	3	9	5	8	7	2	1	4
3	5	8	9	7	2	4	6	1
2	9	7	6	1	4	3	8	5
1	6	4	3	5	8	9	2	7
4	8	5	7	2	1	6	3	9
9	1	6	8	3	5	7	4	2
7	2	3	4	6	9	1	5	8

Puzzle 38

7	9	1	5	6	8	4	2	3
4	2	3	7	1	9	6	5	8
5	8	6	4	3	2	9	1	7
1	4	2	9	7	6	8	3	5
8	6	9	1	5	3	7	4	2
3	5	7	8	2	4	1	9	6
2	1	5	6	9	7	3	8	4
6	3	8	2	4	1	5	7	9
9	7	4	3	8	5	2	6	1

Puzzle 39

3	2	7	6	8	5	1	9	4
9	4	1	7	3	2	6	8	5
6	5	8	4	1	9	3	7	2
1	8	2	9	5	6	7	4	3
7	9	5	1	4	3	8	2	6
4	3	6	8	2	7	9	5	1
2	1	9	3	7	4	5	6	8
8	6	4	5	9	1	2	3	7
5	7	3	2	6	8	4	1	9

Puzzle 40

3	7	8	9	2	4	5	6	1
4	1	2	6	7	5	9	3	8
5	9	6	1	3	8	2	4	7
7	5	1	3	9	2	4	8	6
8	2	4	7	5	6	1	9	3
6	3	9	4	8	1	7	2	5
2	4	5	8	6	7	3	1	9
1	8	3	5	4	9	6	7	2
9	6	7	2	1	3	8	5	4

Puzzle 41

8	4	7	5	2	3	1	6	9
9	3	1	8	4	6	7	2	5
5	2	6	1	9	7	4	8	3
2	9	8	7	3	5	6	1	4
7	6	4	9	8	1	5	3	2
1	5	3	4	6	2	9	7	8
6	8	9	3	7	4	2	5	1
4	7	5	2	1	8	3	9	6
3	1	2	6	5	9	8	4	7

Puzzle 42

4	9	1	8	7	2	3	5	6
7	8	5	4	3	6	2	1	9
2	3	6	9	1	5	8	7	4
1	6	2	3	9	4	7	8	5
9	4	3	5	8	7	1	6	2
5	7	8	6	2	1	9	4	3
6	2	7	1	5	3	4	9	8
3	5	9	7	4	8	6	2	1
8	1	4	2	6	9	5	3	7

Puzzle 43

9	1	6	4	8	7	5	2	3
7	3	8	9	2	5	1	6	4
5	4	2	3	6	1	7	9	8
6	8	7	5	4	9	3	1	2
1	9	3	6	7	2	4	8	5
2	5	4	1	3	8	9	7	6
4	2	1	7	5	6	8	3	9
3	6	9	8	1	4	2	5	7
8	7	5	2	9	3	6	4	1

Puzzle 44

2	7	6	3	4	9	5	1	8
4	5	3	2	1	8	6	7	9
9	1	8	5	7	6	4	3	2
7	4	1	8	6	2	3	9	5
5	8	9	1	3	7	2	4	6
3	6	2	9	5	4	1	8	7
6	2	7	4	9	3	8	5	1
1	9	4	6	8	5	7	2	3
8	3	5	7	2	1	9	6	4

Puzzle 45

6	9	5	4	8	3	2	7	1
1	8	3	6	7	2	9	4	5
7	4	2	9	5	1	6	3	8
8	1	7	3	4	6	5	2	9
9	5	4	2	1	7	8	6	3
3	2	6	8	9	5	7	1	4
5	6	1	7	3	8	4	9	2
4	7	8	1	2	9	3	5	6
2	3	9	5	6	4	1	8	7

Puzzle 46

2	3	1	8	4	7	6	5	9
5	9	8	6	2	1	3	7	4
6	4	7	3	5	9	2	8	1
1	7	2	9	3	5	4	6	8
9	8	3	1	6	4	7	2	5
4	6	5	7	8	2	9	1	3
3	2	6	5	9	8	1	4	7
8	1	9	4	7	6	5	3	2
7	5	4	2	1	3	8	9	6

Puzzle 47

6	3	7	2	9	1	4	5	8
2	8	9	4	5	7	1	3	6
4	1	5	8	3	6	9	2	7
5	9	3	7	8	2	6	1	4
8	6	2	5	1	4	3	7	9
1	7	4	3	6	9	2	8	5
3	2	6	9	7	5	8	4	1
9	5	8	1	4	3	7	6	2
7	4	1	6	2	8	5	9	3

Puzzle 48

4	9	3	5	1	2	6	8	7
1	5	8	3	6	7	2	4	9
2	7	6	4	9	8	5	1	3
6	2	5	1	7	3	8	9	4
9	3	1	2	8	4	7	6	5
8	4	7	9	5	6	3	2	1
7	1	9	6	2	5	4	3	8
5	6	4	8	3	9	1	7	2
3	8	2	7	4	1	9	5	6

Puzzle 49

7	1	6	2	8	5	4	3	9
5	4	2	6	3	9	1	8	7
3	8	9	4	1	7	2	6	5
9	7	8	5	6	4	3	2	1
4	5	1	9	2	3	8	7	6
6	2	3	1	7	8	5	9	4
2	3	5	7	9	1	6	4	8
8	9	4	3	5	6	7	1	2
1	6	7	8	4	2	9	5	3

Puzzle 50

9	6	5	2	3	4	7	8	1
7	2	4	1	8	6	5	9	3
3	8	1	9	7	5	2	6	4
6	7	9	4	1	2	3	5	8
2	1	3	7	5	8	9	4	6
5	4	8	6	9	3	1	2	7
8	9	6	3	2	1	4	7	5
1	5	2	8	4	7	6	3	9
4	3	7	5	6	9	8	1	2

Puzzle 51

4	9	5	7	2	6	3	8	1
3	2	7	5	8	1	6	9	4
1	6	8	4	9	3	7	5	2
8	3	6	9	7	2	4	1	5
7	4	2	6	1	5	8	3	9
5	1	9	3	4	8	2	7	6
2	8	4	1	3	9	5	6	7
6	7	1	8	5	4	9	2	3
9	5	3	2	6	7	1	4	8

Puzzle 52

7	6	5	1	4	2	3	9	8
9	8	2	5	6	3	4	7	1
4	1	3	8	9	7	6	2	5
8	9	6	7	3	1	2	5	4
1	5	4	9	2	8	7	6	3
2	3	7	6	5	4	1	8	9
6	4	9	3	7	5	8	1	2
5	2	8	4	1	6	9	3	7
3	7	1	2	8	9	5	4	6

Puzzle 53

9	8	4	7	2	3	6	1	5
6	5	7	4	8	1	3	2	9
2	3	1	5	9	6	4	7	8
3	2	9	1	7	4	5	8	6
8	1	5	9	6	2	7	4	3
4	7	6	8	3	5	2	9	1
7	9	2	3	5	8	1	6	4
5	4	8	6	1	7	9	3	2
1	6	3	2	4	9	8	5	7

Puzzle 54

9	2	3	1	7	4	8	6	5
7	6	1	8	5	2	3	4	9
8	5	4	9	3	6	1	2	7
4	3	2	5	9	7	6	1	8
1	7	6	2	8	3	9	5	4
5	9	8	6	4	1	7	3	2
3	4	9	7	6	5	2	8	1
6	1	7	4	2	8	5	9	3
2	8	5	3	1	9	4	7	6

Puzzle 55

7	3	9	2	5	1	4	8	6
8	2	4	9	7	6	3	5	1
6	1	5	3	8	4	9	7	2
4	7	3	1	2	8	6	9	5
2	6	8	5	9	3	1	4	7
9	5	1	4	6	7	8	2	3
5	8	2	6	1	9	7	3	4
3	9	6	7	4	5	2	1	8
1	4	7	8	3	2	5	6	9

Puzzle 56

1	6	9	8	2	4	5	7	3
5	4	2	6	3	7	8	1	9
8	3	7	9	5	1	4	6	2
9	1	3	5	7	2	6	4	8
6	5	8	4	9	3	7	2	1
7	2	4	1	8	6	3	9	5
3	9	6	2	4	8	1	5	7
2	7	1	3	6	5	9	8	4
4	8	5	7	1	9	2	3	6

Puzzle 57

2	8	4	9	7	6	3	5	1
1	5	3	8	4	2	7	6	9
6	9	7	3	5	1	8	2	4
3	1	9	2	6	8	4	7	5
7	2	8	4	1	5	9	3	6
5	4	6	7	9	3	1	8	2
9	3	1	5	2	7	6	4	8
4	7	2	6	8	9	5	1	3
8	6	5	1	3	4	2	9	7

Puzzle 58

7	6	3	9	1	5	8	2	4
9	8	1	4	3	2	5	6	7
4	5	2	7	8	6	3	9	1
8	9	4	3	5	1	6	7	2
3	7	5	6	2	9	4	1	8
1	2	6	8	4	7	9	3	5
2	3	7	5	9	8	1	4	6
6	4	8	1	7	3	2	5	9
5	1	9	2	6	4	7	8	3

Puzzle 59

4	9	2	1	5	3	8	7	6
5	3	6	2	7	8	1	4	9
1	7	8	4	9	6	2	3	5
7	8	5	9	1	2	3	6	4
2	4	1	6	3	5	9	8	7
9	6	3	7	8	4	5	1	2
6	2	9	8	4	1	7	5	3
8	5	7	3	6	9	4	2	1
3	1	4	5	2	7	6	9	8

Puzzle 60

8	2	4	6	3	1	5	7	9
3	5	6	2	9	7	8	1	4
7	1	9	4	5	8	3	2	6
4	9	1	7	2	5	6	3	8
5	8	3	9	1	6	7	4	2
6	7	2	3	8	4	9	5	1
1	4	7	8	6	3	2	9	5
2	3	8	5	4	9	1	6	7
9	6	5	1	7	2	4	8	3

Puzzle 61

2	9	5	4	6	1	3	8	7
3	7	1	5	8	2	6	4	9
4	6	8	7	9	3	5	1	2
8	5	9	1	7	4	2	6	3
1	4	7	3	2	6	8	9	5
6	3	2	8	5	9	4	7	1
7	8	3	6	1	5	9	2	4
5	2	6	9	4	7	1	3	8
9	1	4	2	3	8	7	5	6

Puzzle 62

7	6	3	5	8	4	9	1	2
2	4	9	1	6	3	8	7	5
5	8	1	2	9	7	3	6	4
6	2	8	9	1	5	4	3	7
1	9	4	3	7	6	5	2	8
3	5	7	8	4	2	6	9	1
4	3	6	7	5	1	2	8	9
9	7	5	6	2	8	1	4	3
8	1	2	4	3	9	7	5	6

Puzzle 63

5	2	4	3	1	8	6	9	7
3	1	9	7	6	5	4	2	8
6	8	7	2	4	9	1	5	3
1	4	2	8	5	6	3	7	9
9	3	5	1	7	4	8	6	2
8	7	6	9	3	2	5	4	1
2	6	8	4	9	3	7	1	5
4	9	1	5	8	7	2	3	6
7	5	3	6	2	1	9	8	4

Puzzle 64

6	3	1	9	8	5	4	7	2
4	7	5	1	2	6	8	9	3
8	9	2	3	4	7	5	6	1
9	4	8	6	1	2	7	3	5
3	1	7	4	5	8	6	2	9
5	2	6	7	3	9	1	4	8
1	8	4	2	6	3	9	5	7
7	6	3	5	9	1	2	8	4
2	5	9	8	7	4	3	1	6

Puzzle 65

4	6	5	8	9	1	3	2	7
1	9	3	7	4	2	6	8	5
8	2	7	5	6	3	4	1	9
2	3	9	6	7	5	1	4	8
5	4	1	3	8	9	7	6	2
6	7	8	1	2	4	9	5	3
9	1	6	2	5	7	8	3	4
3	5	4	9	1	8	2	7	6
7	8	2	4	3	6	5	9	1

Puzzle 66

7	4	9	1	5	8	3	6	2
2	3	6	7	4	9	1	8	5
1	5	8	6	3	2	9	4	7
3	1	7	8	6	4	5	2	9
5	8	2	3	9	7	4	1	6
9	6	4	5	2	1	7	3	8
6	2	3	9	1	5	8	7	4
4	7	5	2	8	3	6	9	1
8	9	1	4	7	6	2	5	3

Puzzle 67

4	3	8	5	2	6	7	9	1
6	7	2	3	9	1	8	4	5
1	9	5	8	7	4	6	2	3
5	6	9	1	8	3	2	7	4
7	1	3	2	4	9	5	8	6
8	2	4	6	5	7	3	1	9
9	5	7	4	6	2	1	3	8
2	8	1	9	3	5	4	6	7
3	4	6	7	1	8	9	5	2

Puzzle 68

2	4	8	9	3	1	7	5	6
9	5	3	4	7	6	2	8	1
7	1	6	5	2	8	4	3	9
6	2	7	1	9	5	8	4	3
3	8	4	2	6	7	9	1	5
5	9	1	8	4	3	6	7	2
8	7	9	3	5	2	1	6	4
1	3	2	6	8	4	5	9	7
4	6	5	7	1	9	3	2	8

Puzzle 69

7	1	5	9	6	4	2	3	8
8	4	3	7	2	5	6	1	9
9	6	2	1	8	3	4	5	7
4	2	7	6	9	1	5	8	3
1	8	9	5	3	2	7	4	6
3	5	6	4	7	8	9	2	1
6	3	1	2	5	9	8	7	4
5	9	4	8	1	7	3	6	2
2	7	8	3	4	6	1	9	5

Puzzle 70

5	3	1	8	4	6	9	7	2
2	4	8	7	1	9	3	5	6
9	7	6	3	5	2	8	4	1
1	2	4	9	8	7	5	6	3
8	9	3	5	6	4	2	1	7
6	5	7	2	3	1	4	8	9
4	6	2	1	9	5	7	3	8
3	1	9	4	7	8	6	2	5
7	8	5	6	2	3	1	9	4

Puzzle 71

7	9	1	8	4	5	6	3	2
4	2	5	9	3	6	8	1	7
6	3	8	7	2	1	5	9	4
8	6	4	5	1	9	2	7	3
5	7	2	4	6	3	1	8	9
9	1	3	2	8	7	4	6	5
1	8	7	3	5	2	9	4	6
3	5	6	1	9	4	7	2	8
2	4	9	6	7	8	3	5	1

Puzzle 72

8	2	4	5	6	7	9	3	1
7	1	3	2	4	9	5	8	6
5	6	9	1	3	8	7	4	2
6	9	2	3	5	1	8	7	4
1	8	5	9	7	4	6	2	3
3	4	7	6	8	2	1	5	9
2	5	1	7	9	3	4	6	8
4	3	6	8	1	5	2	9	7
9	7	8	4	2	6	3	1	5

Puzzle 73

2	3	9	4	8	1	6	7	5
7	4	8	9	6	5	1	3	2
5	6	1	7	3	2	9	4	8
4	8	7	1	2	9	5	6	3
3	5	2	6	7	4	8	9	1
9	1	6	3	5	8	4	2	7
8	9	5	2	4	7	3	1	6
6	2	4	5	1	3	7	8	9
1	7	3	8	9	6	2	5	4

Puzzle 74

1	5	8	4	3	7	2	9	6
6	9	3	1	8	2	7	4	5
2	4	7	6	5	9	1	8	3
5	8	4	9	2	6	3	7	1
7	3	6	8	1	5	4	2	9
9	2	1	3	7	4	6	5	8
4	6	2	5	9	1	8	3	7
8	1	5	7	4	3	9	6	2
3	7	9	2	6	8	5	1	4

Puzzle 75

3	7	5	1	2	6	8	4	9
1	2	9	5	8	4	6	7	3
6	4	8	3	9	7	5	1	2
2	3	7	6	1	9	4	5	8
4	8	1	7	3	5	9	2	6
9	5	6	8	4	2	7	3	1
5	9	3	4	6	1	2	8	7
8	6	4	2	7	3	1	9	5
7	1	2	9	5	8	3	6	4

Puzzle 76

1	8	9	3	7	5	4	2	6
3	4	2	1	9	6	8	7	5
7	6	5	4	2	8	1	9	3
5	7	4	9	3	2	6	1	8
2	1	6	5	8	4	9	3	7
9	3	8	6	1	7	5	4	2
4	5	1	2	6	3	7	8	9
8	9	3	7	5	1	2	6	4
6	2	7	8	4	9	3	5	1

Puzzle 77

8	5	3	6	2	1	4	9	7
4	7	9	3	5	8	1	6	2
2	6	1	7	9	4	5	3	8
1	4	6	2	7	9	8	5	3
9	2	8	1	3	5	7	4	6
7	3	5	8	4	6	2	1	9
3	9	4	5	8	7	6	2	1
5	1	7	9	6	2	3	8	4
6	8	2	4	1	3	9	7	5

Puzzle 78

2	5	8	4	1	3	6	9	7
3	7	6	2	8	9	4	1	5
4	9	1	6	7	5	2	3	8
5	2	9	7	6	4	3	8	1
6	4	7	1	3	8	9	5	2
8	1	3	9	5	2	7	6	4
9	8	4	5	2	6	1	7	3
1	6	5	3	4	7	8	2	9
7	3	2	8	9	1	5	4	6

Puzzle 79

7	6	5	8	9	3	1	4	2
8	4	9	7	1	2	3	5	6
1	3	2	6	5	4	9	7	8
3	9	8	2	4	7	6	1	5
2	5	1	3	6	9	4	8	7
6	7	4	5	8	1	2	9	3
4	2	6	9	7	5	8	3	1
9	8	7	1	3	6	5	2	4
5	1	3	4	2	8	7	6	9

Puzzle 80

4	8	7	5	9	2	1	6	3
6	1	3	7	4	8	2	5	9
9	2	5	1	3	6	8	4	7
8	6	9	3	7	1	5	2	4
2	7	1	6	5	4	3	9	8
5	3	4	8	2	9	6	7	1
1	4	6	2	8	7	9	3	5
7	5	2	9	1	3	4	8	6
3	9	8	4	6	5	7	1	2

Puzzle 81

3	9	4	1	2	7	5	8	6
6	5	7	8	9	4	2	3	1
1	8	2	6	3	5	9	7	4
5	6	1	9	4	8	3	2	7
9	4	3	2	7	6	1	5	8
7	2	8	5	1	3	4	6	9
2	7	9	3	8	1	6	4	5
4	1	5	7	6	2	8	9	3
8	3	6	4	5	9	7	1	2

Puzzle 82

2	6	5	4	7	3	1	9	8
1	7	8	5	2	9	3	6	4
3	4	9	1	8	6	5	2	7
9	8	1	3	6	4	2	7	5
4	3	7	9	5	2	8	1	6
5	2	6	8	1	7	9	4	3
6	1	4	2	3	5	7	8	9
8	9	3	7	4	1	6	5	2
7	5	2	6	9	8	4	3	1

Puzzle 83

7	2	8	5	3	4	1	9	6
3	5	9	7	1	6	8	4	2
1	4	6	8	9	2	3	5	7
8	6	1	3	4	5	7	2	9
5	7	3	6	2	9	4	8	1
2	9	4	1	8	7	5	6	3
6	8	5	2	7	1	9	3	4
9	1	2	4	5	3	6	7	8
4	3	7	9	6	8	2	1	5

Puzzle 84

1	2	5	3	8	7	4	6	9
8	4	9	1	5	6	2	3	7
3	6	7	4	9	2	5	1	8
5	8	6	7	3	9	1	4	2
4	9	2	6	1	5	8	7	3
7	3	1	2	4	8	9	5	6
9	5	3	8	6	4	7	2	1
6	7	8	5	2	1	3	9	4
2	1	4	9	7	3	6	8	5

Puzzle 85

7	2	5	6	8	1	3	4	9
9	3	4	7	2	5	1	6	8
8	1	6	4	9	3	7	5	2
6	7	1	8	5	9	2	3	4
5	8	3	2	6	4	9	1	7
4	9	2	3	1	7	6	8	5
3	4	8	9	7	6	5	2	1
2	5	7	1	3	8	4	9	6
1	6	9	5	4	2	8	7	3

Puzzle 86

8	9	2	4	7	6	1	5	3
6	5	3	8	1	2	9	4	7
4	1	7	9	3	5	8	6	2
1	7	4	3	9	8	5	2	6
9	3	5	2	6	4	7	8	1
2	8	6	1	5	7	3	9	4
5	6	9	7	2	3	4	1	8
7	2	8	5	4	1	6	3	9
3	4	1	6	8	9	2	7	5

Puzzle 87

2	3	6	4	9	5	7	1	8
1	9	8	6	7	3	5	4	2
4	5	7	1	2	8	6	9	3
9	2	5	7	6	4	8	3	1
3	7	1	9	8	2	4	6	5
6	8	4	3	5	1	2	7	9
7	1	2	5	4	9	3	8	6
5	6	3	8	1	7	9	2	4
8	4	9	2	3	6	1	5	7

Puzzle 88

4	7	8	9	1	3	6	2	5
6	1	5	2	8	4	9	7	3
9	3	2	7	5	6	4	8	1
2	5	1	4	7	8	3	9	6
3	9	7	5	6	2	1	4	8
8	4	6	1	3	9	2	5	7
1	8	9	6	4	5	7	3	2
5	6	4	3	2	7	8	1	9
7	2	3	8	9	1	5	6	4

Puzzle 89

2	7	6	5	3	4	8	1	9
8	4	5	2	1	9	3	6	7
3	9	1	6	7	8	4	2	5
4	8	7	9	5	6	1	3	2
5	2	9	3	4	1	7	8	6
6	1	3	7	8	2	5	9	4
7	3	2	8	6	5	9	4	1
1	6	8	4	9	7	2	5	3
9	5	4	1	2	3	6	7	8

Puzzle 90

3	8	7	2	4	5	1	6	9
6	1	5	8	3	9	2	7	4
2	4	9	6	7	1	3	8	5
9	7	2	1	6	8	4	5	3
8	5	4	3	2	7	6	9	1
1	6	3	9	5	4	7	2	8
7	9	1	4	8	2	5	3	6
5	3	8	7	1	6	9	4	2
4	2	6	5	9	3	8	1	7

Puzzle 91

5	4	2	6	1	3	7	9	8
3	8	7	2	9	4	6	1	5
9	1	6	8	7	5	3	2	4
8	2	9	5	3	1	4	7	6
7	3	5	4	2	6	1	8	9
4	6	1	7	8	9	2	5	3
1	5	8	3	6	2	9	4	7
6	9	4	1	5	7	8	3	2
2	7	3	9	4	8	5	6	1

Puzzle 92

1	3	9	7	2	8	4	6	5
7	6	2	5	1	4	9	3	8
8	4	5	3	9	6	2	7	1
2	5	3	4	6	9	8	1	7
4	9	8	1	3	7	6	5	2
6	7	1	2	8	5	3	9	4
3	2	7	9	4	1	5	8	6
9	1	6	8	5	2	7	4	3
5	8	4	6	7	3	1	2	9

Puzzle 93

6	7	4	2	1	9	8	5	3
5	9	1	8	4	3	2	6	7
2	3	8	6	5	7	1	4	9
7	5	3	9	2	8	4	1	6
4	8	9	1	3	6	5	7	2
1	6	2	4	7	5	9	3	8
9	4	5	7	6	2	3	8	1
3	2	7	5	8	1	6	9	4
8	1	6	3	9	4	7	2	5

Puzzle 94

3	9	1	7	8	5	6	2	4
7	4	2	9	1	6	8	3	5
8	6	5	2	4	3	1	7	9
6	1	7	3	9	2	5	4	8
4	5	3	6	7	8	2	9	1
9	2	8	4	5	1	3	6	7
2	8	4	1	6	9	7	5	3
1	7	6	5	3	4	9	8	2
5	3	9	8	2	7	4	1	6

Puzzle 95

6	7	5	4	9	2	8	1	3
8	3	1	5	6	7	2	9	4
2	9	4	1	8	3	6	7	5
4	5	9	7	1	6	3	2	8
3	6	2	9	4	8	1	5	7
1	8	7	2	3	5	9	4	6
7	1	8	3	5	9	4	6	2
5	4	6	8	2	1	7	3	9
9	2	3	6	7	4	5	8	1

Puzzle 96

9	8	4	5	2	6	7	1	3
5	7	6	8	1	3	2	4	9
3	1	2	4	9	7	6	8	5
4	9	8	6	5	1	3	2	7
7	6	3	2	4	9	8	5	1
1	2	5	3	7	8	9	6	4
2	4	7	9	8	5	1	3	6
6	5	9	1	3	2	4	7	8
8	3	1	7	6	4	5	9	2

Puzzle 97

7	8	2	6	1	3	5	9	4
5	3	4	9	2	8	1	7	6
6	1	9	5	4	7	3	2	8
2	4	8	1	9	5	6	3	7
1	9	5	3	7	6	4	8	2
3	7	6	4	8	2	9	1	5
9	6	7	2	5	1	8	4	3
4	2	3	8	6	9	7	5	1
8	5	1	7	3	4	2	6	9

Puzzle 98

9	4	7	3	6	2	1	5	8
3	6	5	4	8	1	2	9	7
2	8	1	9	7	5	4	6	3
7	5	2	6	9	8	3	4	1
8	1	9	2	3	4	5	7	6
6	3	4	1	5	7	8	2	9
4	9	6	5	1	3	7	8	2
1	2	8	7	4	9	6	3	5
5	7	3	8	2	6	9	1	4

Puzzle 99

1	4	5	9	7	3	8	2	6
8	9	2	5	1	6	7	3	4
3	7	6	2	4	8	9	1	5
5	2	3	1	6	7	4	8	9
6	8	4	3	2	9	1	5	7
7	1	9	4	8	5	2	6	3
9	6	8	7	3	1	5	4	2
2	5	1	6	9	4	3	7	8
4	3	7	8	5	2	6	9	1

Puzzle 100

4	2	8	5	6	1	7	9	3
3	9	5	4	8	7	1	6	2
6	7	1	3	9	2	8	5	4
7	3	6	9	5	8	2	4	1
1	5	9	7	2	4	6	3	8
8	4	2	1	3	6	9	7	5
9	6	4	2	1	5	3	8	7
2	8	7	6	4	3	5	1	9
5	1	3	8	7	9	4	2	6

Puzzle 101

4	8	3	6	2	9	1	7	5
1	6	9	7	3	5	4	8	2
7	5	2	1	4	8	9	6	3
9	4	1	3	8	6	2	5	7
6	7	8	2	5	4	3	9	1
3	2	5	9	1	7	6	4	8
2	9	7	5	6	3	8	1	4
5	1	4	8	9	2	7	3	6
8	3	6	4	7	1	5	2	9

Puzzle 102

2	5	1	4	9	3	7	8	6
6	4	9	8	1	7	2	5	3
7	8	3	5	6	2	1	9	4
9	1	5	2	7	6	4	3	8
4	6	8	3	5	1	9	2	7
3	2	7	9	4	8	5	6	1
1	3	4	6	2	9	8	7	5
5	9	6	7	8	4	3	1	2
8	7	2	1	3	5	6	4	9

Puzzle 103

1	7	6	9	8	2	5	3	4
8	5	3	6	7	4	9	1	2
2	9	4	5	3	1	7	8	6
5	2	7	4	9	8	1	6	3
6	8	9	3	1	5	4	2	7
4	3	1	7	2	6	8	9	5
7	1	2	8	4	3	6	5	9
3	4	5	1	6	9	2	7	8
9	6	8	2	5	7	3	4	1

Puzzle 104

6	8	3	4	5	2	9	1	7
1	2	4	7	9	6	5	3	8
7	9	5	3	1	8	2	4	6
3	6	1	5	4	9	7	8	2
9	5	2	8	7	1	4	6	3
4	7	8	2	6	3	1	5	9
8	3	9	1	2	5	6	7	4
2	1	7	6	3	4	8	9	5
5	4	6	9	8	7	3	2	1

Puzzle 105

2	7	9	3	1	6	4	5	8
6	8	4	9	7	5	3	1	2
5	1	3	8	4	2	6	9	7
7	6	8	5	9	3	1	2	4
4	2	1	7	6	8	5	3	9
9	3	5	1	2	4	8	7	6
3	5	7	6	8	9	2	4	1
1	4	6	2	3	7	9	8	5
8	9	2	4	5	1	7	6	3

Puzzle 106

9	5	4	2	6	7	3	1	8
7	3	1	4	8	5	6	2	9
8	6	2	9	1	3	5	4	7
4	7	5	8	2	1	9	6	3
1	9	3	5	4	6	7	8	2
6	2	8	7	3	9	4	5	1
2	4	9	3	5	8	1	7	6
5	1	7	6	9	2	8	3	4
3	8	6	1	7	4	2	9	5

Puzzle 107

9	1	3	8	5	6	7	2	4
8	6	2	3	7	4	1	9	5
5	7	4	9	1	2	3	6	8
4	5	6	7	8	3	9	1	2
1	3	9	2	4	5	8	7	6
2	8	7	6	9	1	5	4	3
6	9	5	4	3	7	2	8	1
3	4	8	1	2	9	6	5	7
7	2	1	5	6	8	4	3	9

Puzzle 108

3	4	9	8	5	1	7	6	2
6	2	5	9	7	4	3	8	1
8	1	7	3	6	2	9	5	4
4	7	6	5	3	9	1	2	8
5	9	1	2	4	8	6	7	3
2	3	8	6	1	7	5	4	9
1	5	2	4	9	6	8	3	7
7	6	4	1	8	3	2	9	5
9	8	3	7	2	5	4	1	6

Puzzle 109

1	9	7	2	3	6	5	4	8
6	8	5	1	7	4	9	2	3
4	3	2	8	5	9	1	6	7
8	4	1	5	2	7	3	9	6
9	7	3	4	6	8	2	5	1
5	2	6	9	1	3	8	7	4
7	5	8	6	9	1	4	3	2
3	1	9	7	4	2	6	8	5
2	6	4	3	8	5	7	1	9

Puzzle 110

4	8	9	5	3	1	2	7	6
3	6	5	8	2	7	1	9	4
2	7	1	4	9	6	5	3	8
8	3	6	7	4	2	9	5	1
1	5	7	6	8	9	3	4	2
9	4	2	3	1	5	8	6	7
7	2	4	1	5	3	6	8	9
5	9	8	2	6	4	7	1	3
6	1	3	9	7	8	4	2	5

Puzzle 111

6	2	3	9	4	5	7	1	8
7	5	4	8	2	1	9	3	6
8	9	1	7	6	3	4	5	2
2	8	7	4	1	9	5	6	3
3	4	6	2	5	8	1	7	9
9	1	5	3	7	6	2	8	4
4	6	9	1	3	7	8	2	5
1	3	8	5	9	2	6	4	7
5	7	2	6	8	4	3	9	1

Puzzle 112

5	7	1	8	9	2	3	6	4
8	6	9	5	3	4	7	2	1
2	3	4	6	7	1	5	9	8
9	2	7	1	8	3	4	5	6
3	8	6	7	4	5	9	1	2
4	1	5	2	6	9	8	7	3
7	5	3	4	1	6	2	8	9
1	9	2	3	5	8	6	4	7
6	4	8	9	2	7	1	3	5

Puzzle 113

1	7	2	5	4	6	8	9	3
3	9	4	2	1	8	6	7	5
5	8	6	7	9	3	2	4	1
2	6	5	1	3	4	7	8	9
8	3	9	6	2	7	5	1	4
7	4	1	8	5	9	3	6	2
4	1	7	3	8	2	9	5	6
6	5	3	9	7	1	4	2	8
9	2	8	4	6	5	1	3	7

Puzzle 114

5	7	2	9	8	1	4	3	6
3	9	6	2	5	4	8	1	7
1	8	4	3	6	7	5	2	9
4	6	5	8	9	3	2	7	1
8	3	1	7	4	2	9	6	5
7	2	9	5	1	6	3	4	8
2	4	8	1	7	5	6	9	3
9	1	3	6	2	8	7	5	4
6	5	7	4	3	9	1	8	2

Puzzle 115

2	9	5	7	1	6	4	8	3
8	6	1	5	3	4	7	9	2
3	7	4	9	2	8	1	5	6
6	2	3	1	8	5	9	4	7
7	1	9	4	6	2	5	3	8
5	4	8	3	9	7	6	2	1
4	5	2	6	7	3	8	1	9
1	3	7	8	5	9	2	6	4
9	8	6	2	4	1	3	7	5

Puzzle 116

6	8	3	7	9	4	2	5	1
7	1	5	2	8	6	4	3	9
2	9	4	3	5	1	7	6	8
5	4	2	1	3	7	9	8	6
1	3	7	8	6	9	5	2	4
8	6	9	4	2	5	3	1	7
3	2	6	9	7	8	1	4	5
9	5	1	6	4	2	8	7	3
4	7	8	5	1	3	6	9	2

Puzzle 117

4	7	8	1	3	6	5	2	9
3	5	2	7	8	9	4	6	1
9	6	1	4	2	5	8	3	7
8	4	6	3	1	7	2	9	5
1	9	7	8	5	2	3	4	6
5	2	3	6	9	4	1	7	8
6	3	4	5	7	1	9	8	2
2	8	5	9	6	3	7	1	4
7	1	9	2	4	8	6	5	3

Puzzle 118

5	3	1	9	4	2	7	8	6
8	2	7	6	1	3	9	4	5
6	9	4	5	7	8	3	2	1
9	6	8	3	2	4	1	5	7
3	4	2	7	5	1	8	6	9
7	1	5	8	6	9	2	3	4
4	7	3	2	9	5	6	1	8
1	8	9	4	3	6	5	7	2
2	5	6	1	8	7	4	9	3

Puzzle 119

2	3	9	7	8	1	6	4	5
1	8	7	6	4	5	2	3	9
4	6	5	2	9	3	1	7	8
6	5	2	8	3	7	9	1	4
3	9	1	5	2	4	7	8	6
8	7	4	1	6	9	3	5	2
9	1	6	3	5	8	4	2	7
7	4	8	9	1	2	5	6	3
5	2	3	4	7	6	8	9	1

Puzzle 120

9	8	3	7	4	1	6	2	5
1	4	7	2	5	6	9	3	8
2	6	5	9	8	3	1	7	4
8	5	1	6	7	9	2	4	3
6	9	2	5	3	4	8	1	7
3	7	4	8	1	2	5	6	9
7	2	9	3	6	8	4	5	1
4	3	8	1	2	5	7	9	6
5	1	6	4	9	7	3	8	2

Puzzle 121

7	2	8	4	9	5	6	1	3
4	5	3	8	1	6	7	9	2
6	9	1	3	7	2	8	5	4
9	1	6	5	4	3	2	8	7
8	3	4	9	2	7	1	6	5
2	7	5	1	6	8	4	3	9
3	6	7	2	5	1	9	4	8
1	8	9	7	3	4	5	2	6
5	4	2	6	8	9	3	7	1

Puzzle 122

7	2	5	6	9	4	8	1	3
8	1	9	3	2	5	4	7	6
3	6	4	1	8	7	2	9	5
5	7	2	9	3	8	6	4	1
6	4	1	7	5	2	9	3	8
9	3	8	4	1	6	7	5	2
1	9	7	8	6	3	5	2	4
2	8	3	5	4	9	1	6	7
4	5	6	2	7	1	3	8	9

Puzzle 123

2	3	5	1	9	6	8	4	7
7	6	8	5	3	4	2	1	9
9	1	4	2	8	7	3	5	6
3	9	7	8	2	5	4	6	1
4	8	1	7	6	9	5	3	2
6	5	2	4	1	3	9	7	8
1	4	6	9	5	8	7	2	3
8	7	3	6	4	2	1	9	5
5	2	9	3	7	1	6	8	4

Puzzle 124

3	9	7	4	6	5	8	1	2
6	2	5	8	1	9	3	7	4
8	4	1	2	3	7	6	5	9
4	1	6	5	7	2	9	3	8
7	5	8	3	9	4	2	6	1
2	3	9	6	8	1	7	4	5
9	6	4	1	2	3	5	8	7
1	8	2	7	5	6	4	9	3
5	7	3	9	4	8	1	2	6

Puzzle 125

1	8	5	9	2	4	3	7	6
7	4	9	1	3	6	2	8	5
6	3	2	8	7	5	4	1	9
9	5	4	2	1	7	8	6	3
3	7	1	4	6	8	5	9	2
2	6	8	3	5	9	7	4	1
4	1	7	5	9	3	6	2	8
8	9	3	6	4	2	1	5	7
5	2	6	7	8	1	9	3	4

Puzzle 126

3	1	6	4	8	5	9	7	2
9	7	8	1	3	2	5	4	6
5	2	4	9	7	6	1	8	3
6	4	3	2	5	8	7	9	1
8	9	1	7	4	3	2	6	5
7	5	2	6	9	1	4	3	8
2	8	7	3	1	4	6	5	9
4	6	5	8	2	9	3	1	7
1	3	9	5	6	7	8	2	4

Puzzle 127

7	9	6	3	5	1	8	4	2
3	8	1	2	9	4	5	6	7
4	5	2	8	6	7	1	3	9
2	4	7	9	1	6	3	8	5
6	1	9	5	3	8	2	7	4
5	3	8	4	7	2	9	1	6
9	2	4	7	8	3	6	5	1
1	7	3	6	2	5	4	9	8
8	6	5	1	4	9	7	2	3

Puzzle 128

2	5	6	9	7	3	8	4	1
1	7	8	5	2	4	6	3	9
4	9	3	1	6	8	5	2	7
7	2	1	8	5	6	3	9	4
3	8	4	2	9	1	7	6	5
5	6	9	4	3	7	2	1	8
6	1	2	7	4	5	9	8	3
8	3	7	6	1	9	4	5	2
9	4	5	3	8	2	1	7	6

Puzzle 129

8	3	2	7	4	9	1	6	5
9	5	7	3	6	1	2	4	8
1	4	6	2	8	5	9	7	3
7	9	8	5	1	3	4	2	6
5	2	3	6	9	4	7	8	1
6	1	4	8	7	2	5	3	9
2	6	5	9	3	7	8	1	4
4	8	9	1	2	6	3	5	7
3	7	1	4	5	8	6	9	2

Puzzle 130

8	1	6	9	4	5	3	7	2
7	2	4	3	6	8	5	1	9
5	3	9	2	1	7	4	8	6
6	4	2	5	8	9	7	3	1
1	5	3	7	2	4	6	9	8
9	8	7	6	3	1	2	5	4
4	6	8	1	5	3	9	2	7
3	9	1	4	7	2	8	6	5
2	7	5	8	9	6	1	4	3

Puzzle 131

7	6	1	3	2	9	4	8	5
5	9	3	4	7	8	1	2	6
4	2	8	6	1	5	3	9	7
9	3	5	2	4	6	7	1	8
8	4	7	1	5	3	9	6	2
6	1	2	9	8	7	5	3	4
2	8	4	7	9	1	6	5	3
3	7	9	5	6	2	8	4	1
1	5	6	8	3	4	2	7	9

Puzzle 132

8	3	5	6	7	2	4	1	9
7	1	4	3	5	9	2	8	6
9	2	6	4	1	8	3	5	7
3	9	7	5	2	6	1	4	8
4	6	8	7	3	1	9	2	5
1	5	2	8	9	4	6	7	3
6	7	3	1	4	5	8	9	2
2	8	1	9	6	7	5	3	4
5	4	9	2	8	3	7	6	1

Puzzle 133

6	1	7	8	9	2	3	4	5
8	4	5	3	7	6	1	9	2
3	2	9	1	4	5	6	7	8
7	3	8	4	1	9	2	5	6
2	5	1	6	8	7	9	3	4
9	6	4	5	2	3	7	8	1
5	9	3	2	6	4	8	1	7
1	7	6	9	5	8	4	2	3
4	8	2	7	3	1	5	6	9

Puzzle 134

9	8	7	5	6	3	4	2	1
1	3	6	8	4	2	5	7	9
5	4	2	1	9	7	3	8	6
7	6	4	2	3	5	1	9	8
3	2	5	9	1	8	7	6	4
8	9	1	6	7	4	2	5	3
4	1	8	7	5	9	6	3	2
6	7	9	3	2	1	8	4	5
2	5	3	4	8	6	9	1	7

Puzzle 135

3	1	7	2	8	5	6	4	9
8	5	2	9	6	4	3	7	1
6	9	4	1	3	7	8	5	2
5	6	9	3	2	8	7	1	4
2	8	1	7	4	9	5	3	6
7	4	3	6	5	1	2	9	8
1	2	6	5	9	3	4	8	7
9	3	8	4	7	6	1	2	5
4	7	5	8	1	2	9	6	3

Puzzle 136

2	8	5	4	1	3	6	9	7
6	3	4	7	8	9	5	1	2
7	9	1	6	2	5	4	8	3
8	6	3	5	4	1	2	7	9
5	7	2	3	9	8	1	6	4
1	4	9	2	6	7	8	3	5
3	2	7	8	5	6	9	4	1
9	5	8	1	7	4	3	2	6
4	1	6	9	3	2	7	5	8

Puzzle 137

3	1	2	8	9	7	6	4	5
6	4	7	2	5	1	8	3	9
9	5	8	3	6	4	7	1	2
5	8	3	4	7	9	1	2	6
2	7	6	5	1	8	4	9	3
1	9	4	6	3	2	5	8	7
4	2	5	9	8	6	3	7	1
8	6	1	7	2	3	9	5	4
7	3	9	1	4	5	2	6	8

Puzzle 138

6	8	3	7	9	1	2	4	5
5	7	2	4	8	6	3	1	9
1	4	9	5	2	3	8	7	6
2	9	6	1	4	8	7	5	3
7	1	5	9	3	2	4	6	8
8	3	4	6	5	7	9	2	1
9	6	1	3	7	4	5	8	2
4	5	8	2	1	9	6	3	7
3	2	7	8	6	5	1	9	4

Puzzle 139

9	7	4	5	6	2	1	8	3
8	6	3	9	7	1	4	5	2
1	2	5	8	3	4	7	9	6
2	8	9	6	1	5	3	4	7
6	3	1	7	4	9	8	2	5
5	4	7	3	2	8	9	6	1
3	9	2	1	8	6	5	7	4
7	5	6	4	9	3	2	1	8
4	1	8	2	5	7	6	3	9

Puzzle 140

6	7	9	4	3	8	2	5	1
8	3	1	2	5	9	6	7	4
4	5	2	1	7	6	3	8	9
1	8	4	3	9	2	7	6	5
5	2	7	8	6	4	9	1	3
3	9	6	7	1	5	4	2	8
2	4	3	5	8	7	1	9	6
9	1	8	6	2	3	5	4	7
7	6	5	9	4	1	8	3	2

Puzzle 141

9	4	8	3	2	7	6	5	1
3	5	6	9	1	8	2	4	7
2	7	1	6	5	4	8	3	9
6	2	9	5	3	1	4	7	8
7	1	3	4	8	9	5	6	2
4	8	5	2	7	6	9	1	3
8	6	7	1	9	5	3	2	4
1	3	4	8	6	2	7	9	5
5	9	2	7	4	3	1	8	6

Puzzle 142

4	5	2	9	7	6	8	3	1
7	6	3	4	1	8	9	5	2
1	9	8	3	2	5	4	7	6
5	4	6	2	3	1	7	8	9
8	2	9	6	5	7	3	1	4
3	1	7	8	9	4	2	6	5
9	8	1	7	6	2	5	4	3
6	3	4	5	8	9	1	2	7
2	7	5	1	4	3	6	9	8

Puzzle 143

3	7	4	8	6	1	9	2	5
1	9	2	5	7	4	8	3	6
8	6	5	9	2	3	1	4	7
4	3	9	1	5	8	7	6	2
6	8	1	7	4	2	3	5	9
2	5	7	3	9	6	4	1	8
5	4	3	2	8	7	6	9	1
7	2	6	4	1	9	5	8	3
9	1	8	6	3	5	2	7	4

Puzzle 144

1	7	9	2	4	8	6	5	3
4	8	5	9	3	6	1	7	2
6	2	3	7	5	1	8	9	4
2	5	1	3	9	7	4	6	8
8	3	7	5	6	4	9	2	1
9	4	6	1	8	2	7	3	5
7	1	4	6	2	3	5	8	9
3	9	8	4	7	5	2	1	6
5	6	2	8	1	9	3	4	7

Puzzle 145

1	8	2	5	6	7	9	3	4
5	4	7	9	2	3	6	1	8
6	9	3	1	8	4	2	5	7
9	5	4	8	3	2	1	7	6
3	7	8	4	1	6	5	9	2
2	6	1	7	5	9	8	4	3
8	2	5	3	7	1	4	6	9
7	1	9	6	4	8	3	2	5
4	3	6	2	9	5	7	8	1

Puzzle 146

9	4	5	2	1	3	8	6	7
8	1	2	6	5	7	9	4	3
3	7	6	4	9	8	2	1	5
5	8	7	9	4	1	3	2	6
4	2	3	7	6	5	1	8	9
1	6	9	8	3	2	7	5	4
2	9	1	5	7	4	6	3	8
7	3	4	1	8	6	5	9	2
6	5	8	3	2	9	4	7	1

Puzzle 147

6	2	5	9	3	8	1	4	7
1	8	3	4	6	7	5	2	9
9	4	7	2	5	1	8	3	6
5	3	8	7	1	9	4	6	2
7	1	9	6	2	4	3	8	5
2	6	4	5	8	3	7	9	1
4	7	6	3	9	5	2	1	8
8	5	2	1	4	6	9	7	3
3	9	1	8	7	2	6	5	4

Puzzle 148

1	6	7	3	8	9	5	2	4
4	3	8	5	1	2	6	9	7
2	9	5	7	4	6	8	1	3
8	2	3	9	5	7	4	6	1
6	7	9	1	2	4	3	5	8
5	4	1	6	3	8	2	7	9
7	5	6	4	9	3	1	8	2
3	1	2	8	7	5	9	4	6
9	8	4	2	6	1	7	3	5

Puzzle 149

2	5	4	3	7	1	9	8	6
6	9	7	5	4	8	3	2	1
3	1	8	2	6	9	4	5	7
7	6	2	8	5	3	1	9	4
9	4	5	6	1	7	8	3	2
8	3	1	9	2	4	7	6	5
1	8	6	4	9	5	2	7	3
5	7	9	1	3	2	6	4	8
4	2	3	7	8	6	5	1	9

Puzzle 150

7	2	1	4	5	6	9	3	8
5	9	8	2	1	3	4	7	6
3	4	6	8	9	7	5	1	2
8	6	5	7	4	2	1	9	3
2	3	9	5	8	1	7	6	4
4	1	7	6	3	9	2	8	5
6	7	4	9	2	8	3	5	1
9	5	3	1	6	4	8	2	7
1	8	2	3	7	5	6	4	9

Puzzle 151

7	2	6	9	8	3	4	1	5
4	8	5	6	1	2	3	9	7
9	3	1	4	5	7	8	2	6
1	9	4	3	6	8	5	7	2
6	7	2	1	4	5	9	8	3
8	5	3	7	2	9	1	6	4
2	6	8	5	3	1	7	4	9
3	1	7	2	9	4	6	5	8
5	4	9	8	7	6	2	3	1

Puzzle 152

4	8	3	9	5	7	1	2	6
7	1	2	6	3	8	9	4	5
6	9	5	4	1	2	8	7	3
1	7	9	3	4	5	6	8	2
2	6	8	7	9	1	3	5	4
3	5	4	2	8	6	7	9	1
5	2	6	1	7	9	4	3	8
8	3	7	5	6	4	2	1	9
9	4	1	8	2	3	5	6	7

Puzzle 153

9	5	7	8	3	1	4	6	2
4	2	1	6	5	9	8	7	3
8	3	6	7	4	2	9	5	1
1	7	8	5	9	6	3	2	4
3	4	5	1	2	8	6	9	7
6	9	2	3	7	4	1	8	5
7	1	3	9	6	5	2	4	8
5	6	4	2	8	3	7	1	9
2	8	9	4	1	7	5	3	6

Puzzle 154

1	6	2	5	9	7	3	4	8
4	5	7	2	8	3	1	9	6
9	3	8	1	4	6	7	2	5
3	2	6	9	5	1	4	8	7
5	4	1	8	7	2	6	3	9
7	8	9	3	6	4	2	5	1
6	1	5	4	2	8	9	7	3
8	7	4	6	3	9	5	1	2
2	9	3	7	1	5	8	6	4

Puzzle 155

4	2	7	8	1	3	9	6	5
3	5	8	7	6	9	2	4	1
6	9	1	5	4	2	3	8	7
5	3	9	4	8	7	6	1	2
2	8	4	6	3	1	7	5	9
1	7	6	9	2	5	8	3	4
9	6	2	3	5	4	1	7	8
8	1	5	2	7	6	4	9	3
7	4	3	1	9	8	5	2	6

Puzzle 156

9	5	6	2	1	8	4	3	7
7	4	2	9	5	3	1	8	6
1	3	8	4	7	6	9	2	5
2	1	7	8	6	9	3	5	4
4	8	5	1	3	2	6	7	9
3	6	9	5	4	7	8	1	2
5	7	4	3	9	1	2	6	8
6	2	3	7	8	4	5	9	1
8	9	1	6	2	5	7	4	3

Puzzle 157

2	1	7	8	3	9	4	5	6
9	5	4	7	2	6	8	1	3
3	8	6	5	4	1	7	9	2
5	9	1	4	6	2	3	8	7
6	4	8	1	7	3	9	2	5
7	3	2	9	5	8	1	6	4
8	6	5	3	9	4	2	7	1
4	7	9	2	1	5	6	3	8
1	2	3	6	8	7	5	4	9

Puzzle 158

6	9	5	8	3	7	2	1	4
8	4	7	5	1	2	9	3	6
2	3	1	4	9	6	5	7	8
5	7	8	9	4	3	6	2	1
3	6	4	7	2	1	8	9	5
1	2	9	6	8	5	3	4	7
9	1	6	3	5	4	7	8	2
4	5	3	2	7	8	1	6	9
7	8	2	1	6	9	4	5	3

Puzzle 159

1	7	2	4	8	6	3	9	5
5	8	9	1	3	2	7	6	4
4	3	6	5	9	7	2	1	8
2	9	4	8	7	5	1	3	6
8	1	3	9	6	4	5	2	7
7	6	5	3	2	1	8	4	9
6	5	7	2	4	3	9	8	1
9	2	1	6	5	8	4	7	3
3	4	8	7	1	9	6	5	2

Puzzle 160

9	4	3	8	2	7	5	6	1
2	7	1	6	5	4	8	3	9
6	5	8	3	1	9	4	2	7
8	2	9	5	4	1	6	7	3
3	6	5	7	9	8	1	4	2
4	1	7	2	3	6	9	8	5
5	8	6	9	7	2	3	1	4
1	9	2	4	6	3	7	5	8
7	3	4	1	8	5	2	9	6

Puzzle 161

4	8	2	5	7	6	1	3	9
1	6	7	8	9	3	4	2	5
5	3	9	2	4	1	7	6	8
8	7	1	9	3	4	2	5	6
3	9	5	1	6	2	8	7	4
6	2	4	7	8	5	3	9	1
9	4	8	3	5	7	6	1	2
2	5	3	6	1	8	9	4	7
7	1	6	4	2	9	5	8	3

Puzzle 162

9	5	8	2	6	3	1	7	4
1	6	2	5	7	4	9	8	3
7	4	3	9	1	8	6	5	2
6	1	9	7	8	2	3	4	5
8	2	5	3	4	1	7	6	9
4	3	7	6	9	5	8	2	1
5	7	1	8	2	9	4	3	6
2	9	6	4	3	7	5	1	8
3	8	4	1	5	6	2	9	7

Puzzle 163

8	2	6	9	4	3	1	7	5
7	1	4	8	2	5	6	3	9
9	5	3	7	1	6	8	4	2
2	9	7	1	8	4	3	5	6
3	4	1	6	5	9	2	8	7
5	6	8	3	7	2	9	1	4
4	8	2	5	6	1	7	9	3
6	7	9	4	3	8	5	2	1
1	3	5	2	9	7	4	6	8

Puzzle 164

5	6	7	8	9	4	1	2	3
9	8	3	1	7	2	6	4	5
1	2	4	3	6	5	7	9	8
4	9	1	6	8	7	5	3	2
8	3	5	2	4	1	9	7	6
6	7	2	9	5	3	4	8	1
2	1	9	4	3	6	8	5	7
7	4	6	5	2	8	3	1	9
3	5	8	7	1	9	2	6	4

Puzzle 165

3	4	7	1	6	8	2	5	9
5	1	2	4	3	9	8	6	7
6	9	8	2	5	7	3	1	4
2	7	4	8	9	1	6	3	5
1	6	9	3	4	5	7	2	8
8	5	3	6	7	2	4	9	1
7	8	5	9	2	3	1	4	6
4	2	1	5	8	6	9	7	3
9	3	6	7	1	4	5	8	2

Puzzle 166

4	6	1	8	9	3	7	5	2
3	8	5	2	7	1	9	4	6
9	7	2	6	4	5	8	3	1
1	3	9	7	6	2	5	8	4
8	5	7	4	1	9	2	6	3
2	4	6	5	3	8	1	7	9
5	9	3	1	8	4	6	2	7
7	2	4	9	5	6	3	1	8
6	1	8	3	2	7	4	9	5

Puzzle 167

5	3	8	7	2	9	4	1	6
1	6	4	5	8	3	9	2	7
7	2	9	4	1	6	5	3	8
3	8	7	9	6	1	2	5	4
2	4	5	8	3	7	6	9	1
9	1	6	2	4	5	7	8	3
8	5	2	1	7	4	3	6	9
6	7	1	3	9	2	8	4	5
4	9	3	6	5	8	1	7	2

Puzzle 168

8	2	7	6	1	9	5	3	4
4	9	1	2	5	3	8	6	7
5	3	6	4	8	7	2	9	1
7	6	8	3	9	2	4	1	5
3	4	9	1	7	5	6	2	8
1	5	2	8	4	6	3	7	9
2	7	4	5	3	1	9	8	6
9	8	3	7	6	4	1	5	2
6	1	5	9	2	8	7	4	3

Puzzle 169

5	9	6	2	1	8	3	4	7
8	3	2	4	5	7	9	6	1
1	4	7	9	3	6	8	2	5
3	5	1	6	7	2	4	8	9
2	8	4	1	9	5	7	3	6
6	7	9	3	8	4	5	1	2
4	1	3	5	6	9	2	7	8
7	2	5	8	4	1	6	9	3
9	6	8	7	2	3	1	5	4

Puzzle 170

1	6	9	3	4	8	7	5	2
3	8	7	1	5	2	9	6	4
5	2	4	9	6	7	1	8	3
7	5	2	6	1	3	4	9	8
4	3	8	2	7	9	5	1	6
6	9	1	4	8	5	3	2	7
9	7	5	8	3	6	2	4	1
2	1	6	7	9	4	8	3	5
8	4	3	5	2	1	6	7	9

Puzzle 171

4	2	7	8	9	6	1	5	3
3	9	8	5	1	4	6	2	7
6	1	5	7	3	2	4	9	8
2	6	1	4	8	3	9	7	5
5	7	3	2	6	9	8	1	4
9	8	4	1	7	5	3	6	2
8	4	9	6	2	7	5	3	1
1	3	2	9	5	8	7	4	6
7	5	6	3	4	1	2	8	9

Puzzle 172

4	8	3	9	5	1	6	7	2
7	1	6	8	4	2	3	5	9
2	9	5	3	7	6	8	1	4
9	2	4	1	8	5	7	3	6
5	7	1	6	2	3	4	9	8
6	3	8	7	9	4	5	2	1
3	5	2	4	1	8	9	6	7
1	4	7	5	6	9	2	8	3
8	6	9	2	3	7	1	4	5

Puzzle 173

3	2	7	4	6	9	5	1	8
6	9	8	1	5	7	2	3	4
5	4	1	2	8	3	9	6	7
1	6	2	3	4	5	8	7	9
9	5	3	8	7	2	1	4	6
8	7	4	9	1	6	3	2	5
4	1	9	6	3	8	7	5	2
7	8	6	5	2	1	4	9	3
2	3	5	7	9	4	6	8	1

Puzzle 174

8	7	4	3	9	1	2	6	5
6	5	1	7	2	4	8	9	3
3	2	9	8	5	6	4	1	7
4	1	8	6	3	5	9	7	2
7	9	2	1	4	8	3	5	6
5	6	3	9	7	2	1	8	4
2	8	6	4	1	7	5	3	9
9	4	7	5	8	3	6	2	1
1	3	5	2	6	9	7	4	8

Puzzle 175

4	8	6	9	1	3	5	2	7
5	1	9	4	2	7	6	8	3
3	7	2	8	5	6	1	4	9
7	6	8	2	4	9	3	1	5
2	4	5	7	3	1	9	6	8
1	9	3	5	6	8	2	7	4
8	2	1	3	7	5	4	9	6
9	5	4	6	8	2	7	3	1
6	3	7	1	9	4	8	5	2

Puzzle 176

9	6	3	5	8	7	2	4	1
1	2	8	4	9	3	6	5	7
4	7	5	2	1	6	8	9	3
3	8	9	6	7	2	5	1	4
2	4	6	1	3	5	7	8	9
5	1	7	9	4	8	3	6	2
6	3	4	7	5	1	9	2	8
8	5	1	3	2	9	4	7	6
7	9	2	8	6	4	1	3	5

Puzzle 177

4	9	1	2	6	3	8	5	7
8	6	7	5	9	4	1	2	3
3	2	5	1	8	7	9	6	4
9	4	6	7	3	2	5	8	1
2	1	8	6	4	5	3	7	9
7	5	3	8	1	9	6	4	2
1	3	2	4	5	6	7	9	8
6	7	9	3	2	8	4	1	5
5	8	4	9	7	1	2	3	6

Puzzle 178

7	9	4	3	6	5	8	1	2
5	3	2	7	1	8	9	4	6
8	1	6	2	4	9	5	7	3
9	5	8	1	2	7	6	3	4
4	7	3	9	8	6	1	2	5
6	2	1	5	3	4	7	9	8
3	8	9	6	7	2	4	5	1
1	6	5	4	9	3	2	8	7
2	4	7	8	5	1	3	6	9

Puzzle 179

5	8	9	3	6	1	2	4	7
2	4	1	7	5	8	3	6	9
6	3	7	9	2	4	5	1	8
4	9	6	2	7	5	1	8	3
3	7	5	1	8	9	4	2	6
1	2	8	6	4	3	9	7	5
7	1	3	4	9	6	8	5	2
9	5	2	8	1	7	6	3	4
8	6	4	5	3	2	7	9	1

Puzzle 180

7	1	6	8	4	2	9	5	3
8	5	9	3	7	1	6	4	2
4	3	2	6	9	5	1	7	8
1	7	3	9	2	4	5	8	6
6	9	8	1	5	3	7	2	4
2	4	5	7	8	6	3	9	1
5	6	7	4	1	8	2	3	9
9	8	1	2	3	7	4	6	5
3	2	4	5	6	9	8	1	7

Puzzle 181

4	5	6	2	8	3	1	7	9
7	8	9	1	6	5	3	2	4
2	3	1	7	4	9	8	6	5
3	6	7	5	9	1	2	4	8
9	2	8	4	3	6	5	1	7
1	4	5	8	7	2	9	3	6
6	7	2	3	5	8	4	9	1
5	1	4	9	2	7	6	8	3
8	9	3	6	1	4	7	5	2

Puzzle 182

1	3	4	9	6	5	7	8	2
5	7	8	4	2	1	9	6	3
6	2	9	3	8	7	1	4	5
4	1	6	8	9	2	5	3	7
8	5	7	6	1	3	4	2	9
3	9	2	5	7	4	8	1	6
7	8	5	1	3	6	2	9	4
2	6	1	7	4	9	3	5	8
9	4	3	2	5	8	6	7	1

Puzzle 183

3	9	5	8	4	7	6	1	2
2	4	8	1	5	6	3	7	9
7	1	6	3	2	9	4	8	5
1	7	2	6	8	4	5	9	3
9	8	4	2	3	5	7	6	1
5	6	3	7	9	1	2	4	8
8	3	7	4	1	2	9	5	6
4	5	1	9	6	3	8	2	7
6	2	9	5	7	8	1	3	4

Puzzle 184

9	3	1	8	4	5	6	7	2
7	8	2	3	9	6	1	4	5
5	6	4	7	1	2	9	3	8
4	7	6	2	8	1	3	5	9
8	2	9	4	5	3	7	6	1
1	5	3	9	6	7	2	8	4
3	4	8	6	2	9	5	1	7
2	1	7	5	3	8	4	9	6
6	9	5	1	7	4	8	2	3

Puzzle 185

2	3	7	5	9	6	1	4	8
6	1	9	4	7	8	5	2	3
5	4	8	3	1	2	7	9	6
1	5	6	8	4	3	9	7	2
4	9	2	7	6	5	8	3	1
8	7	3	9	2	1	4	6	5
7	8	5	2	3	9	6	1	4
3	6	4	1	8	7	2	5	9
9	2	1	6	5	4	3	8	7

Puzzle 186

7	2	8	1	4	5	9	3	6
3	9	1	7	2	6	8	5	4
5	4	6	9	8	3	2	1	7
4	7	2	5	3	9	1	6	8
8	1	9	4	6	2	3	7	5
6	3	5	8	7	1	4	9	2
9	6	7	2	1	8	5	4	3
2	5	3	6	9	4	7	8	1
1	8	4	3	5	7	6	2	9

Puzzle 187

4	8	2	6	1	7	3	9	5
9	5	6	8	4	3	2	1	7
3	7	1	5	9	2	8	4	6
5	9	8	7	6	1	4	3	2
6	2	7	4	3	9	1	5	8
1	3	4	2	8	5	6	7	9
8	4	5	1	7	6	9	2	3
2	1	3	9	5	8	7	6	4
7	6	9	3	2	4	5	8	1

Puzzle 188

1	4	7	9	2	8	6	5	3
6	5	2	4	1	3	7	9	8
3	9	8	6	7	5	1	2	4
4	1	6	8	3	2	5	7	9
2	3	5	7	4	9	8	1	6
7	8	9	1	5	6	4	3	2
9	2	4	5	6	1	3	8	7
8	7	1	3	9	4	2	6	5
5	6	3	2	8	7	9	4	1

Puzzle 189

6	9	3	7	4	8	5	2	1
7	2	1	5	3	9	8	6	4
8	5	4	6	2	1	3	9	7
4	7	6	3	1	5	2	8	9
3	8	5	2	9	4	1	7	6
9	1	2	8	7	6	4	3	5
5	4	7	9	8	2	6	1	3
2	6	9	1	5	3	7	4	8
1	3	8	4	6	7	9	5	2

Puzzle 190

7	1	3	8	4	6	5	9	2
4	5	6	9	7	2	8	3	1
9	8	2	3	5	1	4	7	6
1	3	7	6	9	4	2	5	8
6	4	5	7	2	8	9	1	3
8	2	9	1	3	5	6	4	7
3	6	1	4	8	9	7	2	5
5	7	4	2	6	3	1	8	9
2	9	8	5	1	7	3	6	4

Puzzle 191

4	1	3	5	2	9	6	7	8
8	6	9	7	4	1	3	2	5
5	7	2	3	6	8	4	9	1
9	5	1	4	7	3	8	6	2
7	8	6	2	9	5	1	4	3
2	3	4	8	1	6	7	5	9
3	4	8	6	5	2	9	1	7
1	2	7	9	3	4	5	8	6
6	9	5	1	8	7	2	3	4

Puzzle 192

7	9	6	2	4	5	1	8	3
2	5	3	8	7	1	6	9	4
4	8	1	6	9	3	5	7	2
8	4	2	1	3	7	9	5	6
3	1	9	5	6	4	7	2	8
6	7	5	9	2	8	4	3	1
1	2	7	3	5	6	8	4	9
5	3	8	4	1	9	2	6	7
9	6	4	7	8	2	3	1	5

Puzzle 193

6	4	9	2	5	3	7	8	1
8	5	2	7	1	4	3	6	9
1	7	3	6	8	9	5	4	2
2	8	1	3	9	7	4	5	6
7	3	6	5	4	2	9	1	8
5	9	4	1	6	8	2	7	3
4	6	5	9	3	1	8	2	7
9	1	7	8	2	5	6	3	4
3	2	8	4	7	6	1	9	5

Puzzle 194

8	6	4	9	7	3	5	1	2
3	7	1	8	2	5	9	6	4
2	9	5	1	4	6	8	3	7
7	3	6	4	1	8	2	9	5
5	4	8	3	9	2	6	7	1
9	1	2	6	5	7	3	4	8
6	2	9	7	8	1	4	5	3
1	5	3	2	6	4	7	8	9
4	8	7	5	3	9	1	2	6

Puzzle 195

2	9	5	6	7	8	3	1	4
1	4	6	3	5	9	8	2	7
8	7	3	1	4	2	5	6	9
3	8	4	5	2	1	7	9	6
7	1	9	8	6	4	2	5	3
5	6	2	7	9	3	4	8	1
6	2	7	9	3	5	1	4	8
4	3	1	2	8	6	9	7	5
9	5	8	4	1	7	6	3	2

Puzzle 196

6	4	9	5	8	2	7	1	3
8	7	3	9	4	1	6	2	5
2	5	1	3	7	6	4	8	9
3	6	4	2	1	9	5	7	8
9	1	5	7	3	8	2	6	4
7	2	8	6	5	4	3	9	1
4	9	6	1	2	5	8	3	7
1	8	7	4	6	3	9	5	2
5	3	2	8	9	7	1	4	6

Puzzle 197

8	6	1	3	5	2	7	4	9
7	5	3	4	1	9	6	8	2
2	9	4	7	6	8	3	1	5
6	7	8	2	3	4	5	9	1
5	3	9	6	8	1	2	7	4
1	4	2	5	9	7	8	3	6
9	2	6	1	7	3	4	5	8
3	1	5	8	4	6	9	2	7
4	8	7	9	2	5	1	6	3

Puzzle 198

3	4	2	9	1	7	5	6	8
9	1	7	8	5	6	4	2	3
8	6	5	3	2	4	1	7	9
6	2	4	1	8	9	3	5	7
5	8	1	2	7	3	6	9	4
7	9	3	4	6	5	8	1	2
4	5	8	6	9	2	7	3	1
1	7	9	5	3	8	2	4	6
2	3	6	7	4	1	9	8	5

Puzzle 199

4	3	2	8	9	6	5	7	1
5	8	6	7	3	1	9	4	2
1	7	9	2	4	5	3	8	6
2	4	5	9	6	7	8	1	3
9	6	7	1	8	3	2	5	4
3	1	8	5	2	4	6	9	7
7	9	4	6	5	2	1	3	8
6	5	3	4	1	8	7	2	9
8	2	1	3	7	9	4	6	5

Puzzle 200

9	8	7	4	5	1	2	6	3
4	3	2	7	8	6	9	1	5
1	6	5	2	9	3	7	8	4
3	4	8	9	6	5	1	7	2
2	9	1	8	3	7	4	5	6
5	7	6	1	2	4	3	9	8
6	1	9	3	4	8	5	2	7
8	2	4	5	7	9	6	3	1
7	5	3	6	1	2	8	4	9

Puzzle 201

5	6	7	9	1	3	4	2	8
3	9	2	5	4	8	7	6	1
8	1	4	7	2	6	9	3	5
1	7	6	3	5	9	8	4	2
4	8	3	1	6	2	5	9	7
2	5	9	8	7	4	3	1	6
7	2	1	4	3	5	6	8	9
6	4	8	2	9	7	1	5	3
9	3	5	6	8	1	2	7	4

Puzzle 202

8	7	2	1	3	4	6	5	9
4	5	3	8	6	9	2	7	1
6	9	1	2	7	5	8	3	4
9	1	6	4	5	8	7	2	3
2	4	5	7	9	3	1	6	8
7	3	8	6	2	1	4	9	5
3	8	7	9	4	6	5	1	2
1	2	9	5	8	7	3	4	6
5	6	4	3	1	2	9	8	7

Puzzle 203

8	9	5	7	3	4	2	1	6
3	4	2	6	1	9	8	5	7
7	6	1	5	8	2	9	3	4
5	2	3	4	9	1	6	7	8
4	7	9	3	6	8	5	2	1
1	8	6	2	7	5	4	9	3
2	5	7	8	4	3	1	6	9
6	1	8	9	5	7	3	4	2
9	3	4	1	2	6	7	8	5

Puzzle 204

5	7	6	3	1	4	9	8	2
3	2	4	8	9	5	7	1	6
8	1	9	6	7	2	5	4	3
6	3	2	4	5	9	8	7	1
1	4	8	2	3	7	6	5	9
9	5	7	1	6	8	3	2	4
4	6	3	5	8	1	2	9	7
7	8	1	9	2	3	4	6	5
2	9	5	7	4	6	1	3	8

Puzzle 205

1	3	8	5	6	9	7	2	4
5	6	9	4	2	7	3	1	8
7	2	4	8	3	1	5	6	9
6	8	5	9	1	3	2	4	7
3	9	1	7	4	2	6	8	5
2	4	7	6	8	5	9	3	1
8	5	2	3	7	4	1	9	6
9	1	6	2	5	8	4	7	3
4	7	3	1	9	6	8	5	2

Puzzle 206

9	4	6	8	7	1	3	2	5
8	3	2	6	5	9	1	4	7
7	5	1	3	4	2	6	8	9
6	2	7	1	3	4	9	5	8
4	1	8	7	9	5	2	6	3
3	9	5	2	8	6	4	7	1
5	6	3	4	1	7	8	9	2
1	7	4	9	2	8	5	3	6
2	8	9	5	6	3	7	1	4

Puzzle 207

5	2	3	9	6	8	7	1	4
9	6	7	5	1	4	8	2	3
8	4	1	7	2	3	9	5	6
4	9	8	2	7	6	1	3	5
2	1	5	4	3	9	6	8	7
3	7	6	8	5	1	2	4	9
1	3	2	6	9	5	4	7	8
7	8	9	3	4	2	5	6	1
6	5	4	1	8	7	3	9	2

Puzzle 208

7	6	5	9	3	1	4	2	8
9	3	8	7	2	4	6	1	5
2	1	4	5	8	6	3	7	9
4	9	7	2	1	8	5	3	6
3	8	6	4	7	5	1	9	2
5	2	1	6	9	3	8	4	7
8	5	9	3	4	2	7	6	1
1	7	3	8	6	9	2	5	4
6	4	2	1	5	7	9	8	3

Puzzle 209

1	8	3	9	6	7	4	2	5
5	7	9	1	2	4	3	8	6
6	2	4	3	8	5	1	7	9
8	6	7	5	4	3	2	9	1
3	1	2	8	9	6	5	4	7
9	4	5	7	1	2	6	3	8
7	3	6	2	5	9	8	1	4
2	5	8	4	7	1	9	6	3
4	9	1	6	3	8	7	5	2

Puzzle 210

3	1	2	5	6	8	9	7	4
4	6	5	3	9	7	8	1	2
9	7	8	2	4	1	6	5	3
1	8	7	4	2	3	5	9	6
5	4	6	7	1	9	2	3	8
2	3	9	6	8	5	7	4	1
7	5	4	8	3	6	1	2	9
8	9	3	1	5	2	4	6	7
6	2	1	9	7	4	3	8	5

Puzzle 211

6	3	5	2	1	8	9	7	4
1	4	9	6	5	7	2	3	8
7	8	2	4	9	3	1	5	6
2	5	4	1	8	9	3	6	7
9	1	3	7	4	6	8	2	5
8	6	7	5	3	2	4	1	9
4	2	6	8	7	1	5	9	3
5	9	1	3	6	4	7	8	2
3	7	8	9	2	5	6	4	1

Puzzle 212

5	8	4	7	9	2	1	3	6
3	7	9	8	6	1	4	2	5
2	1	6	5	4	3	9	7	8
1	9	7	3	2	8	5	6	4
4	2	5	9	7	6	8	1	3
8	6	3	4	1	5	7	9	2
7	3	1	2	8	4	6	5	9
6	4	2	1	5	9	3	8	7
9	5	8	6	3	7	2	4	1

Puzzle 213

7	3	8	2	4	1	6	5	9
9	5	4	6	8	3	1	7	2
1	6	2	7	5	9	4	8	3
5	4	6	3	9	7	2	1	8
8	1	9	5	6	2	7	3	4
3	2	7	4	1	8	9	6	5
6	7	3	8	2	4	5	9	1
2	9	5	1	3	6	8	4	7
4	8	1	9	7	5	3	2	6

Puzzle 214

9	2	7	4	6	5	3	8	1
1	8	5	7	2	3	4	6	9
3	6	4	9	1	8	7	2	5
4	1	2	6	3	7	5	9	8
5	7	9	2	8	1	6	4	3
6	3	8	5	9	4	2	1	7
2	5	3	8	4	9	1	7	6
7	9	6	1	5	2	8	3	4
8	4	1	3	7	6	9	5	2

Puzzle 215

4	8	7	9	1	5	3	6	2
5	6	2	4	7	3	1	9	8
1	3	9	6	2	8	7	5	4
7	4	3	1	9	2	5	8	6
6	9	1	8	5	7	4	2	3
8	2	5	3	6	4	9	7	1
3	7	4	2	8	9	6	1	5
9	1	8	5	4	6	2	3	7
2	5	6	7	3	1	8	4	9

Puzzle 216

9	7	4	1	6	8	2	5	3
6	1	5	9	3	2	4	8	7
8	3	2	4	7	5	6	1	9
7	2	3	6	1	9	5	4	8
1	9	8	3	5	4	7	2	6
5	4	6	8	2	7	3	9	1
4	5	1	7	8	3	9	6	2
2	8	7	5	9	6	1	3	4
3	6	9	2	4	1	8	7	5

Puzzle 217

8	7	2	6	5	9	1	4	3
1	3	9	4	7	2	5	8	6
6	4	5	1	8	3	7	2	9
4	9	7	2	3	6	8	5	1
2	6	8	5	9	1	4	3	7
5	1	3	8	4	7	9	6	2
7	5	1	3	6	8	2	9	4
3	2	4	9	1	5	6	7	8
9	8	6	7	2	4	3	1	5

Puzzle 218

4	1	7	5	9	3	8	6	2
5	9	8	4	6	2	3	7	1
3	6	2	1	7	8	9	4	5
6	8	9	3	5	1	4	2	7
7	3	1	9	2	4	6	5	8
2	4	5	7	8	6	1	3	9
9	7	3	6	1	5	2	8	4
8	5	6	2	4	9	7	1	3
1	2	4	8	3	7	5	9	6

Puzzle 219

8	9	2	3	1	6	5	4	7
1	5	7	2	9	4	6	3	8
6	3	4	7	5	8	2	1	9
4	2	5	9	8	7	3	6	1
7	6	1	5	4	3	8	9	2
3	8	9	6	2	1	7	5	4
2	7	3	1	6	9	4	8	5
5	1	8	4	3	2	9	7	6
9	4	6	8	7	5	1	2	3

Puzzle 220

2	8	1	6	4	3	5	7	9
9	6	4	8	5	7	3	2	1
3	5	7	1	2	9	6	8	4
8	4	6	2	9	5	7	1	3
7	3	9	4	8	1	2	6	5
5	1	2	7	3	6	9	4	8
1	9	8	3	7	2	4	5	6
6	2	5	9	1	4	8	3	7
4	7	3	5	6	8	1	9	2

Puzzle 221

9	3	6	8	1	7	2	4	5
1	8	2	9	5	4	7	6	3
7	4	5	3	6	2	8	9	1
6	5	8	2	3	9	4	1	7
4	9	7	6	8	1	3	5	2
3	2	1	4	7	5	6	8	9
5	1	3	7	4	6	9	2	8
2	7	4	1	9	8	5	3	6
8	6	9	5	2	3	1	7	4

Puzzle 222

1	6	9	3	5	8	7	4	2
5	7	8	4	6	2	9	1	3
4	3	2	9	7	1	6	5	8
2	5	6	7	1	9	3	8	4
3	8	4	5	2	6	1	9	7
9	1	7	8	4	3	5	2	6
6	9	3	2	8	5	4	7	1
8	4	1	6	9	7	2	3	5
7	2	5	1	3	4	8	6	9

Puzzle 223

4	6	9	2	5	7	1	8	3
1	2	7	3	4	8	6	5	9
5	3	8	1	6	9	7	4	2
2	1	4	6	3	5	8	9	7
6	7	5	8	9	4	2	3	1
8	9	3	7	2	1	5	6	4
3	8	6	4	7	2	9	1	5
9	4	2	5	1	6	3	7	8
7	5	1	9	8	3	4	2	6

Puzzle 224

7	3	4	2	1	6	5	9	8
2	5	9	4	8	3	1	7	6
8	6	1	5	9	7	4	2	3
9	4	6	3	7	8	2	1	5
3	7	5	9	2	1	6	8	4
1	8	2	6	5	4	7	3	9
6	9	3	1	4	2	8	5	7
5	2	8	7	6	9	3	4	1
4	1	7	8	3	5	9	6	2

Puzzle 225

1	7	5	6	9	4	8	2	3
8	9	3	2	1	5	4	7	6
2	6	4	7	8	3	9	5	1
6	5	9	1	4	7	3	8	2
3	1	2	9	5	8	7	6	4
7	4	8	3	6	2	5	1	9
4	2	1	5	7	9	6	3	8
5	8	6	4	3	1	2	9	7
9	3	7	8	2	6	1	4	5

Puzzle 226

3	9	1	8	2	7	5	4	6
6	2	7	5	4	1	8	9	3
8	5	4	6	9	3	2	7	1
9	3	5	4	6	2	7	1	8
2	4	8	1	7	5	6	3	9
7	1	6	3	8	9	4	2	5
4	8	2	9	1	6	3	5	7
1	7	3	2	5	8	9	6	4
5	6	9	7	3	4	1	8	2

Puzzle 227

6	1	8	5	4	2	7	9	3
7	9	3	1	6	8	5	4	2
2	4	5	9	3	7	6	8	1
9	6	1	3	8	5	4	2	7
8	3	2	7	1	4	9	6	5
4	5	7	6	2	9	3	1	8
5	7	4	2	9	1	8	3	6
1	8	6	4	5	3	2	7	9
3	2	9	8	7	6	1	5	4

Puzzle 228

4	7	9	5	3	2	6	8	1
8	3	1	6	4	9	5	7	2
5	2	6	8	7	1	9	4	3
6	9	4	3	8	5	2	1	7
3	8	5	2	1	7	4	9	6
2	1	7	4	9	6	3	5	8
7	4	8	9	2	3	1	6	5
9	5	2	1	6	8	7	3	4
1	6	3	7	5	4	8	2	9

Puzzle 229

4	8	7	3	1	5	6	2	9
3	6	1	7	9	2	4	8	5
9	2	5	4	8	6	7	3	1
8	7	9	1	4	3	2	5	6
1	4	6	5	2	9	3	7	8
2	5	3	6	7	8	1	9	4
5	1	8	2	3	4	9	6	7
7	9	2	8	6	1	5	4	3
6	3	4	9	5	7	8	1	2

Puzzle 230

8	1	9	3	2	7	6	4	5
3	4	6	8	1	5	9	7	2
5	7	2	4	6	9	8	3	1
7	6	3	5	8	4	2	1	9
4	5	8	1	9	2	7	6	3
2	9	1	7	3	6	4	5	8
9	8	5	6	7	3	1	2	4
1	3	7	2	4	8	5	9	6
6	2	4	9	5	1	3	8	7

Puzzle 231

1	4	5	3	7	6	9	2	8
9	6	7	1	8	2	4	3	5
3	2	8	4	5	9	6	1	7
4	8	9	7	6	1	2	5	3
2	3	1	8	4	5	7	6	9
7	5	6	2	9	3	1	8	4
8	9	2	5	1	4	3	7	6
6	7	3	9	2	8	5	4	1
5	1	4	6	3	7	8	9	2

Puzzle 232

3	1	9	8	2	7	5	6	4
8	2	5	3	6	4	1	7	9
7	6	4	1	9	5	8	2	3
1	9	3	4	7	2	6	8	5
6	5	8	9	3	1	7	4	2
2	4	7	5	8	6	3	9	1
9	8	6	2	1	3	4	5	7
4	3	2	7	5	8	9	1	6
5	7	1	6	4	9	2	3	8

Puzzle 233

5	6	3	7	8	9	2	4	1
7	9	8	2	4	1	5	3	6
2	1	4	3	5	6	9	8	7
1	7	6	5	2	4	3	9	8
8	5	9	6	3	7	1	2	4
3	4	2	1	9	8	7	6	5
9	8	5	4	1	3	6	7	2
4	2	7	9	6	5	8	1	3
6	3	1	8	7	2	4	5	9

Puzzle 234

5	3	6	8	7	1	2	9	4
9	4	2	5	3	6	1	7	8
8	7	1	2	4	9	3	5	6
3	5	9	4	8	7	6	1	2
7	2	4	1	6	3	5	8	9
6	1	8	9	5	2	4	3	7
4	9	3	6	1	8	7	2	5
1	8	5	7	2	4	9	6	3
2	6	7	3	9	5	8	4	1

Puzzle 235

8	9	7	2	3	1	5	6	4
3	5	6	9	8	4	7	2	1
4	1	2	6	7	5	9	3	8
9	2	8	1	5	3	6	4	7
5	6	4	7	9	8	3	1	2
7	3	1	4	6	2	8	9	5
1	8	9	3	2	7	4	5	6
2	7	3	5	4	6	1	8	9
6	4	5	8	1	9	2	7	3

Puzzle 236

5	3	1	9	4	6	8	2	7
6	8	2	3	5	7	9	4	1
7	4	9	2	1	8	5	3	6
3	2	7	5	8	4	6	1	9
4	5	8	1	6	9	2	7	3
9	1	6	7	2	3	4	5	8
1	6	5	8	7	2	3	9	4
8	7	3	4	9	5	1	6	2
2	9	4	6	3	1	7	8	5

Puzzle 237

6	8	5	9	3	1	7	4	2
7	9	2	6	5	4	3	8	1
4	3	1	7	2	8	5	9	6
8	7	3	2	1	5	9	6	4
5	6	9	8	4	7	1	2	3
1	2	4	3	9	6	8	7	5
9	4	6	5	8	3	2	1	7
2	5	7	1	6	9	4	3	8
3	1	8	4	7	2	6	5	9

Puzzle 238

3	9	5	4	2	6	1	8	7
6	1	7	8	3	5	9	4	2
4	2	8	1	9	7	5	6	3
2	8	3	6	5	1	7	9	4
5	6	1	9	7	4	3	2	8
7	4	9	3	8	2	6	5	1
9	3	2	5	1	8	4	7	6
1	7	4	2	6	9	8	3	5
8	5	6	7	4	3	2	1	9

Puzzle 239

7	9	8	1	3	6	2	5	4
2	4	6	5	7	9	1	3	8
5	1	3	4	8	2	6	7	9
3	6	5	9	1	4	8	2	7
4	7	2	8	5	3	9	1	6
1	8	9	6	2	7	5	4	3
9	5	1	7	4	8	3	6	2
8	2	7	3	6	1	4	9	5
6	3	4	2	9	5	7	8	1

Puzzle 240

3	5	6	2	7	4	1	9	8
9	8	4	5	1	6	2	3	7
7	1	2	3	9	8	5	6	4
4	2	3	7	6	5	9	8	1
6	7	5	9	8	1	3	4	2
8	9	1	4	3	2	6	7	5
2	3	9	1	4	7	8	5	6
5	6	7	8	2	9	4	1	3
1	4	8	6	5	3	7	2	9

Puzzle 241

8	7	1	6	3	4	5	2	9
9	4	5	1	8	2	6	7	3
2	3	6	7	5	9	1	8	4
7	9	4	5	2	3	8	6	1
5	8	2	9	6	1	4	3	7
6	1	3	8	4	7	9	5	2
3	5	7	4	9	6	2	1	8
1	6	9	2	7	8	3	4	5
4	2	8	3	1	5	7	9	6

Puzzle 242

2	6	3	8	5	9	7	1	4
9	7	8	1	6	4	5	3	2
4	5	1	2	3	7	9	6	8
5	3	9	7	4	2	1	8	6
7	8	6	3	1	5	2	4	9
1	4	2	9	8	6	3	7	5
8	1	4	5	2	3	6	9	7
3	9	5	6	7	8	4	2	1
6	2	7	4	9	1	8	5	3

Puzzle 243

7	3	6	5	8	2	9	4	1
8	2	9	7	1	4	5	6	3
4	5	1	3	9	6	8	2	7
1	9	2	8	6	5	7	3	4
3	8	5	1	4	7	2	9	6
6	4	7	9	2	3	1	8	5
2	1	4	6	5	9	3	7	8
9	7	8	4	3	1	6	5	2
5	6	3	2	7	8	4	1	9

Puzzle 244

3	8	5	9	6	4	7	1	2
4	2	6	3	1	7	8	5	9
9	7	1	8	5	2	3	4	6
6	3	2	5	7	1	4	9	8
8	9	7	6	4	3	1	2	5
5	1	4	2	8	9	6	3	7
2	6	3	4	9	8	5	7	1
7	4	8	1	2	5	9	6	3
1	5	9	7	3	6	2	8	4

Puzzle 245

1	6	2	3	9	4	7	8	5
8	9	7	2	6	5	1	4	3
4	5	3	8	1	7	9	6	2
3	2	4	1	7	9	6	5	8
9	8	5	6	3	2	4	7	1
7	1	6	5	4	8	2	3	9
2	4	9	7	5	3	8	1	6
5	7	1	9	8	6	3	2	4
6	3	8	4	2	1	5	9	7

Puzzle 246

9	6	2	1	3	8	7	5	4
8	1	3	4	5	7	2	6	9
5	4	7	6	2	9	8	1	3
2	5	1	3	9	4	6	7	8
7	9	8	2	6	1	3	4	5
6	3	4	8	7	5	1	9	2
3	2	5	9	1	6	4	8	7
1	8	9	7	4	2	5	3	6
4	7	6	5	8	3	9	2	1

Puzzle 247

9	6	1	3	7	2	5	8	4
4	3	8	1	9	5	7	2	6
2	5	7	4	6	8	9	3	1
6	1	4	9	3	7	2	5	8
8	2	9	5	1	6	3	4	7
5	7	3	8	2	4	6	1	9
7	8	5	6	4	3	1	9	2
1	4	2	7	5	9	8	6	3
3	9	6	2	8	1	4	7	5

Puzzle 248

2	8	5	6	3	7	4	1	9
7	6	3	9	4	1	8	2	5
4	9	1	8	5	2	6	7	3
6	1	7	5	9	3	2	8	4
9	2	8	1	7	4	5	3	6
3	5	4	2	8	6	7	9	1
8	4	2	3	1	5	9	6	7
5	3	9	7	6	8	1	4	2
1	7	6	4	2	9	3	5	8

Puzzle 249

5	4	2	6	3	9	7	1	8
8	9	7	5	2	1	6	4	3
6	1	3	8	7	4	9	5	2
2	8	5	4	9	7	3	6	1
1	7	6	3	8	2	4	9	5
9	3	4	1	5	6	2	8	7
7	5	8	9	6	3	1	2	4
4	2	9	7	1	5	8	3	6
3	6	1	2	4	8	5	7	9

Puzzle 250

4	1	5	7	9	8	2	3	6
7	6	8	3	1	2	9	5	4
2	9	3	4	5	6	1	7	8
1	7	2	5	3	4	6	8	9
5	4	9	8	6	1	3	2	7
3	8	6	2	7	9	5	4	1
8	5	1	9	2	7	4	6	3
9	2	7	6	4	3	8	1	5
6	3	4	1	8	5	7	9	2

Puzzle 251

1	7	6	8	2	9	4	3	5
5	2	4	1	6	3	7	9	8
8	3	9	5	4	7	1	2	6
9	8	3	7	1	2	5	6	4
6	5	2	3	8	4	9	1	7
4	1	7	6	9	5	3	8	2
7	9	8	4	3	6	2	5	1
2	6	5	9	7	1	8	4	3
3	4	1	2	5	8	6	7	9

Puzzle 252

2	3	1	4	6	5	7	9	8
7	8	6	9	1	2	3	4	5
5	4	9	7	8	3	6	1	2
1	7	8	6	9	4	5	2	3
4	9	3	5	2	8	1	6	7
6	2	5	1	3	7	4	8	9
8	1	7	2	5	6	9	3	4
3	6	4	8	7	9	2	5	1
9	5	2	3	4	1	8	7	6

Puzzle 253

4	7	9	8	1	6	2	5	3
6	1	8	5	2	3	7	9	4
2	3	5	9	4	7	1	6	8
8	9	3	7	5	1	4	2	6
7	2	1	4	6	8	5	3	9
5	4	6	2	3	9	8	7	1
1	6	2	3	8	5	9	4	7
3	5	7	1	9	4	6	8	2
9	8	4	6	7	2	3	1	5

Puzzle 254

9	2	1	6	4	7	3	8	5
5	8	6	2	3	1	9	4	7
3	7	4	5	9	8	2	1	6
8	4	3	9	6	5	1	7	2
6	5	9	1	7	2	4	3	8
7	1	2	4	8	3	6	5	9
2	9	8	7	1	4	5	6	3
1	3	5	8	2	6	7	9	4
4	6	7	3	5	9	8	2	1

Puzzle 255

5	4	6	7	1	3	2	8	9
9	8	7	6	4	2	5	1	3
1	2	3	9	5	8	4	7	6
8	5	4	3	9	6	1	2	7
3	9	2	8	7	1	6	4	5
6	7	1	5	2	4	3	9	8
7	1	8	2	3	5	9	6	4
2	6	5	4	8	9	7	3	1
4	3	9	1	6	7	8	5	2

Puzzle 256

8	5	1	4	3	7	9	2	6
6	4	3	9	8	2	7	5	1
2	9	7	6	5	1	3	8	4
5	2	6	3	4	8	1	9	7
1	7	8	2	6	9	4	3	5
4	3	9	1	7	5	8	6	2
7	6	4	5	9	3	2	1	8
9	1	5	8	2	4	6	7	3
3	8	2	7	1	6	5	4	9

Puzzle 257

3	7	5	1	4	9	6	8	2
2	8	1	7	5	6	3	9	4
9	4	6	8	3	2	5	1	7
6	2	4	9	1	8	7	5	3
1	5	9	2	7	3	4	6	8
7	3	8	4	6	5	1	2	9
8	1	7	5	9	4	2	3	6
4	9	3	6	2	1	8	7	5
5	6	2	3	8	7	9	4	1

Puzzle 258

3	8	7	2	4	9	5	6	1
1	4	5	8	3	6	7	9	2
6	2	9	1	5	7	3	4	8
7	1	2	6	8	5	9	3	4
5	9	4	7	1	3	2	8	6
8	3	6	4	9	2	1	5	7
2	5	1	9	6	4	8	7	3
4	7	3	5	2	8	6	1	9
9	6	8	3	7	1	4	2	5

Puzzle 259

1	8	2	6	5	4	7	3	9
9	3	7	2	1	8	4	5	6
5	4	6	7	3	9	2	1	8
3	6	4	1	8	2	5	9	7
7	5	1	4	9	6	3	8	2
2	9	8	3	7	5	6	4	1
6	2	9	8	4	3	1	7	5
8	1	3	5	6	7	9	2	4
4	7	5	9	2	1	8	6	3

Puzzle 260

5	3	9	6	1	7	8	4	2
1	7	4	5	8	2	3	9	6
8	6	2	3	4	9	1	5	7
2	9	5	1	7	8	6	3	4
6	4	8	2	3	5	7	1	9
3	1	7	4	9	6	2	8	5
4	8	6	7	5	3	9	2	1
7	5	3	9	2	1	4	6	8
9	2	1	8	6	4	5	7	3

Puzzle 261

3	8	1	9	6	5	2	4	7
7	2	5	8	4	3	1	9	6
4	9	6	2	7	1	8	5	3
5	3	2	1	9	6	7	8	4
6	7	9	5	8	4	3	2	1
1	4	8	3	2	7	9	6	5
8	6	7	4	3	2	5	1	9
2	1	3	6	5	9	4	7	8
9	5	4	7	1	8	6	3	2

Puzzle 262

3	9	2	1	6	7	8	5	4
7	1	4	3	5	8	6	2	9
6	5	8	2	9	4	7	1	3
8	6	5	4	2	1	3	9	7
2	4	7	9	3	5	1	6	8
9	3	1	8	7	6	5	4	2
4	8	6	7	1	9	2	3	5
5	7	3	6	4	2	9	8	1
1	2	9	5	8	3	4	7	6

Puzzle 263

5	4	9	7	1	3	2	6	8
7	6	8	4	2	5	3	1	9
1	3	2	6	9	8	5	4	7
4	8	1	9	6	2	7	3	5
9	5	3	1	8	7	4	2	6
2	7	6	5	3	4	8	9	1
8	9	5	3	4	1	6	7	2
6	2	4	8	7	9	1	5	3
3	1	7	2	5	6	9	8	4

Puzzle 264

4	7	6	8	1	2	5	3	9
8	3	9	4	7	5	2	1	6
1	2	5	3	9	6	4	8	7
6	4	2	7	5	3	8	9	1
9	1	3	6	8	4	7	5	2
7	5	8	9	2	1	3	6	4
2	9	7	5	6	8	1	4	3
3	8	1	2	4	9	6	7	5
5	6	4	1	3	7	9	2	8

Puzzle 265

5	9	7	4	1	2	8	3	6
2	1	6	3	5	8	9	7	4
4	8	3	9	7	6	5	2	1
8	2	5	6	4	3	1	9	7
7	4	9	8	2	1	6	5	3
6	3	1	5	9	7	2	4	8
9	7	4	1	8	5	3	6	2
1	6	2	7	3	9	4	8	5
3	5	8	2	6	4	7	1	9

Puzzle 266

1	8	2	9	5	3	6	4	7
9	3	6	4	8	7	2	1	5
7	4	5	2	6	1	8	9	3
6	7	4	1	2	5	9	3	8
3	1	8	6	9	4	5	7	2
2	5	9	3	7	8	1	6	4
8	6	3	5	4	9	7	2	1
4	9	7	8	1	2	3	5	6
5	2	1	7	3	6	4	8	9

Puzzle 267

7	3	9	4	2	8	5	6	1
6	8	5	7	1	3	9	2	4
1	2	4	9	5	6	3	8	7
9	6	3	1	4	7	2	5	8
4	5	8	2	3	9	7	1	6
2	7	1	8	6	5	4	3	9
3	4	7	6	8	2	1	9	5
8	9	2	5	7	1	6	4	3
5	1	6	3	9	4	8	7	2

Puzzle 268

1	2	4	7	6	9	3	5	8
7	5	3	8	4	2	6	1	9
9	6	8	3	5	1	2	7	4
8	7	6	9	2	4	1	3	5
3	1	9	6	7	5	8	4	2
2	4	5	1	8	3	9	6	7
6	3	7	5	9	8	4	2	1
4	9	1	2	3	7	5	8	6
5	8	2	4	1	6	7	9	3

Puzzle 269

8	3	7	6	2	4	1	5	9
2	5	1	8	3	9	7	6	4
6	9	4	1	5	7	2	8	3
9	2	6	3	1	5	8	4	7
3	4	5	2	7	8	9	1	6
1	7	8	9	4	6	3	2	5
7	8	3	4	6	1	5	9	2
5	6	9	7	8	2	4	3	1
4	1	2	5	9	3	6	7	8

Puzzle 270

9	8	2	1	7	5	3	4	6
4	1	7	8	3	6	2	5	9
6	5	3	4	2	9	7	1	8
2	7	6	9	4	8	5	3	1
1	3	5	2	6	7	8	9	4
8	4	9	3	5	1	6	2	7
7	6	1	5	9	2	4	8	3
3	2	8	6	1	4	9	7	5
5	9	4	7	8	3	1	6	2

Puzzle 271

6	8	2	1	4	5	9	7	3
4	5	1	9	3	7	2	8	6
7	3	9	8	6	2	5	4	1
1	2	6	4	9	3	7	5	8
5	9	3	2	7	8	6	1	4
8	4	7	6	5	1	3	9	2
3	1	4	5	2	9	8	6	7
2	6	5	7	8	4	1	3	9
9	7	8	3	1	6	4	2	5

Puzzle 272

6	1	2	8	9	5	3	4	7
3	8	7	1	6	4	5	2	9
5	9	4	2	3	7	6	8	1
7	4	9	3	1	8	2	6	5
1	3	8	6	5	2	9	7	4
2	6	5	4	7	9	1	3	8
4	7	3	5	2	1	8	9	6
9	5	6	7	8	3	4	1	2
8	2	1	9	4	6	7	5	3

Puzzle 273

4	2	6	9	1	5	8	7	3
7	5	1	2	8	3	9	4	6
9	3	8	6	4	7	1	5	2
6	1	7	8	5	9	2	3	4
8	9	2	4	3	6	7	1	5
3	4	5	1	7	2	6	8	9
5	7	9	3	6	8	4	2	1
2	8	4	5	9	1	3	6	7
1	6	3	7	2	4	5	9	8

Puzzle 274

7	5	2	1	8	9	4	3	6
9	4	8	6	3	7	2	1	5
6	1	3	2	5	4	7	9	8
8	2	1	3	9	6	5	7	4
4	6	7	5	2	1	3	8	9
3	9	5	7	4	8	1	6	2
1	8	9	4	7	2	6	5	3
5	7	4	9	6	3	8	2	1
2	3	6	8	1	5	9	4	7

Puzzle 275

8	5	3	2	4	6	7	9	1
7	2	6	9	3	1	8	4	5
9	4	1	7	5	8	2	6	3
2	3	8	5	1	9	6	7	4
5	9	4	6	7	3	1	8	2
1	6	7	8	2	4	3	5	9
3	1	9	4	8	7	5	2	6
4	7	2	1	6	5	9	3	8
6	8	5	3	9	2	4	1	7

Puzzle 276

5	9	7	1	6	4	8	3	2
3	2	1	7	8	9	4	5	6
8	6	4	3	2	5	7	1	9
4	5	9	6	7	8	1	2	3
7	8	2	9	1	3	6	4	5
6	1	3	4	5	2	9	7	8
1	4	5	2	9	6	3	8	7
9	7	8	5	3	1	2	6	4
2	3	6	8	4	7	5	9	1

Puzzle 277

5	2	9	4	8	6	1	3	7
7	1	6	2	3	9	5	4	8
3	4	8	5	1	7	9	6	2
1	8	3	9	7	4	2	5	6
9	7	2	3	6	5	8	1	4
4	6	5	8	2	1	3	7	9
6	9	1	7	5	8	4	2	3
2	5	4	6	9	3	7	8	1
8	3	7	1	4	2	6	9	5

Puzzle 278

9	5	6	7	1	3	8	2	4
4	3	2	5	8	6	7	1	9
1	7	8	9	4	2	5	6	3
8	6	5	3	9	4	2	7	1
2	9	3	6	7	1	4	8	5
7	4	1	2	5	8	9	3	6
6	1	9	4	2	7	3	5	8
5	8	7	1	3	9	6	4	2
3	2	4	8	6	5	1	9	7

Puzzle 279

8	7	6	9	2	4	5	1	3
4	2	9	5	3	1	8	7	6
1	3	5	6	8	7	4	9	2
3	9	7	1	4	8	2	6	5
6	5	1	3	9	2	7	4	8
2	8	4	7	5	6	9	3	1
5	4	3	2	6	9	1	8	7
9	1	2	8	7	3	6	5	4
7	6	8	4	1	5	3	2	9

Puzzle 280

4	8	7	3	5	2	6	1	9
3	1	5	9	4	6	8	2	7
9	2	6	8	7	1	5	4	3
2	3	4	7	6	8	1	9	5
6	5	8	2	1	9	3	7	4
1	7	9	4	3	5	2	6	8
7	6	1	5	8	4	9	3	2
5	4	2	1	9	3	7	8	6
8	9	3	6	2	7	4	5	1

Puzzle 281

9	7	1	8	2	4	5	3	6
8	5	3	7	6	9	2	1	4
2	4	6	1	3	5	7	8	9
6	8	9	3	4	2	1	5	7
7	1	5	9	8	6	3	4	2
4	3	2	5	1	7	6	9	8
5	9	8	6	7	1	4	2	3
3	6	4	2	5	8	9	7	1
1	2	7	4	9	3	8	6	5

Puzzle 282

6	4	3	5	1	7	2	8	9
1	8	5	4	2	9	7	6	3
2	7	9	8	3	6	4	5	1
5	9	6	1	4	2	3	7	8
3	1	7	6	9	8	5	2	4
4	2	8	7	5	3	9	1	6
7	3	1	2	6	4	8	9	5
9	6	2	3	8	5	1	4	7
8	5	4	9	7	1	6	3	2

Puzzle 283

9	1	5	4	8	3	2	7	6
4	2	3	1	7	6	8	5	9
8	6	7	2	9	5	4	1	3
1	7	8	3	6	2	5	9	4
3	4	9	7	5	8	1	6	2
2	5	6	9	1	4	7	3	8
5	3	4	6	2	7	9	8	1
6	8	1	5	4	9	3	2	7
7	9	2	8	3	1	6	4	5

Puzzle 284

9	1	7	3	5	8	2	4	6
4	8	6	1	7	2	9	5	3
5	3	2	4	9	6	8	7	1
8	6	5	2	4	3	1	9	7
7	4	3	6	1	9	5	2	8
1	2	9	5	8	7	6	3	4
6	9	8	7	2	4	3	1	5
2	5	4	8	3	1	7	6	9
3	7	1	9	6	5	4	8	2

Puzzle 285

1	3	5	2	7	4	6	9	8
8	4	2	1	6	9	5	7	3
9	6	7	3	5	8	1	2	4
4	8	6	5	3	2	9	1	7
3	2	9	7	4	1	8	6	5
5	7	1	8	9	6	4	3	2
7	1	3	9	8	5	2	4	6
2	5	4	6	1	7	3	8	9
6	9	8	4	2	3	7	5	1

Puzzle 286

4	2	5	7	8	6	9	3	1
8	1	7	4	3	9	5	2	6
9	6	3	2	1	5	8	4	7
3	7	4	1	5	8	6	9	2
5	8	6	3	9	2	1	7	4
1	9	2	6	7	4	3	5	8
2	3	1	5	6	7	4	8	9
6	4	8	9	2	3	7	1	5
7	5	9	8	4	1	2	6	3

Puzzle 287

8	7	6	4	1	2	3	5	9
9	2	4	5	6	3	8	7	1
5	1	3	9	8	7	2	4	6
4	9	1	2	7	6	5	3	8
7	6	2	8	3	5	1	9	4
3	8	5	1	9	4	6	2	7
1	3	9	7	5	8	4	6	2
2	5	8	6	4	9	7	1	3
6	4	7	3	2	1	9	8	5

Puzzle 288

8	5	4	1	3	9	2	7	6
2	1	3	7	8	6	9	4	5
9	6	7	4	2	5	1	3	8
4	3	1	2	9	8	6	5	7
7	2	9	5	6	4	3	8	1
6	8	5	3	1	7	4	9	2
5	4	2	9	7	1	8	6	3
3	7	6	8	4	2	5	1	9
1	9	8	6	5	3	7	2	4

Puzzle 289

9	7	2	1	4	8	5	6	3
4	6	1	3	7	5	9	2	8
3	8	5	2	6	9	4	7	1
6	5	4	8	1	2	3	9	7
1	3	9	6	5	7	2	8	4
8	2	7	9	3	4	1	5	6
2	9	6	4	8	3	7	1	5
5	1	3	7	2	6	8	4	9
7	4	8	5	9	1	6	3	2

Puzzle 290

3	1	7	6	4	2	9	5	8
5	8	4	7	1	9	3	2	6
2	6	9	5	8	3	7	1	4
6	7	5	2	9	8	1	4	3
1	9	8	3	5	4	6	7	2
4	2	3	1	7	6	5	8	9
7	3	2	4	6	1	8	9	5
8	4	1	9	3	5	2	6	7
9	5	6	8	2	7	4	3	1

Puzzle 291

3	4	5	8	2	9	7	6	1
6	9	1	5	4	7	2	8	3
8	7	2	6	1	3	5	9	4
2	8	9	3	6	4	1	5	7
7	1	3	2	5	8	9	4	6
4	5	6	9	7	1	8	3	2
5	6	7	4	9	2	3	1	8
9	2	8	1	3	6	4	7	5
1	3	4	7	8	5	6	2	9

Puzzle 292

3	2	7	6	5	4	1	8	9
5	1	6	8	2	9	3	4	7
9	8	4	7	1	3	2	5	6
6	5	9	1	4	2	7	3	8
4	7	2	3	8	6	5	9	1
8	3	1	9	7	5	6	2	4
1	6	3	5	9	8	4	7	2
7	4	8	2	3	1	9	6	5
2	9	5	4	6	7	8	1	3

Puzzle 293

4	8	5	1	3	9	7	2	6
9	3	7	4	2	6	8	1	5
1	2	6	5	8	7	4	3	9
3	9	1	2	7	5	6	4	8
7	6	4	8	1	3	9	5	2
2	5	8	9	6	4	3	7	1
6	4	2	3	9	1	5	8	7
5	1	9	7	4	8	2	6	3
8	7	3	6	5	2	1	9	4

Puzzle 294

2	6	4	1	5	3	8	7	9
5	8	9	7	2	6	1	4	3
3	1	7	9	8	4	2	5	6
6	9	1	2	3	7	4	8	5
8	3	5	6	4	1	7	9	2
4	7	2	8	9	5	6	3	1
1	4	8	3	6	9	5	2	7
7	2	3	5	1	8	9	6	4
9	5	6	4	7	2	3	1	8

Puzzle 295

6	7	9	8	3	1	2	4	5
5	4	1	2	6	9	3	7	8
2	3	8	5	7	4	1	9	6
4	5	3	1	8	2	9	6	7
9	1	6	3	5	7	4	8	2
7	8	2	9	4	6	5	3	1
3	2	4	7	1	8	6	5	9
8	9	5	6	2	3	7	1	4
1	6	7	4	9	5	8	2	3

Puzzle 296

3	2	5	8	9	7	6	1	4
1	4	7	5	3	6	2	9	8
6	8	9	1	4	2	7	5	3
7	6	3	2	1	8	9	4	5
5	9	8	3	6	4	1	7	2
2	1	4	9	7	5	3	8	6
4	7	1	6	5	3	8	2	9
8	5	6	7	2	9	4	3	1
9	3	2	4	8	1	5	6	7

Puzzle 297

2	4	3	1	8	5	9	7	6
8	6	5	4	9	7	1	3	2
7	1	9	2	3	6	4	8	5
1	3	8	6	5	9	2	4	7
9	7	2	8	1	4	5	6	3
6	5	4	7	2	3	8	1	9
5	2	6	3	4	8	7	9	1
4	9	7	5	6	1	3	2	8
3	8	1	9	7	2	6	5	4

Puzzle 298

1	5	7	8	2	6	3	9	4
6	3	8	4	5	9	7	1	2
4	9	2	3	1	7	5	8	6
9	1	3	5	6	2	8	4	7
7	4	6	9	8	3	1	2	5
8	2	5	1	7	4	9	6	3
2	6	9	7	3	1	4	5	8
3	8	1	2	4	5	6	7	9
5	7	4	6	9	8	2	3	1

Puzzle 299

1	5	8	9	2	7	6	4	3
2	6	3	5	1	4	7	8	9
4	9	7	6	3	8	5	2	1
5	7	1	8	9	2	3	6	4
9	8	6	1	4	3	2	7	5
3	4	2	7	5	6	1	9	8
8	2	5	4	7	1	9	3	6
7	1	4	3	6	9	8	5	2
6	3	9	2	8	5	4	1	7

Puzzle 300

8	6	1	5	2	9	4	7	3
2	7	4	1	8	3	5	6	9
5	3	9	6	7	4	2	1	8
3	2	8	7	1	6	9	5	4
7	9	6	8	4	5	1	3	2
1	4	5	3	9	2	6	8	7
4	1	7	9	5	8	3	2	6
9	5	3	2	6	7	8	4	1
6	8	2	4	3	1	7	9	5

Puzzle 301

7	9	6	2	4	1	5	3	8
2	4	8	6	3	5	7	9	1
1	5	3	7	9	8	2	4	6
4	3	7	5	8	6	9	1	2
8	2	9	4	1	3	6	7	5
6	1	5	9	2	7	4	8	3
9	7	1	3	6	2	8	5	4
5	8	2	1	7	4	3	6	9
3	6	4	8	5	9	1	2	7

Puzzle 302

8	7	2	1	3	5	6	9	4
1	9	6	7	4	2	3	8	5
5	4	3	9	6	8	2	1	7
9	5	8	4	7	6	1	3	2
3	2	4	5	9	1	8	7	6
6	1	7	8	2	3	4	5	9
4	6	1	3	5	7	9	2	8
7	3	9	2	8	4	5	6	1
2	8	5	6	1	9	7	4	3

Puzzle 303

3	7	1	4	9	6	2	5	8
5	9	2	1	8	7	6	4	3
8	4	6	5	2	3	9	7	1
2	8	3	9	6	4	5	1	7
7	6	9	3	5	1	4	8	2
4	1	5	8	7	2	3	9	6
6	3	8	7	4	5	1	2	9
1	5	7	2	3	9	8	6	4
9	2	4	6	1	8	7	3	5

Puzzle 304

5	8	3	7	9	2	6	1	4
7	4	2	3	1	6	5	9	8
9	1	6	8	4	5	3	7	2
3	7	4	9	5	1	2	8	6
1	6	5	2	8	7	4	3	9
2	9	8	6	3	4	1	5	7
6	3	7	5	2	9	8	4	1
4	5	9	1	6	8	7	2	3
8	2	1	4	7	3	9	6	5

Puzzle 305

4	9	3	5	1	2	7	6	8
1	2	8	4	6	7	3	9	5
5	7	6	3	9	8	4	1	2
9	1	7	2	8	5	6	3	4
3	4	2	1	7	6	5	8	9
6	8	5	9	3	4	1	2	7
7	5	9	6	2	3	8	4	1
8	3	1	7	4	9	2	5	6
2	6	4	8	5	1	9	7	3

Puzzle 306

4	5	9	1	2	6	8	3	7
6	3	8	5	7	4	9	2	1
7	2	1	8	9	3	6	4	5
5	9	2	7	6	1	3	8	4
3	8	6	2	4	5	7	1	9
1	4	7	3	8	9	5	6	2
8	7	3	4	5	2	1	9	6
2	6	5	9	1	8	4	7	3
9	1	4	6	3	7	2	5	8

Puzzle 307

3	9	5	8	1	7	4	2	6
2	7	1	4	3	6	9	8	5
8	4	6	2	9	5	3	1	7
1	6	8	5	4	9	2	7	3
5	3	7	6	8	2	1	4	9
9	2	4	1	7	3	5	6	8
7	1	3	9	6	4	8	5	2
6	8	2	3	5	1	7	9	4
4	5	9	7	2	8	6	3	1

Puzzle 308

6	7	3	5	1	8	9	4	2
2	4	9	7	6	3	8	1	5
1	8	5	9	2	4	7	3	6
5	3	7	8	9	1	2	6	4
4	1	8	6	7	2	5	9	3
9	2	6	4	3	5	1	7	8
8	6	4	1	5	9	3	2	7
7	9	2	3	8	6	4	5	1
3	5	1	2	4	7	6	8	9

Puzzle 309

3	7	2	4	6	9	5	8	1
4	9	1	2	5	8	3	7	6
6	5	8	1	3	7	9	4	2
2	1	7	6	4	3	8	9	5
5	6	3	8	9	1	4	2	7
9	8	4	7	2	5	6	1	3
7	2	6	5	8	4	1	3	9
1	4	9	3	7	6	2	5	8
8	3	5	9	1	2	7	6	4

Puzzle 310

3	2	6	9	1	5	7	8	4
1	5	9	8	4	7	3	2	6
8	4	7	3	6	2	1	5	9
6	1	4	7	3	8	2	9	5
9	3	2	4	5	1	8	6	7
5	7	8	6	2	9	4	1	3
2	8	3	5	9	4	6	7	1
4	9	1	2	7	6	5	3	8
7	6	5	1	8	3	9	4	2

Puzzle 311

8	5	3	2	6	7	4	1	9
7	2	1	9	3	4	8	6	5
9	4	6	5	1	8	7	3	2
4	8	5	3	9	2	6	7	1
1	9	7	8	4	6	5	2	3
6	3	2	7	5	1	9	8	4
3	1	8	4	7	5	2	9	6
2	6	4	1	8	9	3	5	7
5	7	9	6	2	3	1	4	8

Puzzle 312

2	9	5	6	3	1	7	4	8
7	8	4	2	5	9	1	3	6
1	3	6	4	8	7	9	5	2
6	4	3	7	9	5	8	2	1
5	2	8	3	1	6	4	7	9
9	1	7	8	2	4	5	6	3
4	6	2	9	7	8	3	1	5
3	5	9	1	4	2	6	8	7
8	7	1	5	6	3	2	9	4

Puzzle 313

9	4	5	2	7	1	6	3	8
6	8	3	4	9	5	2	7	1
2	1	7	3	6	8	9	5	4
1	2	9	8	4	3	5	6	7
8	5	4	7	2	6	3	1	9
7	3	6	1	5	9	4	8	2
5	7	2	6	8	4	1	9	3
4	9	1	5	3	7	8	2	6
3	6	8	9	1	2	7	4	5

Puzzle 314

5	1	3	8	2	4	9	6	7
7	8	6	5	1	9	2	3	4
2	9	4	7	6	3	5	1	8
6	4	8	1	5	7	3	9	2
3	5	2	6	9	8	4	7	1
1	7	9	4	3	2	8	5	6
8	2	1	3	7	5	6	4	9
9	6	5	2	4	1	7	8	3
4	3	7	9	8	6	1	2	5

Puzzle 315

2	3	5	9	1	6	8	4	7
9	7	4	2	5	8	3	1	6
1	8	6	3	7	4	5	2	9
4	9	7	5	2	3	6	8	1
6	1	3	4	8	9	7	5	2
5	2	8	7	6	1	4	9	3
7	4	2	1	3	5	9	6	8
8	5	1	6	9	7	2	3	4
3	6	9	8	4	2	1	7	5

Puzzle 316

1	9	4	8	6	2	5	7	3
8	5	7	3	4	1	2	6	9
6	3	2	9	7	5	4	1	8
2	1	8	4	5	3	7	9	6
4	6	9	1	8	7	3	5	2
5	7	3	2	9	6	1	8	4
7	4	6	5	3	8	9	2	1
9	8	1	7	2	4	6	3	5
3	2	5	6	1	9	8	4	7

Puzzle 317

5	1	6	3	4	2	7	8	9
9	8	3	1	6	7	4	2	5
7	4	2	9	8	5	6	1	3
4	9	5	7	2	6	1	3	8
3	7	8	4	1	9	2	5	6
6	2	1	5	3	8	9	4	7
2	5	9	8	7	4	3	6	1
8	3	4	6	9	1	5	7	2
1	6	7	2	5	3	8	9	4

Puzzle 318

6	8	3	7	4	1	5	2	9
7	9	1	3	2	5	8	4	6
4	2	5	8	9	6	7	3	1
1	4	8	6	5	3	2	9	7
5	6	2	1	7	9	4	8	3
3	7	9	2	8	4	1	6	5
9	1	7	4	6	8	3	5	2
2	5	4	9	3	7	6	1	8
8	3	6	5	1	2	9	7	4

Puzzle 319

1	2	9	3	4	5	7	8	6
6	5	3	2	7	8	4	1	9
7	4	8	9	6	1	5	2	3
9	7	4	8	5	2	6	3	1
3	8	2	6	1	7	9	4	5
5	1	6	4	9	3	2	7	8
2	6	1	5	3	4	8	9	7
4	3	5	7	8	9	1	6	2
8	9	7	1	2	6	3	5	4

Puzzle 320

8	7	5	2	6	3	4	1	9
3	6	1	4	8	9	2	7	5
9	4	2	5	1	7	8	3	6
7	2	8	3	4	5	6	9	1
1	3	4	8	9	6	7	5	2
6	5	9	7	2	1	3	4	8
2	9	6	1	7	4	5	8	3
4	1	3	6	5	8	9	2	7
5	8	7	9	3	2	1	6	4

Puzzle 321

8	6	3	2	4	5	1	7	9
1	9	7	3	8	6	5	4	2
4	5	2	1	7	9	6	8	3
2	8	5	6	9	1	4	3	7
6	3	9	7	2	4	8	5	1
7	4	1	5	3	8	2	9	6
5	7	8	9	6	2	3	1	4
3	2	4	8	1	7	9	6	5
9	1	6	4	5	3	7	2	8

Puzzle 322

4	8	7	2	9	3	1	6	5
5	2	6	4	1	8	9	7	3
1	3	9	6	5	7	4	2	8
2	4	3	1	6	9	8	5	7
6	5	1	7	8	2	3	4	9
7	9	8	5	3	4	2	1	6
3	7	2	9	4	5	6	8	1
8	1	4	3	7	6	5	9	2
9	6	5	8	2	1	7	3	4

Puzzle 323

9	8	2	3	1	5	7	4	6
1	6	7	4	2	9	8	3	5
4	5	3	7	6	8	2	1	9
5	2	9	1	4	7	3	6	8
7	3	4	9	8	6	1	5	2
6	1	8	5	3	2	4	9	7
8	4	6	2	9	1	5	7	3
3	9	5	8	7	4	6	2	1
2	7	1	6	5	3	9	8	4

Puzzle 324

9	2	3	5	4	6	1	7	8
5	6	7	1	2	8	3	4	9
4	8	1	9	7	3	6	5	2
6	1	9	3	8	7	5	2	4
2	5	8	6	9	4	7	1	3
7	3	4	2	1	5	9	8	6
8	4	5	7	3	9	2	6	1
3	7	2	8	6	1	4	9	5
1	9	6	4	5	2	8	3	7

Puzzle 325

4	7	5	8	6	2	3	9	1
1	8	3	9	4	5	7	2	6
6	2	9	1	3	7	8	4	5
7	9	6	4	8	3	1	5	2
5	1	4	7	2	9	6	3	8
2	3	8	6	5	1	4	7	9
8	4	7	2	9	6	5	1	3
3	6	2	5	1	4	9	8	7
9	5	1	3	7	8	2	6	4

Puzzle 326

9	4	2	7	1	3	5	8	6
7	3	5	6	8	9	2	1	4
6	8	1	5	4	2	3	9	7
8	6	9	3	7	4	1	5	2
2	5	3	9	6	1	4	7	8
1	7	4	8	2	5	6	3	9
4	1	7	2	3	8	9	6	5
5	2	6	1	9	7	8	4	3
3	9	8	4	5	6	7	2	1

Puzzle 327

3	8	1	9	4	2	6	7	5
6	4	2	8	5	7	1	3	9
9	7	5	6	1	3	2	8	4
8	6	4	7	3	5	9	1	2
1	3	7	4	2	9	8	5	6
2	5	9	1	6	8	7	4	3
7	2	6	5	8	4	3	9	1
5	1	8	3	9	6	4	2	7
4	9	3	2	7	1	5	6	8

Puzzle 328

9	2	8	1	7	3	4	5	6
1	3	5	9	4	6	8	2	7
7	4	6	8	2	5	9	3	1
5	6	3	7	9	2	1	4	8
8	9	1	3	5	4	7	6	2
4	7	2	6	1	8	3	9	5
6	1	9	2	3	7	5	8	4
2	5	7	4	8	9	6	1	3
3	8	4	5	6	1	2	7	9

Puzzle 329

6	5	9	8	2	3	7	4	1
4	1	2	5	9	7	6	8	3
3	8	7	6	1	4	9	2	5
5	2	1	9	3	8	4	6	7
9	6	3	4	7	1	2	5	8
7	4	8	2	5	6	3	1	9
1	9	6	7	8	2	5	3	4
8	7	4	3	6	5	1	9	2
2	3	5	1	4	9	8	7	6

Puzzle 330

5	8	7	4	6	1	2	9	3
4	1	2	5	9	3	8	6	7
3	6	9	2	8	7	4	5	1
7	3	4	1	2	5	9	8	6
6	5	8	3	4	9	7	1	2
2	9	1	6	7	8	5	3	4
1	4	3	9	5	2	6	7	8
8	2	5	7	1	6	3	4	9
9	7	6	8	3	4	1	2	5

Puzzle 331

8	1	5	3	4	9	7	6	2
9	6	3	1	2	7	5	4	8
7	4	2	5	8	6	1	3	9
1	2	7	9	3	4	6	8	5
4	8	9	6	7	5	3	2	1
3	5	6	2	1	8	4	9	7
5	3	8	7	6	2	9	1	4
2	7	1	4	9	3	8	5	6
6	9	4	8	5	1	2	7	3

Puzzle 332

9	7	6	5	1	4	3	2	8
5	4	2	6	3	8	9	7	1
8	1	3	7	9	2	4	5	6
7	8	1	2	4	5	6	9	3
6	3	4	1	7	9	2	8	5
2	5	9	3	8	6	1	4	7
1	2	5	4	6	7	8	3	9
4	6	8	9	5	3	7	1	2
3	9	7	8	2	1	5	6	4

Puzzle 333

2	7	9	6	3	4	1	8	5
4	6	5	8	2	1	9	7	3
1	3	8	5	9	7	4	2	6
6	5	7	9	8	2	3	4	1
3	2	1	7	4	5	6	9	8
9	8	4	1	6	3	2	5	7
8	4	6	3	7	9	5	1	2
7	1	2	4	5	6	8	3	9
5	9	3	2	1	8	7	6	4

Puzzle 334

8	9	1	2	3	6	5	4	7
4	7	3	5	9	8	1	6	2
5	2	6	4	1	7	8	9	3
3	6	2	8	7	5	9	1	4
9	1	4	6	2	3	7	5	8
7	5	8	1	4	9	2	3	6
2	3	9	7	5	4	6	8	1
6	4	7	9	8	1	3	2	5
1	8	5	3	6	2	4	7	9

Puzzle 335

5	3	6	1	8	7	2	4	9
9	4	8	2	6	5	1	3	7
2	1	7	3	4	9	8	6	5
6	5	9	8	2	3	7	1	4
1	7	3	5	9	4	6	8	2
4	8	2	7	1	6	9	5	3
7	9	5	6	3	1	4	2	8
3	2	1	4	7	8	5	9	6
8	6	4	9	5	2	3	7	1

Puzzle 336

4	7	5	9	6	1	8	3	2
8	6	9	7	3	2	5	4	1
1	3	2	8	5	4	7	6	9
7	4	8	2	9	5	3	1	6
5	1	3	4	8	6	2	9	7
2	9	6	1	7	3	4	8	5
6	2	4	5	1	8	9	7	3
3	8	7	6	2	9	1	5	4
9	5	1	3	4	7	6	2	8

Puzzle 337

8	2	9	5	4	7	6	3	1
1	4	5	9	6	3	8	2	7
7	6	3	2	1	8	5	9	4
3	5	2	4	7	9	1	8	6
4	1	6	8	3	5	9	7	2
9	7	8	1	2	6	4	5	3
5	3	4	6	8	2	7	1	9
6	9	7	3	5	1	2	4	8
2	8	1	7	9	4	3	6	5

Puzzle 338

5	9	4	1	7	3	8	2	6
2	6	1	5	9	8	3	4	7
3	8	7	2	6	4	1	5	9
8	4	2	7	3	5	6	9	1
9	5	6	8	4	1	7	3	2
1	7	3	9	2	6	4	8	5
7	1	8	3	5	2	9	6	4
6	3	5	4	1	9	2	7	8
4	2	9	6	8	7	5	1	3

Puzzle 339

5	8	7	2	3	9	1	4	6
4	1	6	7	8	5	2	9	3
3	9	2	6	4	1	5	8	7
7	6	5	9	1	3	8	2	4
1	2	8	5	6	4	3	7	9
9	4	3	8	2	7	6	1	5
2	5	9	1	7	6	4	3	8
6	3	1	4	9	8	7	5	2
8	7	4	3	5	2	9	6	1

Puzzle 340

6	2	7	9	8	5	3	4	1
9	5	8	4	1	3	2	6	7
1	3	4	2	7	6	8	5	9
8	1	6	7	4	9	5	2	3
2	4	9	5	3	1	6	7	8
5	7	3	8	6	2	9	1	4
7	6	1	3	5	8	4	9	2
3	9	5	1	2	4	7	8	6
4	8	2	6	9	7	1	3	5

Puzzle 341

5	2	6	1	8	7	4	9	3
3	4	7	2	6	9	5	8	1
8	9	1	4	3	5	7	6	2
9	8	5	3	4	2	1	7	6
7	3	2	5	1	6	8	4	9
6	1	4	7	9	8	2	3	5
4	7	9	6	2	1	3	5	8
2	5	8	9	7	3	6	1	4
1	6	3	8	5	4	9	2	7

Puzzle 342

9	8	1	2	7	4	6	5	3
6	7	2	3	1	5	8	9	4
3	5	4	8	6	9	7	1	2
8	9	7	6	5	3	2	4	1
2	3	6	7	4	1	5	8	9
4	1	5	9	8	2	3	6	7
1	2	3	5	9	6	4	7	8
5	4	8	1	3	7	9	2	6
7	6	9	4	2	8	1	3	5

Puzzle 343

5	7	4	1	3	2	8	9	6
2	8	9	4	7	6	1	5	3
6	3	1	8	9	5	4	2	7
9	5	3	6	1	8	2	7	4
4	1	8	7	2	9	3	6	5
7	6	2	3	5	4	9	1	8
8	2	5	9	6	3	7	4	1
1	4	6	2	8	7	5	3	9
3	9	7	5	4	1	6	8	2

Puzzle 344

1	9	2	6	4	8	3	5	7
5	6	7	3	2	9	4	8	1
3	8	4	7	1	5	2	9	6
8	5	1	4	3	7	9	6	2
9	7	3	2	8	6	1	4	5
4	2	6	5	9	1	7	3	8
6	4	5	1	7	3	8	2	9
7	3	8	9	5	2	6	1	4
2	1	9	8	6	4	5	7	3

Puzzle 345

5	8	4	6	9	2	7	1	3
7	2	3	4	1	5	9	8	6
9	6	1	8	3	7	2	4	5
2	9	8	1	6	4	3	5	7
3	7	6	9	5	8	4	2	1
1	4	5	7	2	3	8	6	9
4	3	7	5	8	1	6	9	2
8	1	9	2	7	6	5	3	4
6	5	2	3	4	9	1	7	8

Puzzle 346

6	8	2	9	1	7	5	4	3
1	9	4	6	5	3	8	7	2
5	3	7	8	4	2	9	6	1
9	6	8	5	7	1	3	2	4
3	7	5	4	2	6	1	9	8
4	2	1	3	8	9	6	5	7
7	4	9	1	3	5	2	8	6
8	5	3	2	6	4	7	1	9
2	1	6	7	9	8	4	3	5

Puzzle 347

9	6	8	4	2	1	5	3	7
4	3	1	7	9	5	6	2	8
2	5	7	8	3	6	1	9	4
1	8	9	2	6	7	4	5	3
3	2	5	1	8	4	7	6	9
6	7	4	9	5	3	2	8	1
7	9	6	5	1	8	3	4	2
5	4	2	3	7	9	8	1	6
8	1	3	6	4	2	9	7	5

Puzzle 348

4	3	1	7	9	5	8	6	2
9	8	7	3	6	2	4	1	5
2	5	6	1	4	8	7	3	9
6	1	3	8	2	4	5	9	7
8	4	5	9	7	6	1	2	3
7	9	2	5	1	3	6	4	8
5	6	4	2	3	7	9	8	1
3	7	9	6	8	1	2	5	4
1	2	8	4	5	9	3	7	6

Puzzle 349

9	4	1	6	5	2	8	3	7
8	7	6	9	3	1	5	4	2
2	5	3	4	8	7	9	6	1
3	8	9	2	7	4	6	1	5
4	6	7	3	1	5	2	8	9
1	2	5	8	6	9	4	7	3
5	9	8	1	4	3	7	2	6
7	1	4	5	2	6	3	9	8
6	3	2	7	9	8	1	5	4

Puzzle 350

6	7	3	5	1	4	2	9	8
8	4	1	7	9	2	3	6	5
5	2	9	6	3	8	7	1	4
1	5	8	3	6	9	4	2	7
4	3	6	8	2	7	9	5	1
7	9	2	4	5	1	6	8	3
2	8	7	1	4	6	5	3	9
9	1	5	2	7	3	8	4	6
3	6	4	9	8	5	1	7	2

Puzzle 351

2	5	7	4	3	9	1	6	8
3	8	4	1	2	6	7	9	5
1	9	6	7	8	5	2	3	4
7	1	2	8	5	3	6	4	9
9	3	5	2	6	4	8	7	1
6	4	8	9	1	7	5	2	3
5	7	9	6	4	1	3	8	2
4	2	1	3	7	8	9	5	6
8	6	3	5	9	2	4	1	7

Puzzle 352

1	9	8	7	6	5	3	2	4
4	7	5	8	2	3	6	1	9
6	2	3	1	9	4	7	8	5
7	4	6	2	5	8	1	9	3
8	5	2	3	1	9	4	6	7
3	1	9	6	4	7	8	5	2
2	3	4	9	8	1	5	7	6
5	6	1	4	7	2	9	3	8
9	8	7	5	3	6	2	4	1

Puzzle 353

4	9	5	6	7	3	8	2	1
7	1	3	5	8	2	9	6	4
2	6	8	1	9	4	3	7	5
1	7	9	3	2	5	6	4	8
6	8	2	9	4	7	1	5	3
3	5	4	8	1	6	2	9	7
8	2	6	4	5	1	7	3	9
5	3	1	7	6	9	4	8	2
9	4	7	2	3	8	5	1	6

Puzzle 354

8	6	5	7	9	2	3	4	1
4	1	7	6	5	3	8	2	9
2	3	9	1	4	8	6	7	5
9	8	3	4	6	7	5	1	2
1	4	6	2	8	5	9	3	7
7	5	2	9	3	1	4	6	8
5	2	4	8	1	6	7	9	3
3	9	1	5	7	4	2	8	6
6	7	8	3	2	9	1	5	4

Puzzle 355

2	4	3	8	7	6	5	1	9
5	6	8	3	1	9	7	2	4
9	1	7	4	2	5	3	8	6
1	3	6	2	5	4	8	9	7
4	8	2	7	9	3	6	5	1
7	9	5	1	6	8	2	4	3
8	5	1	9	3	7	4	6	2
3	2	4	6	8	1	9	7	5
6	7	9	5	4	2	1	3	8

Puzzle 356

3	2	6	4	7	1	5	9	8
4	9	8	2	5	3	7	6	1
5	7	1	8	6	9	3	2	4
9	8	7	1	3	5	6	4	2
2	5	4	9	8	6	1	3	7
1	6	3	7	2	4	8	5	9
8	1	5	6	9	2	4	7	3
7	3	9	5	4	8	2	1	6
6	4	2	3	1	7	9	8	5

Puzzle 357

7	9	6	1	3	2	4	5	8
2	8	5	4	9	7	3	6	1
3	1	4	5	6	8	2	7	9
4	5	9	7	2	6	8	1	3
1	7	2	3	8	5	6	9	4
8	6	3	9	4	1	5	2	7
5	4	8	6	7	9	1	3	2
9	2	1	8	5	3	7	4	6
6	3	7	2	1	4	9	8	5

Puzzle 358

2	8	3	6	7	9	5	4	1
9	5	7	1	4	2	6	3	8
4	1	6	3	8	5	7	9	2
5	7	4	8	9	3	1	2	6
1	2	9	5	6	7	4	8	3
3	6	8	4	2	1	9	7	5
7	4	1	2	3	6	8	5	9
6	9	2	7	5	8	3	1	4
8	3	5	9	1	4	2	6	7

Puzzle 359

1	2	5	3	7	4	8	9	6
4	7	3	6	8	9	1	5	2
6	8	9	5	1	2	7	4	3
9	4	6	1	3	8	5	2	7
3	1	8	7	2	5	4	6	9
7	5	2	9	4	6	3	1	8
8	9	1	4	6	7	2	3	5
5	3	7	2	9	1	6	8	4
2	6	4	8	5	3	9	7	1

Puzzle 360

4	7	6	8	1	5	9	2	3
8	1	3	9	2	4	7	6	5
2	9	5	7	6	3	8	1	4
3	4	7	5	9	1	2	8	6
1	2	8	3	7	6	4	5	9
6	5	9	2	4	8	3	7	1
7	6	1	4	3	2	5	9	8
5	3	2	1	8	9	6	4	7
9	8	4	6	5	7	1	3	2

Puzzle 361

3	6	2	9	8	4	7	5	1
4	8	9	7	1	5	3	6	2
7	1	5	6	2	3	9	4	8
9	5	7	8	6	1	4	2	3
8	3	4	5	9	2	1	7	6
1	2	6	4	3	7	8	9	5
5	4	8	1	7	6	2	3	9
2	7	1	3	5	9	6	8	4
6	9	3	2	4	8	5	1	7

Puzzle 362

3	5	6	2	9	1	7	4	8
1	7	8	3	5	4	2	6	9
2	9	4	7	6	8	1	5	3
4	1	3	9	7	5	8	2	6
5	8	2	6	1	3	9	7	4
7	6	9	4	8	2	3	1	5
8	2	7	5	4	9	6	3	1
9	3	5	1	2	6	4	8	7
6	4	1	8	3	7	5	9	2

Puzzle 363

3	7	2	9	8	5	1	4	6
8	6	1	2	3	4	7	5	9
5	4	9	1	7	6	3	2	8
9	3	8	5	2	1	6	7	4
6	5	4	8	9	7	2	3	1
2	1	7	4	6	3	8	9	5
4	2	3	6	5	8	9	1	7
1	9	6	7	4	2	5	8	3
7	8	5	3	1	9	4	6	2

Puzzle 364

5	1	2	6	3	8	4	7	9
7	9	6	2	5	4	8	3	1
4	3	8	9	7	1	2	5	6
8	4	1	5	2	6	7	9	3
9	7	5	1	4	3	6	8	2
6	2	3	8	9	7	5	1	4
2	8	7	4	1	9	3	6	5
1	6	4	3	8	5	9	2	7
3	5	9	7	6	2	1	4	8

Puzzle 365

7	6	9	3	1	8	5	2	4
1	3	2	9	5	4	7	8	6
5	8	4	7	2	6	3	9	1
3	4	7	2	8	1	6	5	9
6	9	5	4	7	3	2	1	8
2	1	8	5	6	9	4	7	3
8	5	6	1	3	7	9	4	2
4	2	1	6	9	5	8	3	7
9	7	3	8	4	2	1	6	5

Puzzle 366

3	5	7	1	2	8	4	6	9
9	2	6	4	7	5	1	8	3
1	4	8	3	9	6	7	2	5
6	3	1	8	4	7	5	9	2
5	9	2	6	3	1	8	4	7
7	8	4	9	5	2	3	1	6
4	1	9	5	6	3	2	7	8
8	7	3	2	1	9	6	5	4
2	6	5	7	8	4	9	3	1

Puzzle 367

5	2	7	3	8	9	6	4	1
6	3	4	7	1	2	8	5	9
9	1	8	5	4	6	3	2	7
1	7	6	2	3	5	9	8	4
8	4	3	6	9	1	2	7	5
2	5	9	8	7	4	1	3	6
3	9	1	4	2	7	5	6	8
4	6	2	1	5	8	7	9	3
7	8	5	9	6	3	4	1	2

Puzzle 368

8	4	3	1	5	7	2	9	6
7	1	5	9	6	2	4	8	3
9	6	2	8	4	3	5	7	1
2	3	7	6	9	5	1	4	8
1	5	6	7	8	4	9	3	2
4	9	8	2	3	1	7	6	5
6	8	1	4	2	9	3	5	7
5	7	9	3	1	6	8	2	4
3	2	4	5	7	8	6	1	9

Puzzle 369

9	1	3	2	4	8	6	7	5
6	5	4	3	1	7	2	8	9
8	7	2	5	6	9	4	3	1
4	3	7	1	2	6	9	5	8
2	8	5	7	9	4	1	6	3
1	6	9	8	3	5	7	2	4
7	9	1	6	5	3	8	4	2
3	4	6	9	8	2	5	1	7
5	2	8	4	7	1	3	9	6

Puzzle 370

3	1	9	5	6	7	4	2	8
5	6	8	2	3	4	7	9	1
7	2	4	8	9	1	3	5	6
2	4	3	6	8	9	1	7	5
6	9	1	7	2	5	8	3	4
8	7	5	1	4	3	9	6	2
4	8	7	9	5	6	2	1	3
1	5	2	3	7	8	6	4	9
9	3	6	4	1	2	5	8	7

Puzzle 371

8	3	7	6	1	9	4	5	2
2	6	1	5	4	7	3	9	8
5	4	9	8	3	2	7	1	6
4	7	5	1	9	8	2	6	3
6	2	8	7	5	3	1	4	9
1	9	3	2	6	4	5	8	7
7	1	6	3	8	5	9	2	4
3	8	4	9	2	1	6	7	5
9	5	2	4	7	6	8	3	1

Puzzle 372

5	3	1	7	6	2	4	9	8
6	2	7	8	9	4	1	5	3
4	9	8	3	5	1	7	2	6
9	1	6	2	7	8	5	3	4
3	4	2	5	1	6	8	7	9
8	7	5	9	4	3	2	6	1
7	8	9	4	3	5	6	1	2
1	5	4	6	2	9	3	8	7
2	6	3	1	8	7	9	4	5

Puzzle 373

6	7	4	1	5	9	2	8	3
2	5	3	6	4	8	1	7	9
9	8	1	7	2	3	4	5	6
7	2	9	3	6	4	5	1	8
1	4	6	2	8	5	9	3	7
8	3	5	9	1	7	6	4	2
4	9	2	8	3	1	7	6	5
3	1	7	5	9	6	8	2	4
5	6	8	4	7	2	3	9	1

Puzzle 374

1	8	9	6	4	7	2	5	3
3	2	7	9	1	5	4	6	8
6	4	5	8	3	2	7	9	1
8	6	2	5	7	9	3	1	4
7	1	3	2	6	4	5	8	9
9	5	4	3	8	1	6	7	2
2	9	1	4	5	6	8	3	7
5	7	8	1	2	3	9	4	6
4	3	6	7	9	8	1	2	5

Puzzle 375

4	6	2	8	1	7	3	5	9
8	9	7	4	3	5	1	2	6
3	1	5	6	2	9	8	7	4
1	2	9	5	8	6	7	4	3
6	7	8	2	4	3	5	9	1
5	3	4	9	7	1	6	8	2
2	5	1	7	6	4	9	3	8
7	4	6	3	9	8	2	1	5
9	8	3	1	5	2	4	6	7

Puzzle 376

3	5	8	7	6	4	1	9	2
4	9	1	3	8	2	7	6	5
6	7	2	9	1	5	4	8	3
2	6	3	5	7	8	9	4	1
1	4	5	6	2	9	8	3	7
7	8	9	4	3	1	2	5	6
9	1	7	8	5	3	6	2	4
5	2	4	1	9	6	3	7	8
8	3	6	2	4	7	5	1	9

Puzzle 377

4	6	3	2	9	8	7	1	5
7	9	8	1	6	5	3	4	2
2	5	1	3	7	4	8	9	6
6	7	5	8	3	1	4	2	9
3	1	2	4	5	9	6	7	8
8	4	9	7	2	6	1	5	3
9	8	7	6	4	2	5	3	1
1	2	4	5	8	3	9	6	7
5	3	6	9	1	7	2	8	4

Puzzle 378

6	2	7	5	9	1	4	8	3
5	4	1	8	3	6	7	2	9
3	8	9	2	4	7	1	6	5
9	3	2	6	5	4	8	7	1
7	1	4	3	2	8	5	9	6
8	6	5	7	1	9	3	4	2
4	7	3	9	6	5	2	1	8
1	5	6	4	8	2	9	3	7
2	9	8	1	7	3	6	5	4

Puzzle 379

9	5	3	8	4	2	1	6	7
1	7	6	5	9	3	8	4	2
4	2	8	1	7	6	9	5	3
3	8	4	2	1	7	6	9	5
6	9	5	3	8	4	2	7	1
7	1	2	6	5	9	3	8	4
2	6	9	4	3	5	7	1	8
8	4	7	9	2	1	5	3	6
5	3	1	7	6	8	4	2	9

Puzzle 380

9	3	6	7	4	5	8	2	1
5	8	1	3	6	2	4	9	7
7	2	4	1	8	9	6	5	3
2	4	9	5	7	1	3	6	8
3	6	8	9	2	4	1	7	5
1	5	7	8	3	6	2	4	9
4	7	3	6	5	8	9	1	2
8	1	2	4	9	7	5	3	6
6	9	5	2	1	3	7	8	4

Puzzle 381

3	7	2	9	1	5	8	4	6
4	9	1	7	6	8	5	3	2
8	5	6	4	2	3	9	7	1
6	1	4	8	7	9	2	5	3
5	2	9	3	4	1	6	8	7
7	8	3	2	5	6	1	9	4
9	3	7	6	8	2	4	1	5
1	6	8	5	3	4	7	2	9
2	4	5	1	9	7	3	6	8

Puzzle 382

2	5	6	1	4	3	7	9	8
4	8	1	5	9	7	6	2	3
7	3	9	2	6	8	1	5	4
9	4	2	3	1	5	8	6	7
8	1	5	6	7	4	2	3	9
3	6	7	8	2	9	5	4	1
1	9	4	7	5	6	3	8	2
5	2	8	9	3	1	4	7	6
6	7	3	4	8	2	9	1	5

Puzzle 383

3	8	5	2	4	9	6	7	1
9	7	1	8	6	5	3	2	4
6	2	4	1	3	7	9	5	8
2	6	9	4	1	8	7	3	5
7	5	8	3	9	6	4	1	2
4	1	3	7	5	2	8	6	9
8	3	7	9	2	1	5	4	6
1	9	6	5	7	4	2	8	3
5	4	2	6	8	3	1	9	7

Puzzle 384

5	8	1	4	2	3	7	6	9
2	4	7	6	8	9	5	3	1
6	3	9	1	7	5	8	2	4
9	5	8	2	3	7	4	1	6
4	2	3	5	6	1	9	8	7
1	7	6	9	4	8	2	5	3
7	6	5	8	1	4	3	9	2
3	9	2	7	5	6	1	4	8
8	1	4	3	9	2	6	7	5

Puzzle 385

6	7	2	5	9	8	3	1	4
9	5	3	1	2	4	6	8	7
8	1	4	7	6	3	9	2	5
5	8	9	6	4	2	7	3	1
2	4	1	8	3	7	5	6	9
7	3	6	9	1	5	2	4	8
3	2	5	4	7	1	8	9	6
4	6	8	3	5	9	1	7	2
1	9	7	2	8	6	4	5	3

Puzzle 386

4	8	2	9	3	5	1	7	6
6	1	9	7	4	8	2	3	5
5	7	3	6	1	2	9	4	8
9	4	6	8	7	1	5	2	3
1	2	5	4	9	3	6	8	7
8	3	7	2	5	6	4	9	1
2	9	8	5	6	7	3	1	4
7	5	1	3	2	4	8	6	9
3	6	4	1	8	9	7	5	2

Puzzle 387

6	5	8	9	2	3	4	7	1
7	3	9	4	1	8	6	5	2
4	1	2	5	7	6	9	8	3
8	6	4	1	9	7	3	2	5
5	9	7	8	3	2	1	4	6
3	2	1	6	5	4	8	9	7
1	7	5	3	4	9	2	6	8
2	4	6	7	8	1	5	3	9
9	8	3	2	6	5	7	1	4

Puzzle 388

6	2	7	5	4	3	8	1	9
9	4	1	8	6	7	3	2	5
5	3	8	1	2	9	4	6	7
7	5	2	9	8	4	1	3	6
1	6	4	3	7	2	9	5	8
8	9	3	6	1	5	7	4	2
4	7	6	2	3	8	5	9	1
3	1	5	7	9	6	2	8	4
2	8	9	4	5	1	6	7	3

Puzzle 389

9	1	5	4	3	2	7	8	6
8	2	6	9	1	7	5	3	4
3	4	7	8	5	6	1	9	2
4	7	9	1	8	3	2	6	5
2	6	8	7	9	5	3	4	1
5	3	1	6	2	4	8	7	9
1	8	2	3	6	9	4	5	7
6	5	4	2	7	8	9	1	3
7	9	3	5	4	1	6	2	8

Puzzle 390

6	5	4	7	1	3	9	2	8
8	9	3	5	4	2	7	6	1
7	1	2	6	9	8	5	3	4
9	7	8	3	2	1	4	5	6
2	4	1	9	5	6	8	7	3
5	3	6	4	8	7	2	1	9
3	6	5	8	7	9	1	4	2
4	2	9	1	6	5	3	8	7
1	8	7	2	3	4	6	9	5

Puzzle 391

5	3	1	9	4	2	6	8	7
2	9	7	5	8	6	1	4	3
4	6	8	7	3	1	2	9	5
3	4	9	2	5	7	8	1	6
8	2	5	6	1	4	7	3	9
7	1	6	8	9	3	4	5	2
1	7	4	3	2	9	5	6	8
9	5	2	1	6	8	3	7	4
6	8	3	4	7	5	9	2	1

Puzzle 392

3	2	8	7	9	4	6	5	1
4	5	7	2	1	6	8	9	3
1	6	9	3	5	8	4	2	7
5	3	1	4	7	2	9	8	6
8	4	2	9	6	3	7	1	5
9	7	6	1	8	5	2	3	4
7	9	4	5	2	1	3	6	8
6	1	3	8	4	9	5	7	2
2	8	5	6	3	7	1	4	9

Puzzle 393

5	6	4	8	3	2	1	7	9
1	3	8	5	7	9	4	6	2
2	7	9	4	1	6	5	3	8
7	1	6	2	4	5	9	8	3
8	9	3	7	6	1	2	4	5
4	2	5	9	8	3	7	1	6
3	5	7	6	9	4	8	2	1
9	4	1	3	2	8	6	5	7
6	8	2	1	5	7	3	9	4

Puzzle 394

9	8	3	4	2	6	7	5	1
7	1	4	5	8	9	2	6	3
5	6	2	1	7	3	4	8	9
1	5	6	2	4	7	9	3	8
8	2	9	3	6	5	1	7	4
3	4	7	9	1	8	6	2	5
4	7	1	8	3	2	5	9	6
2	9	8	6	5	4	3	1	7
6	3	5	7	9	1	8	4	2

Puzzle 395

3	1	2	7	8	6	4	5	9
7	5	9	4	1	2	3	8	6
6	8	4	3	5	9	1	2	7
9	3	1	6	7	8	2	4	5
8	6	7	5	2	4	9	1	3
4	2	5	9	3	1	6	7	8
5	7	6	1	4	3	8	9	2
1	9	8	2	6	5	7	3	4
2	4	3	8	9	7	5	6	1

Puzzle 396

2	7	1	3	4	9	5	6	8
5	6	8	7	2	1	4	9	3
9	4	3	8	5	6	7	1	2
6	5	4	1	3	2	9	8	7
1	3	7	4	9	8	6	2	5
8	9	2	5	6	7	3	4	1
7	8	5	6	1	4	2	3	9
4	1	9	2	7	3	8	5	6
3	2	6	9	8	5	1	7	4

Puzzle 397

6	9	5	7	1	3	4	2	8
3	8	1	4	5	2	7	9	6
7	4	2	8	9	6	3	5	1
9	1	7	2	3	4	8	6	5
4	2	6	5	7	8	1	3	9
5	3	8	1	6	9	2	7	4
2	7	4	9	8	5	6	1	3
8	5	3	6	2	1	9	4	7
1	6	9	3	4	7	5	8	2

Puzzle 398

7	8	1	4	6	3	5	2	9
3	4	2	8	9	5	7	6	1
5	6	9	1	7	2	3	4	8
6	1	4	9	8	7	2	3	5
8	5	3	6	2	4	9	1	7
2	9	7	5	3	1	6	8	4
4	2	8	3	5	9	1	7	6
1	3	5	7	4	6	8	9	2
9	7	6	2	1	8	4	5	3

Puzzle 399

5	2	9	7	4	3	8	1	6
6	7	8	9	1	2	5	3	4
1	3	4	5	6	8	2	9	7
4	5	3	2	8	1	6	7	9
9	8	6	4	3	7	1	2	5
7	1	2	6	9	5	4	8	3
2	9	1	3	5	4	7	6	8
3	4	7	8	2	6	9	5	1
8	6	5	1	7	9	3	4	2

Puzzle 400

6	1	2	4	5	8	3	7	9
7	5	3	6	1	9	4	8	2
8	9	4	2	7	3	1	5	6
5	3	9	1	8	7	2	6	4
1	6	8	9	4	2	7	3	5
4	2	7	5	3	6	9	1	8
2	7	1	8	9	5	6	4	3
9	4	5	3	6	1	8	2	7
3	8	6	7	2	4	5	9	1

Puzzle 401

8	2	1	6	9	7	3	4	5
7	4	6	3	5	1	2	9	8
3	9	5	4	8	2	7	1	6
4	7	9	2	3	5	8	6	1
1	8	2	7	6	9	5	3	4
5	6	3	1	4	8	9	2	7
2	1	4	5	7	3	6	8	9
6	5	8	9	2	4	1	7	3
9	3	7	8	1	6	4	5	2

Puzzle 402

5	3	2	1	4	7	9	6	8
9	7	6	5	2	8	3	4	1
1	4	8	9	6	3	7	2	5
4	5	7	8	1	6	2	9	3
6	9	3	4	5	2	1	8	7
2	8	1	7	3	9	6	5	4
3	1	9	6	8	4	5	7	2
7	2	4	3	9	5	8	1	6
8	6	5	2	7	1	4	3	9

Puzzle 403

3	9	4	2	8	7	5	1	6
2	7	1	3	5	6	8	9	4
8	5	6	9	1	4	3	7	2
7	3	5	8	9	2	4	6	1
9	1	8	4	6	3	2	5	7
6	4	2	1	7	5	9	3	8
4	2	9	6	3	1	7	8	5
1	8	7	5	2	9	6	4	3
5	6	3	7	4	8	1	2	9

Puzzle 404

4	9	7	2	1	6	8	3	5
2	1	3	5	7	8	9	6	4
5	8	6	4	3	9	1	2	7
1	4	5	8	2	7	6	9	3
3	6	9	1	5	4	2	7	8
8	7	2	9	6	3	5	4	1
6	5	8	7	4	2	3	1	9
9	2	4	3	8	1	7	5	6
7	3	1	6	9	5	4	8	2

Puzzle 405

8	1	6	7	4	2	9	3	5
7	2	4	5	9	3	8	1	6
9	3	5	8	6	1	2	7	4
6	7	1	2	8	4	5	9	3
2	5	9	6	3	7	4	8	1
3	4	8	1	5	9	7	6	2
4	6	3	9	2	8	1	5	7
1	9	2	3	7	5	6	4	8
5	8	7	4	1	6	3	2	9

Puzzle 406

7	1	5	3	2	6	8	9	4
8	4	6	7	5	9	2	1	3
3	2	9	8	1	4	5	7	6
6	3	1	9	7	8	4	2	5
9	7	2	6	4	5	3	8	1
5	8	4	2	3	1	7	6	9
4	9	7	5	6	2	1	3	8
1	6	3	4	8	7	9	5	2
2	5	8	1	9	3	6	4	7

Puzzle 407

6	1	3	8	7	5	4	9	2
8	4	5	1	2	9	3	7	6
7	2	9	3	4	6	8	1	5
4	9	8	7	3	2	5	6	1
3	5	7	6	1	8	2	4	9
1	6	2	5	9	4	7	3	8
5	8	1	4	6	7	9	2	3
9	7	6	2	5	3	1	8	4
2	3	4	9	8	1	6	5	7

Puzzle 408

4	7	2	1	3	9	5	6	8
1	6	8	2	4	5	3	7	9
3	5	9	6	8	7	1	4	2
8	3	6	7	2	1	9	5	4
9	1	7	5	6	4	8	2	3
5	2	4	8	9	3	6	1	7
6	8	5	3	7	2	4	9	1
2	9	1	4	5	8	7	3	6
7	4	3	9	1	6	2	8	5

Puzzle 409

8	3	2	5	6	4	9	7	1
6	5	4	9	1	7	8	2	3
9	7	1	3	2	8	6	4	5
4	8	6	1	5	3	2	9	7
5	2	9	4	7	6	3	1	8
3	1	7	2	8	9	4	5	6
1	6	8	7	4	2	5	3	9
7	4	3	8	9	5	1	6	2
2	9	5	6	3	1	7	8	4

Puzzle 410

1	4	8	7	6	5	2	3	9
3	9	6	1	4	2	8	5	7
7	2	5	9	8	3	1	6	4
9	8	7	5	3	6	4	1	2
6	5	1	4	2	7	9	8	3
2	3	4	8	9	1	5	7	6
4	1	9	3	7	8	6	2	5
8	6	3	2	5	9	7	4	1
5	7	2	6	1	4	3	9	8

Puzzle 411

8	2	7	6	5	3	1	4	9
5	9	3	4	2	1	6	8	7
4	1	6	9	7	8	5	2	3
7	8	4	1	9	2	3	6	5
2	6	9	7	3	5	8	1	4
1	3	5	8	4	6	7	9	2
3	4	8	5	6	9	2	7	1
9	5	1	2	8	7	4	3	6
6	7	2	3	1	4	9	5	8

Puzzle 412

7	3	8	5	6	4	2	9	1
4	1	5	9	7	2	8	6	3
9	2	6	3	1	8	7	5	4
2	7	3	4	9	6	5	1	8
5	4	9	2	8	1	6	3	7
8	6	1	7	3	5	4	2	9
3	8	7	6	2	9	1	4	5
6	9	4	1	5	7	3	8	2
1	5	2	8	4	3	9	7	6

Puzzle 413

6	9	2	8	5	1	4	7	3
8	4	1	2	3	7	6	9	5
5	3	7	9	6	4	2	8	1
1	7	5	4	9	2	8	3	6
9	6	8	1	7	3	5	4	2
4	2	3	5	8	6	9	1	7
3	5	4	6	1	8	7	2	9
2	1	6	7	4	9	3	5	8
7	8	9	3	2	5	1	6	4

Puzzle 414

2	4	9	1	5	8	6	3	7
6	7	8	3	9	2	5	4	1
5	1	3	6	7	4	8	9	2
8	6	4	5	3	7	1	2	9
9	3	7	2	6	1	4	8	5
1	2	5	4	8	9	7	6	3
3	9	6	8	1	5	2	7	4
7	5	2	9	4	6	3	1	8
4	8	1	7	2	3	9	5	6

Puzzle 415

6	5	1	9	7	4	2	3	8
4	2	8	6	5	3	7	9	1
7	3	9	1	2	8	4	6	5
9	4	5	3	8	1	6	7	2
1	6	7	5	9	2	3	8	4
2	8	3	4	6	7	1	5	9
3	9	6	2	4	5	8	1	7
5	7	4	8	1	6	9	2	3
8	1	2	7	3	9	5	4	6

Puzzle 416

8	5	9	1	3	7	4	2	6
6	4	3	9	8	2	1	5	7
2	1	7	6	4	5	8	9	3
3	7	4	5	2	8	9	6	1
1	9	8	3	6	4	2	7	5
5	6	2	7	1	9	3	4	8
7	8	5	4	9	3	6	1	2
4	3	6	2	5	1	7	8	9
9	2	1	8	7	6	5	3	4

Puzzle 417

4	6	1	5	7	8	9	2	3
7	9	8	6	3	2	1	5	4
5	2	3	9	4	1	6	7	8
8	7	2	4	1	5	3	6	9
9	4	5	3	6	7	8	1	2
1	3	6	8	2	9	7	4	5
2	1	9	7	8	4	5	3	6
3	5	7	2	9	6	4	8	1
6	8	4	1	5	3	2	9	7

Puzzle 418

5	9	2	3	7	8	1	4	6
8	7	6	9	1	4	5	3	2
1	4	3	5	2	6	7	8	9
6	1	7	4	5	3	2	9	8
4	5	9	2	8	7	6	1	3
3	2	8	1	6	9	4	5	7
9	3	5	7	4	2	8	6	1
2	8	1	6	3	5	9	7	4
7	6	4	8	9	1	3	2	5

Puzzle 419

7	2	4	1	9	8	5	6	3
8	5	9	6	4	3	1	2	7
1	3	6	2	5	7	8	9	4
4	9	7	5	6	2	3	1	8
5	8	1	4	3	9	2	7	6
2	6	3	8	7	1	9	4	5
3	7	5	9	1	4	6	8	2
9	4	2	3	8	6	7	5	1
6	1	8	7	2	5	4	3	9

Puzzle 420

9	6	1	8	3	7	4	2	5
5	3	4	6	2	9	7	1	8
8	7	2	1	5	4	3	6	9
2	5	6	3	9	1	8	7	4
1	8	9	7	4	6	2	5	3
3	4	7	5	8	2	1	9	6
7	1	8	9	6	3	5	4	2
4	9	5	2	1	8	6	3	7
6	2	3	4	7	5	9	8	1

Puzzle 421

4	5	6	2	7	1	9	3	8
9	2	8	3	6	5	4	1	7
3	1	7	4	9	8	5	2	6
7	9	4	6	3	2	8	5	1
5	3	1	7	8	9	6	4	2
6	8	2	1	5	4	3	7	9
2	6	5	9	4	7	1	8	3
8	7	9	5	1	3	2	6	4
1	4	3	8	2	6	7	9	5

Puzzle 422

1	2	8	7	9	6	5	3	4
9	3	5	2	8	4	6	7	1
4	6	7	5	3	1	2	8	9
8	4	3	9	1	2	7	5	6
5	7	9	4	6	3	1	2	8
6	1	2	8	7	5	9	4	3
2	9	1	3	4	7	8	6	5
3	5	6	1	2	8	4	9	7
7	8	4	6	5	9	3	1	2

Puzzle 423

4	8	1	2	7	3	9	5	6
5	2	9	8	4	6	7	1	3
7	6	3	9	5	1	2	8	4
6	7	8	5	9	4	1	3	2
1	3	4	6	2	8	5	7	9
9	5	2	3	1	7	6	4	8
2	9	7	4	8	5	3	6	1
3	4	5	1	6	9	8	2	7
8	1	6	7	3	2	4	9	5

Puzzle 424

8	9	6	1	5	7	2	4	3
2	7	1	3	8	4	9	6	5
5	3	4	9	2	6	1	8	7
7	4	5	2	9	8	3	1	6
3	2	9	7	6	1	8	5	4
1	6	8	5	4	3	7	9	2
9	1	7	6	3	5	4	2	8
4	5	3	8	1	2	6	7	9
6	8	2	4	7	9	5	3	1

Puzzle 425

8	9	1	3	6	4	7	5	2
5	3	4	9	7	2	6	8	1
7	6	2	8	5	1	3	4	9
3	8	9	6	4	5	1	2	7
2	5	7	1	3	9	8	6	4
1	4	6	2	8	7	5	9	3
4	1	5	7	9	6	2	3	8
6	2	8	4	1	3	9	7	5
9	7	3	5	2	8	4	1	6

Puzzle 426

8	5	3	7	6	2	1	9	4
2	9	7	4	1	5	3	6	8
4	6	1	8	3	9	5	2	7
1	2	8	3	9	7	6	4	5
9	4	5	6	8	1	7	3	2
7	3	6	5	2	4	8	1	9
5	1	4	9	7	3	2	8	6
3	8	9	2	5	6	4	7	1
6	7	2	1	4	8	9	5	3

Puzzle 427

9	8	2	7	5	6	1	4	3
6	3	7	2	1	4	5	9	8
1	4	5	3	9	8	7	6	2
5	7	1	4	2	9	3	8	6
4	6	8	1	7	3	2	5	9
3	2	9	6	8	5	4	7	1
7	9	4	8	3	1	6	2	5
2	5	3	9	6	7	8	1	4
8	1	6	5	4	2	9	3	7

Puzzle 428

9	3	2	1	4	5	6	8	7
6	5	4	8	3	7	9	2	1
8	7	1	9	6	2	4	3	5
1	4	7	2	9	8	3	5	6
2	8	9	6	5	3	7	1	4
5	6	3	4	7	1	2	9	8
4	9	5	3	1	6	8	7	2
7	2	6	5	8	9	1	4	3
3	1	8	7	2	4	5	6	9

Puzzle 429

2	7	9	6	3	4	8	1	5
3	4	8	5	9	1	6	7	2
6	1	5	7	2	8	9	3	4
4	2	3	9	5	6	1	8	7
5	9	1	4	8	7	2	6	3
8	6	7	2	1	3	4	5	9
7	3	4	1	6	2	5	9	8
1	5	2	8	7	9	3	4	6
9	8	6	3	4	5	7	2	1

Puzzle 430

6	9	5	1	8	4	7	2	3
3	1	2	6	9	7	8	5	4
7	4	8	2	5	3	9	6	1
5	2	7	3	6	1	4	9	8
1	8	3	4	2	9	6	7	5
9	6	4	8	7	5	3	1	2
4	3	6	9	1	2	5	8	7
2	7	9	5	3	8	1	4	6
8	5	1	7	4	6	2	3	9

Puzzle 431

5	9	6	1	7	8	2	4	3
4	8	7	2	6	3	1	5	9
1	2	3	9	5	4	7	8	6
6	4	1	8	2	7	9	3	5
7	5	9	6	3	1	8	2	4
8	3	2	4	9	5	6	7	1
2	1	4	3	8	9	5	6	7
3	7	8	5	1	6	4	9	2
9	6	5	7	4	2	3	1	8

Puzzle 432

6	3	7	5	8	1	2	9	4
8	1	5	4	2	9	3	6	7
2	4	9	3	6	7	8	1	5
5	9	3	6	1	2	7	4	8
7	2	1	9	4	8	5	3	6
4	6	8	7	5	3	1	2	9
9	8	2	1	7	6	4	5	3
1	5	6	8	3	4	9	7	2
3	7	4	2	9	5	6	8	1

Puzzle 433

5	3	8	2	4	6	7	9	1
2	4	1	5	7	9	6	8	3
6	9	7	8	1	3	2	5	4
7	5	9	4	8	1	3	6	2
4	8	3	7	6	2	5	1	9
1	6	2	3	9	5	4	7	8
3	7	6	9	2	8	1	4	5
8	2	4	1	5	7	9	3	6
9	1	5	6	3	4	8	2	7

Puzzle 434

9	2	4	3	5	1	7	6	8
1	5	8	2	6	7	3	9	4
7	6	3	4	8	9	1	2	5
2	9	7	6	1	4	5	8	3
8	1	5	7	9	3	2	4	6
4	3	6	8	2	5	9	7	1
3	4	9	1	7	8	6	5	2
5	8	2	9	3	6	4	1	7
6	7	1	5	4	2	8	3	9

Puzzle 435

6	1	4	3	7	9	8	5	2
2	5	9	1	8	4	7	3	6
7	3	8	6	2	5	1	4	9
4	2	6	7	9	1	5	8	3
5	9	1	8	6	3	2	7	4
8	7	3	5	4	2	9	6	1
1	8	5	2	3	6	4	9	7
3	4	7	9	1	8	6	2	5
9	6	2	4	5	7	3	1	8

Puzzle 436

6	8	7	5	2	9	4	1	3
5	2	4	7	3	1	8	9	6
3	9	1	4	8	6	5	7	2
9	3	8	1	7	2	6	4	5
2	4	6	3	9	5	1	8	7
7	1	5	8	6	4	3	2	9
4	5	9	2	1	3	7	6	8
1	7	2	6	5	8	9	3	4
8	6	3	9	4	7	2	5	1

Puzzle 437

1	5	7	6	2	8	4	3	9
8	3	4	7	9	1	6	2	5
9	2	6	4	5	3	8	7	1
4	9	1	3	7	6	5	8	2
2	8	5	1	4	9	7	6	3
7	6	3	5	8	2	1	9	4
6	1	8	2	3	5	9	4	7
5	7	2	9	6	4	3	1	8
3	4	9	8	1	7	2	5	6

Puzzle 438

1	3	9	8	5	6	4	7	2
7	5	4	3	2	9	8	1	6
2	6	8	1	4	7	5	3	9
6	8	1	7	9	5	3	2	4
9	2	3	6	1	4	7	5	8
5	4	7	2	3	8	6	9	1
3	7	2	4	8	1	9	6	5
4	9	6	5	7	2	1	8	3
8	1	5	9	6	3	2	4	7

Puzzle 439

3	7	4	2	9	6	8	5	1
8	2	9	3	5	1	4	6	7
6	5	1	7	8	4	3	2	9
2	6	7	8	4	5	1	9	3
1	3	8	9	6	2	7	4	5
9	4	5	1	7	3	6	8	2
7	8	2	6	3	9	5	1	4
4	1	3	5	2	8	9	7	6
5	9	6	4	1	7	2	3	8

Puzzle 440

2	7	8	3	4	1	6	9	5
3	6	4	9	2	5	8	1	7
5	1	9	6	7	8	3	4	2
8	4	6	7	9	3	2	5	1
9	5	2	4	1	6	7	3	8
7	3	1	8	5	2	9	6	4
1	2	7	5	6	9	4	8	3
4	9	3	1	8	7	5	2	6
6	8	5	2	3	4	1	7	9

Puzzle 441

8	4	3	1	7	6	2	9	5
5	1	9	2	3	8	4	7	6
6	2	7	5	9	4	8	3	1
2	9	6	4	8	1	7	5	3
4	7	5	3	6	9	1	2	8
1	3	8	7	2	5	9	6	4
9	6	4	8	5	7	3	1	2
7	8	2	6	1	3	5	4	9
3	5	1	9	4	2	6	8	7

Puzzle 442

5	6	9	4	1	8	3	7	2
4	7	8	9	2	3	1	5	6
1	2	3	7	5	6	4	8	9
9	5	1	6	8	7	2	4	3
2	4	7	1	3	9	5	6	8
3	8	6	2	4	5	7	9	1
6	1	5	3	9	4	8	2	7
7	3	4	8	6	2	9	1	5
8	9	2	5	7	1	6	3	4

Puzzle 443

6	8	2	4	3	9	7	5	1
3	5	9	2	7	1	8	4	6
4	1	7	5	8	6	2	3	9
9	2	6	7	1	5	3	8	4
8	7	1	9	4	3	5	6	2
5	4	3	6	2	8	9	1	7
1	9	8	3	6	7	4	2	5
2	3	5	1	9	4	6	7	8
7	6	4	8	5	2	1	9	3

Puzzle 444

2	6	4	1	8	9	5	7	3
8	1	7	5	6	3	4	9	2
3	5	9	7	4	2	8	6	1
1	3	5	2	9	8	7	4	6
9	2	6	4	7	1	3	5	8
7	4	8	6	3	5	2	1	9
6	8	1	3	5	4	9	2	7
4	7	3	9	2	6	1	8	5
5	9	2	8	1	7	6	3	4

Puzzle 445

2	3	9	6	1	4	5	7	8
4	5	8	3	7	2	1	6	9
7	1	6	9	8	5	2	3	4
6	4	7	8	5	9	3	1	2
9	8	5	1	2	3	7	4	6
3	2	1	4	6	7	8	9	5
5	7	3	2	9	6	4	8	1
1	6	4	5	3	8	9	2	7
8	9	2	7	4	1	6	5	3

Puzzle 446

5	2	3	7	6	9	4	8	1
9	6	7	4	8	1	5	2	3
1	8	4	3	2	5	6	9	7
2	3	5	8	7	4	1	6	9
8	9	1	6	5	2	7	3	4
4	7	6	9	1	3	2	5	8
6	4	9	2	3	7	8	1	5
3	1	2	5	4	8	9	7	6
7	5	8	1	9	6	3	4	2

Puzzle 447

1	6	3	8	4	9	2	7	5
9	7	2	5	6	3	8	1	4
8	4	5	2	7	1	6	9	3
5	9	8	6	3	4	1	2	7
4	2	6	1	8	7	3	5	9
7	3	1	9	5	2	4	8	6
2	5	4	3	9	8	7	6	1
3	1	9	7	2	6	5	4	8
6	8	7	4	1	5	9	3	2

Puzzle 448

8	2	7	1	6	3	5	4	9
6	3	1	9	5	4	8	2	7
9	4	5	2	8	7	1	3	6
7	8	9	3	2	5	4	6	1
4	1	6	7	9	8	3	5	2
3	5	2	6	4	1	7	9	8
2	7	4	8	3	6	9	1	5
1	9	3	5	7	2	6	8	4
5	6	8	4	1	9	2	7	3

Puzzle 449

9	4	6	8	3	7	5	1	2
8	3	5	9	1	2	4	6	7
7	1	2	4	5	6	3	8	9
2	9	7	6	4	1	8	5	3
6	5	3	7	9	8	2	4	1
1	8	4	5	2	3	9	7	6
3	7	9	1	8	5	6	2	4
5	2	1	3	6	4	7	9	8
4	6	8	2	7	9	1	3	5

Puzzle 450

8	4	5	6	9	2	1	7	3
9	2	1	4	3	7	5	8	6
6	7	3	5	8	1	4	2	9
4	8	7	1	5	9	3	6	2
1	3	6	2	7	4	8	9	5
2	5	9	3	6	8	7	1	4
7	9	2	8	4	3	6	5	1
3	6	8	9	1	5	2	4	7
5	1	4	7	2	6	9	3	8

Puzzle 451

4	6	7	9	5	1	2	8	3
5	2	9	4	8	3	1	7	6
1	8	3	7	6	2	5	9	4
6	4	8	2	3	7	9	5	1
3	9	5	8	1	4	7	6	2
2	7	1	6	9	5	3	4	8
9	1	4	5	2	6	8	3	7
8	3	6	1	7	9	4	2	5
7	5	2	3	4	8	6	1	9

Puzzle 452

6	7	5	3	2	4	8	9	1
1	8	4	6	5	9	2	7	3
2	9	3	7	8	1	5	4	6
3	2	9	8	6	5	4	1	7
4	1	7	2	9	3	6	5	8
5	6	8	4	1	7	3	2	9
9	5	6	1	3	2	7	8	4
7	3	2	9	4	8	1	6	5
8	4	1	5	7	6	9	3	2

Puzzle 453

8	2	9	4	3	1	7	5	6
1	6	5	2	9	7	3	8	4
4	7	3	6	8	5	2	9	1
7	8	1	9	4	3	5	6	2
6	3	2	5	7	8	1	4	9
9	5	4	1	6	2	8	7	3
3	9	7	8	1	4	6	2	5
5	1	6	7	2	9	4	3	8
2	4	8	3	5	6	9	1	7

Puzzle 454

5	6	2	7	9	4	8	3	1
9	4	1	6	8	3	5	7	2
3	7	8	1	5	2	9	6	4
6	2	9	8	4	5	3	1	7
4	3	7	9	2	1	6	5	8
8	1	5	3	7	6	2	4	9
2	5	3	4	1	8	7	9	6
7	8	4	5	6	9	1	2	3
1	9	6	2	3	7	4	8	5

Puzzle 455

1	3	7	4	8	6	9	5	2
8	4	9	2	5	1	3	6	7
2	6	5	9	3	7	4	1	8
3	7	8	6	9	4	5	2	1
9	5	4	8	1	2	6	7	3
6	2	1	3	7	5	8	4	9
5	8	6	1	2	9	7	3	4
7	9	2	5	4	3	1	8	6
4	1	3	7	6	8	2	9	5

Puzzle 456

4	9	5	1	6	2	3	7	8
7	2	6	9	3	8	4	1	5
3	1	8	4	7	5	9	6	2
8	3	9	5	2	1	7	4	6
5	6	2	3	4	7	1	8	9
1	4	7	8	9	6	5	2	3
9	7	1	6	8	3	2	5	4
6	5	3	2	1	4	8	9	7
2	8	4	7	5	9	6	3	1

Puzzle 457

8	1	3	5	9	2	4	7	6
5	6	4	8	3	7	2	9	1
9	2	7	6	4	1	3	8	5
3	4	8	7	1	5	6	2	9
6	9	5	2	8	4	1	3	7
2	7	1	3	6	9	8	5	4
4	5	2	1	7	3	9	6	8
1	3	6	9	5	8	7	4	2
7	8	9	4	2	6	5	1	3

Puzzle 458

1	7	3	4	2	9	5	6	8
6	8	9	1	3	5	4	2	7
5	4	2	6	8	7	3	1	9
9	2	1	8	7	4	6	5	3
8	6	7	2	5	3	1	9	4
4	3	5	9	6	1	8	7	2
2	9	8	3	1	6	7	4	5
7	1	4	5	9	8	2	3	6
3	5	6	7	4	2	9	8	1

Puzzle 459

7	1	2	6	4	3	5	8	9
5	3	8	2	9	1	7	4	6
6	9	4	7	8	5	2	3	1
9	7	6	1	5	8	3	2	4
3	2	5	9	7	4	6	1	8
4	8	1	3	2	6	9	7	5
2	5	9	8	1	7	4	6	3
1	6	7	4	3	9	8	5	2
8	4	3	5	6	2	1	9	7

Puzzle 460

3	8	1	2	5	4	7	6	9
6	7	9	1	3	8	4	5	2
5	4	2	9	6	7	1	3	8
7	6	5	3	2	1	8	9	4
9	1	8	5	4	6	3	2	7
4	2	3	8	7	9	6	1	5
1	9	4	6	8	2	5	7	3
8	5	6	7	9	3	2	4	1
2	3	7	4	1	5	9	8	6

Puzzle 461

1	3	4	7	9	5	8	2	6
6	7	8	1	4	2	3	5	9
9	2	5	3	8	6	4	1	7
7	8	2	9	1	3	6	4	5
4	1	9	5	6	7	2	8	3
5	6	3	8	2	4	7	9	1
2	4	1	6	3	9	5	7	8
8	5	6	2	7	1	9	3	4
3	9	7	4	5	8	1	6	2

Puzzle 462

9	2	1	3	6	7	4	8	5
5	4	7	1	8	2	6	3	9
8	6	3	9	5	4	7	1	2
4	9	2	8	3	1	5	6	7
3	8	6	7	2	5	1	9	4
1	7	5	6	4	9	8	2	3
6	1	4	2	7	3	9	5	8
7	3	9	5	1	8	2	4	6
2	5	8	4	9	6	3	7	1

Puzzle 463

3	4	2	6	7	9	1	8	5
7	6	1	8	4	5	9	3	2
9	8	5	1	2	3	6	4	7
5	7	4	3	1	8	2	6	9
1	9	3	7	6	2	4	5	8
6	2	8	5	9	4	7	1	3
4	5	7	2	3	1	8	9	6
2	3	9	4	8	6	5	7	1
8	1	6	9	5	7	3	2	4

Puzzle 464

6	4	2	3	1	5	8	9	7
1	3	8	4	9	7	5	2	6
5	7	9	8	2	6	1	4	3
2	5	6	9	8	1	3	7	4
3	1	4	7	5	2	9	6	8
9	8	7	6	4	3	2	5	1
7	6	5	2	3	8	4	1	9
8	9	1	5	6	4	7	3	2
4	2	3	1	7	9	6	8	5

Puzzle 465

9	2	6	5	1	4	8	3	7
3	1	4	9	7	8	5	6	2
8	7	5	6	2	3	4	1	9
4	6	3	8	9	7	2	5	1
7	5	8	2	6	1	9	4	3
2	9	1	4	3	5	6	7	8
5	8	7	3	4	2	1	9	6
1	4	9	7	8	6	3	2	5
6	3	2	1	5	9	7	8	4

Puzzle 466

2	9	8	1	5	7	6	4	3
6	3	5	2	4	9	7	1	8
1	7	4	6	3	8	9	2	5
4	8	2	3	9	6	1	5	7
9	1	6	8	7	5	2	3	4
3	5	7	4	1	2	8	6	9
8	6	9	5	2	3	4	7	1
5	2	1	7	8	4	3	9	6
7	4	3	9	6	1	5	8	2

Puzzle 467

5	3	9	7	2	8	6	4	1
6	2	8	4	5	1	9	7	3
7	4	1	3	6	9	5	8	2
9	1	2	6	8	5	7	3	4
3	8	5	1	4	7	2	6	9
4	6	7	9	3	2	8	1	5
8	7	4	5	9	3	1	2	6
1	5	3	2	7	6	4	9	8
2	9	6	8	1	4	3	5	7

Puzzle 468

4	1	6	8	9	5	7	2	3
7	5	9	2	6	3	4	1	8
3	8	2	7	1	4	6	5	9
2	4	5	3	8	7	1	9	6
9	6	3	4	2	1	8	7	5
1	7	8	6	5	9	3	4	2
8	2	1	9	7	6	5	3	4
6	3	7	5	4	2	9	8	1
5	9	4	1	3	8	2	6	7

Puzzle 469

5	7	8	9	4	3	1	6	2
9	4	3	1	2	6	7	5	8
2	1	6	7	5	8	9	4	3
4	5	2	8	1	7	6	3	9
7	6	1	4	3	9	8	2	5
3	8	9	5	6	2	4	1	7
1	9	4	2	8	5	3	7	6
8	3	5	6	7	4	2	9	1
6	2	7	3	9	1	5	8	4

Puzzle 470

3	1	9	6	2	7	5	8	4
6	7	8	9	5	4	1	2	3
4	5	2	1	3	8	7	6	9
7	6	1	2	9	3	8	4	5
5	9	3	4	8	1	2	7	6
8	2	4	5	7	6	9	3	1
9	4	6	8	1	2	3	5	7
2	3	5	7	6	9	4	1	8
1	8	7	3	4	5	6	9	2

Puzzle 471

3	6	1	9	2	5	7	4	8
4	5	2	6	7	8	3	9	1
7	9	8	3	4	1	5	6	2
9	1	5	2	6	4	8	7	3
2	3	4	1	8	7	6	5	9
8	7	6	5	3	9	2	1	4
6	8	7	4	1	2	9	3	5
5	4	3	8	9	6	1	2	7
1	2	9	7	5	3	4	8	6

Puzzle 472

2	7	9	6	5	4	3	8	1
3	6	5	9	8	1	2	4	7
1	4	8	3	2	7	6	9	5
7	5	1	2	4	8	9	6	3
9	8	2	7	6	3	5	1	4
6	3	4	1	9	5	7	2	8
4	2	7	5	1	9	8	3	6
5	1	6	8	3	2	4	7	9
8	9	3	4	7	6	1	5	2

Puzzle 473

6	5	7	4	9	2	3	1	8
8	3	2	5	1	6	9	4	7
1	4	9	8	7	3	5	2	6
4	9	6	2	3	8	7	5	1
7	2	5	9	4	1	8	6	3
3	1	8	7	6	5	2	9	4
2	6	1	3	5	7	4	8	9
5	7	4	6	8	9	1	3	2
9	8	3	1	2	4	6	7	5

Puzzle 474

5	2	4	8	3	6	1	9	7
1	9	3	4	5	7	6	2	8
6	8	7	2	9	1	4	5	3
8	5	1	7	2	3	9	4	6
4	6	2	9	1	8	3	7	5
3	7	9	6	4	5	8	1	2
2	1	6	3	7	9	5	8	4
7	3	5	1	8	4	2	6	9
9	4	8	5	6	2	7	3	1

Puzzle 475

3	7	2	9	8	1	6	5	4
5	4	6	3	7	2	8	9	1
1	9	8	4	6	5	2	7	3
6	1	7	2	5	3	9	4	8
9	8	5	6	1	4	3	2	7
2	3	4	8	9	7	5	1	6
7	2	1	5	3	8	4	6	9
8	5	9	1	4	6	7	3	2
4	6	3	7	2	9	1	8	5

Puzzle 476

8	5	2	1	4	3	7	9	6
1	3	7	6	9	5	2	8	4
6	4	9	8	2	7	1	5	3
9	7	5	3	8	6	4	2	1
2	1	4	5	7	9	6	3	8
3	8	6	4	1	2	9	7	5
4	2	8	9	3	1	5	6	7
7	6	3	2	5	4	8	1	9
5	9	1	7	6	8	3	4	2

Puzzle 477

6	9	1	8	3	4	5	2	7
7	4	3	5	1	2	9	6	8
2	5	8	9	7	6	4	3	1
8	1	4	3	6	9	2	7	5
9	2	7	4	8	5	6	1	3
3	6	5	1	2	7	8	4	9
4	8	2	7	9	1	3	5	6
5	7	9	6	4	3	1	8	2
1	3	6	2	5	8	7	9	4

Puzzle 478

9	1	6	7	5	2	4	8	3
3	8	7	9	4	1	6	2	5
2	4	5	3	6	8	1	7	9
6	3	4	5	7	9	8	1	2
5	9	8	2	1	6	7	3	4
1	7	2	8	3	4	9	5	6
4	5	9	1	8	3	2	6	7
7	2	1	6	9	5	3	4	8
8	6	3	4	2	7	5	9	1

Puzzle 479

9	6	3	4	7	2	1	8	5
1	4	7	5	3	8	9	6	2
2	8	5	6	9	1	4	7	3
8	3	2	1	4	6	7	5	9
4	5	6	7	8	9	3	2	1
7	9	1	3	2	5	6	4	8
3	2	9	8	6	7	5	1	4
6	1	4	2	5	3	8	9	7
5	7	8	9	1	4	2	3	6

Puzzle 480

3	5	4	9	1	6	8	2	7
2	9	8	7	4	5	1	3	6
6	7	1	3	8	2	9	5	4
7	4	3	8	2	9	6	1	5
5	1	2	6	7	3	4	8	9
9	8	6	1	5	4	2	7	3
1	3	5	4	9	8	7	6	2
4	6	7	2	3	1	5	9	8
8	2	9	5	6	7	3	4	1

Puzzle 481

2	6	8	9	1	3	5	4	7
3	9	4	5	8	7	2	6	1
1	7	5	6	4	2	8	3	9
9	8	2	4	7	5	6	1	3
6	5	7	8	3	1	4	9	2
4	1	3	2	6	9	7	8	5
5	4	9	3	2	6	1	7	8
7	2	6	1	9	8	3	5	4
8	3	1	7	5	4	9	2	6

Puzzle 482

1	2	4	7	8	5	9	6	3
6	9	7	3	4	2	5	1	8
5	3	8	9	1	6	4	2	7
9	8	5	2	7	3	6	4	1
2	1	6	8	5	4	7	3	9
7	4	3	6	9	1	2	8	5
3	6	9	5	2	8	1	7	4
8	5	1	4	6	7	3	9	2
4	7	2	1	3	9	8	5	6

Puzzle 483

2	4	6	1	9	3	8	5	7
8	5	9	6	2	7	1	3	4
3	1	7	4	5	8	9	2	6
7	8	5	2	4	9	3	6	1
6	2	4	7	3	1	5	8	9
9	3	1	5	8	6	7	4	2
1	6	2	8	7	5	4	9	3
4	9	8	3	1	2	6	7	5
5	7	3	9	6	4	2	1	8

Puzzle 484

2	5	7	9	1	4	3	8	6
1	3	8	5	2	6	9	4	7
6	9	4	8	3	7	2	5	1
8	1	5	4	7	3	6	9	2
7	6	9	2	5	1	8	3	4
3	4	2	6	8	9	7	1	5
4	7	1	3	6	8	5	2	9
9	2	3	7	4	5	1	6	8
5	8	6	1	9	2	4	7	3

Puzzle 485

3	5	8	4	9	6	7	1	2
1	6	4	8	2	7	5	3	9
7	2	9	5	1	3	6	4	8
9	8	3	7	6	1	2	5	4
5	1	2	9	4	8	3	6	7
6	4	7	2	3	5	9	8	1
8	7	6	1	5	2	4	9	3
2	9	5	3	8	4	1	7	6
4	3	1	6	7	9	8	2	5

Puzzle 486

9	4	3	1	2	7	8	6	5
7	5	2	9	6	8	3	1	4
8	1	6	4	3	5	2	9	7
5	3	9	2	4	1	7	8	6
1	8	7	5	9	6	4	3	2
2	6	4	8	7	3	9	5	1
6	7	1	3	8	4	5	2	9
4	2	8	6	5	9	1	7	3
3	9	5	7	1	2	6	4	8

Puzzle 487

7	6	4	1	3	2	5	8	9
9	5	3	7	6	8	1	2	4
8	1	2	9	5	4	6	7	3
5	3	7	2	4	6	8	9	1
4	8	1	3	9	5	7	6	2
6	2	9	8	1	7	4	3	5
2	9	6	5	7	1	3	4	8
3	7	5	4	8	9	2	1	6
1	4	8	6	2	3	9	5	7

Puzzle 488

1	2	6	7	9	5	8	3	4
5	8	9	4	1	3	2	6	7
4	3	7	8	2	6	5	9	1
9	4	2	1	7	8	3	5	6
3	7	1	5	6	9	4	8	2
8	6	5	2	3	4	1	7	9
6	9	8	3	4	1	7	2	5
2	1	3	9	5	7	6	4	8
7	5	4	6	8	2	9	1	3

Puzzle 489

5	3	1	2	6	9	8	7	4
4	2	6	3	8	7	9	1	5
7	9	8	5	4	1	6	2	3
2	6	4	8	7	3	5	9	1
8	1	3	6	9	5	2	4	7
9	7	5	4	1	2	3	6	8
1	5	9	7	3	6	4	8	2
6	4	2	1	5	8	7	3	9
3	8	7	9	2	4	1	5	6

Puzzle 490

3	7	5	6	2	1	8	9	4
1	9	4	8	3	5	7	2	6
8	6	2	9	4	7	3	5	1
4	2	8	1	5	6	9	7	3
5	3	9	7	8	4	6	1	2
7	1	6	3	9	2	4	8	5
2	5	3	4	7	9	1	6	8
9	4	1	2	6	8	5	3	7
6	8	7	5	1	3	2	4	9

Puzzle 491

1	8	7	2	3	9	4	5	6
4	2	5	8	1	6	3	9	7
3	9	6	4	7	5	8	2	1
7	6	1	9	4	8	5	3	2
2	5	9	7	6	3	1	4	8
8	4	3	5	2	1	6	7	9
9	1	2	3	8	4	7	6	5
6	7	4	1	5	2	9	8	3
5	3	8	6	9	7	2	1	4

Puzzle 492

9	2	5	6	4	3	1	7	8
8	1	4	7	5	2	3	6	9
7	6	3	8	1	9	2	5	4
1	5	2	3	8	4	7	9	6
6	3	7	9	2	5	4	8	1
4	8	9	1	7	6	5	2	3
5	7	1	4	6	8	9	3	2
3	4	8	2	9	7	6	1	5
2	9	6	5	3	1	8	4	7

Puzzle 493

1	6	7	9	4	8	2	5	3
4	3	8	1	2	5	9	7	6
2	5	9	3	7	6	8	1	4
6	9	5	4	8	1	3	2	7
8	1	2	7	6	3	4	9	5
3	7	4	5	9	2	1	6	8
9	8	3	6	1	7	5	4	2
5	4	6	2	3	9	7	8	1
7	2	1	8	5	4	6	3	9

Puzzle 494

4	2	6	1	5	7	3	9	8
7	3	8	2	4	9	6	5	1
5	9	1	6	8	3	4	7	2
9	8	2	5	6	4	7	1	3
1	6	5	7	3	8	9	2	4
3	4	7	9	2	1	5	8	6
6	5	3	8	9	2	1	4	7
8	1	9	4	7	6	2	3	5
2	7	4	3	1	5	8	6	9

Puzzle 495

5	9	8	2	3	7	6	4	1
4	2	6	8	1	9	7	5	3
7	1	3	5	6	4	9	8	2
3	8	7	4	5	1	2	9	6
6	4	1	9	7	2	5	3	8
2	5	9	6	8	3	1	7	4
9	3	2	7	4	6	8	1	5
8	6	4	1	9	5	3	2	7
1	7	5	3	2	8	4	6	9

Puzzle 496

8	2	3	1	5	6	9	7	4
1	7	6	3	9	4	5	8	2
9	5	4	7	2	8	3	1	6
7	3	8	9	4	1	2	6	5
5	1	9	8	6	2	7	4	3
6	4	2	5	3	7	8	9	1
2	6	5	4	8	9	1	3	7
4	8	7	2	1	3	6	5	9
3	9	1	6	7	5	4	2	8

Puzzle 497

6	7	1	8	2	4	9	3	5
2	3	8	5	9	6	1	7	4
5	4	9	3	1	7	8	6	2
1	9	4	6	8	5	3	2	7
7	5	3	1	4	2	6	9	8
8	6	2	9	7	3	4	5	1
4	8	5	7	3	9	2	1	6
9	2	6	4	5	1	7	8	3
3	1	7	2	6	8	5	4	9

Puzzle 498

8	1	2	6	9	5	3	4	7
6	4	7	8	1	3	2	9	5
9	5	3	7	4	2	8	1	6
5	9	8	2	6	4	7	3	1
7	2	4	9	3	1	6	5	8
1	3	6	5	7	8	9	2	4
2	8	1	3	5	7	4	6	9
4	7	9	1	2	6	5	8	3
3	6	5	4	8	9	1	7	2

Puzzle 499

5	7	8	9	1	6	3	2	4
4	2	1	7	3	8	9	6	5
3	9	6	4	5	2	1	8	7
1	3	4	5	6	9	8	7	2
8	5	9	3	2	7	6	4	1
2	6	7	1	8	4	5	3	9
7	4	3	8	9	1	2	5	6
9	8	2	6	7	5	4	1	3
6	1	5	2	4	3	7	9	8

Puzzle 500

9	3	6	7	1	2	4	8	5
4	8	1	5	3	9	7	2	6
2	5	7	6	8	4	9	3	1
8	9	3	1	4	6	2	5	7
5	7	4	9	2	8	1	6	3
6	1	2	3	5	7	8	4	9
1	4	9	2	6	5	3	7	8
3	6	8	4	7	1	5	9	2
7	2	5	8	9	3	6	1	4

Puzzle 501

5	2	8	6	3	1	4	9	7
3	7	9	2	4	8	1	6	5
6	4	1	5	7	9	2	3	8
9	1	6	3	8	7	5	2	4
8	3	4	9	5	2	6	7	1
2	5	7	1	6	4	9	8	3
4	6	5	8	2	3	7	1	9
1	8	2	7	9	5	3	4	6
7	9	3	4	1	6	8	5	2

Puzzle 502

7	9	2	6	5	3	4	1	8
1	4	3	8	9	2	7	6	5
5	8	6	1	4	7	9	3	2
9	3	1	7	2	4	8	5	6
6	5	7	3	8	9	1	2	4
8	2	4	5	6	1	3	9	7
2	6	9	4	3	8	5	7	1
3	1	8	2	7	5	6	4	9
4	7	5	9	1	6	2	8	3

Puzzle 503

4	3	6	5	7	2	9	8	1
7	5	2	8	1	9	4	6	3
1	8	9	6	3	4	7	2	5
9	4	8	3	2	1	5	7	6
5	6	1	9	8	7	3	4	2
3	2	7	4	6	5	1	9	8
6	9	4	1	5	8	2	3	7
2	1	3	7	9	6	8	5	4
8	7	5	2	4	3	6	1	9

Puzzle 504

3	6	4	7	1	2	9	8	5
1	8	7	5	4	9	2	6	3
9	2	5	6	3	8	7	1	4
8	1	2	3	6	7	5	4	9
7	3	6	9	5	4	8	2	1
5	4	9	2	8	1	3	7	6
6	7	3	4	2	5	1	9	8
2	5	1	8	9	6	4	3	7
4	9	8	1	7	3	6	5	2

Puzzle 505

1	6	5	2	9	4	3	7	8
3	2	8	5	6	7	4	1	9
7	4	9	3	8	1	6	2	5
4	1	2	8	3	9	7	5	6
6	8	7	4	2	5	1	9	3
5	9	3	1	7	6	2	8	4
8	7	4	9	1	3	5	6	2
2	3	1	6	5	8	9	4	7
9	5	6	7	4	2	8	3	1

Puzzle 506

1	5	3	4	2	7	8	6	9
2	7	9	6	3	8	1	5	4
6	8	4	1	9	5	2	7	3
5	4	6	9	7	2	3	1	8
3	2	8	5	4	1	7	9	6
9	1	7	8	6	3	5	4	2
4	3	1	2	5	9	6	8	7
7	6	5	3	8	4	9	2	1
8	9	2	7	1	6	4	3	5

Puzzle 507

1	5	2	8	6	9	3	7	4
9	7	6	1	3	4	8	5	2
4	3	8	2	7	5	1	6	9
5	2	7	4	8	1	9	3	6
8	1	3	6	9	7	2	4	5
6	9	4	5	2	3	7	1	8
2	4	9	3	1	6	5	8	7
3	8	5	7	4	2	6	9	1
7	6	1	9	5	8	4	2	3

Puzzle 508

3	2	9	7	6	4	8	5	1
1	4	6	3	5	8	7	9	2
7	8	5	1	2	9	6	4	3
6	7	8	2	4	1	5	3	9
9	1	3	6	8	5	2	7	4
4	5	2	9	3	7	1	6	8
2	3	4	5	1	6	9	8	7
8	6	7	4	9	2	3	1	5
5	9	1	8	7	3	4	2	6

Puzzle 509

4	9	5	6	2	1	8	7	3
7	8	1	4	9	3	6	5	2
3	2	6	7	5	8	9	4	1
5	4	3	2	6	7	1	9	8
9	6	8	1	4	5	3	2	7
2	1	7	3	8	9	5	6	4
8	7	9	5	3	2	4	1	6
1	3	4	9	7	6	2	8	5
6	5	2	8	1	4	7	3	9

Puzzle 510

8	7	1	5	3	4	9	6	2
9	5	3	7	2	6	8	4	1
2	4	6	1	8	9	7	3	5
5	1	2	9	6	3	4	7	8
7	6	9	8	4	1	2	5	3
4	3	8	2	7	5	6	1	9
1	9	7	4	5	2	3	8	6
3	8	5	6	9	7	1	2	4
6	2	4	3	1	8	5	9	7

Puzzle 511

7	2	8	4	1	9	5	6	3
3	6	1	2	5	8	4	7	9
5	4	9	7	6	3	8	1	2
4	1	7	9	2	5	6	3	8
2	3	5	8	7	6	9	4	1
8	9	6	3	4	1	2	5	7
1	8	4	5	9	7	3	2	6
9	7	2	6	3	4	1	8	5
6	5	3	1	8	2	7	9	4

Puzzle 512

6	2	8	1	5	3	4	7	9
4	1	3	2	9	7	5	6	8
5	7	9	6	8	4	1	2	3
7	4	2	9	6	5	8	3	1
1	3	5	7	4	8	2	9	6
9	8	6	3	1	2	7	5	4
8	9	1	5	7	6	3	4	2
2	6	7	4	3	1	9	8	5
3	5	4	8	2	9	6	1	7

Puzzle 513

8	7	9	1	6	2	3	4	5
2	5	6	7	3	4	1	8	9
1	3	4	9	8	5	2	7	6
4	8	2	3	5	9	7	6	1
7	9	1	8	2	6	5	3	4
5	6	3	4	1	7	9	2	8
6	1	7	2	9	8	4	5	3
3	2	8	5	4	1	6	9	7
9	4	5	6	7	3	8	1	2

Puzzle 514

3	9	8	4	2	6	7	1	5
5	4	1	8	7	9	2	3	6
7	2	6	1	3	5	9	8	4
2	7	5	3	6	4	1	9	8
6	1	3	2	9	8	4	5	7
4	8	9	5	1	7	6	2	3
1	3	7	6	8	2	5	4	9
9	5	2	7	4	3	8	6	1
8	6	4	9	5	1	3	7	2

Puzzle 515

3	5	9	8	6	2	1	7	4
8	6	2	4	7	1	9	3	5
4	1	7	3	9	5	2	8	6
6	9	5	7	4	3	8	1	2
7	4	1	9	2	8	6	5	3
2	3	8	5	1	6	4	9	7
1	2	3	6	5	9	7	4	8
5	7	6	1	8	4	3	2	9
9	8	4	2	3	7	5	6	1

Puzzle 516

8	2	4	6	5	1	9	7	3
7	1	9	2	4	3	6	8	5
5	6	3	7	9	8	4	1	2
1	5	2	3	7	6	8	9	4
9	3	8	5	1	4	7	2	6
6	4	7	9	8	2	5	3	1
2	8	1	4	6	7	3	5	9
3	9	6	8	2	5	1	4	7
4	7	5	1	3	9	2	6	8

Puzzle 517

2	8	5	7	9	6	3	1	4
7	3	9	2	4	1	8	6	5
1	4	6	8	3	5	2	9	7
3	5	1	9	6	8	4	7	2
6	7	4	1	2	3	5	8	9
8	9	2	4	5	7	6	3	1
5	2	7	6	8	9	1	4	3
4	1	8	3	7	2	9	5	6
9	6	3	5	1	4	7	2	8

Puzzle 518

6	8	7	1	3	9	5	2	4
3	4	5	2	8	6	7	9	1
9	1	2	7	5	4	3	6	8
5	9	4	8	2	3	1	7	6
1	6	8	5	4	7	9	3	2
7	2	3	9	6	1	8	4	5
8	7	6	3	1	2	4	5	9
4	3	1	6	9	5	2	8	7
2	5	9	4	7	8	6	1	3

Puzzle 519

5	3	1	2	9	6	8	4	7
8	2	4	1	3	7	5	6	9
6	7	9	8	5	4	2	1	3
4	6	3	9	2	8	7	5	1
2	1	8	3	7	5	4	9	6
7	9	5	6	4	1	3	2	8
1	5	6	4	8	3	9	7	2
3	4	2	7	1	9	6	8	5
9	8	7	5	6	2	1	3	4

Puzzle 520

4	8	3	7	2	5	6	9	1
6	5	1	8	4	9	7	2	3
7	2	9	1	6	3	8	5	4
9	1	4	6	3	8	5	7	2
3	7	5	2	9	4	1	8	6
8	6	2	5	1	7	4	3	9
1	4	7	3	5	2	9	6	8
2	9	8	4	7	6	3	1	5
5	3	6	9	8	1	2	4	7

Puzzle 521

4	1	3	5	6	9	2	7	8
6	9	2	3	7	8	4	5	1
5	8	7	1	4	2	3	6	9
7	6	9	2	3	4	1	8	5
3	2	5	9	8	1	7	4	6
8	4	1	6	5	7	9	2	3
9	5	6	4	2	3	8	1	7
2	3	8	7	1	5	6	9	4
1	7	4	8	9	6	5	3	2

Puzzle 522

3	7	6	8	2	1	5	9	4
2	5	8	9	3	4	1	7	6
9	1	4	6	5	7	3	2	8
8	9	7	1	4	3	2	6	5
1	6	2	7	9	5	4	8	3
5	4	3	2	6	8	9	1	7
4	2	9	5	8	6	7	3	1
6	3	1	4	7	9	8	5	2
7	8	5	3	1	2	6	4	9

Puzzle 523

4	7	1	2	5	9	3	6	8
6	2	9	4	3	8	5	1	7
3	8	5	6	7	1	9	2	4
1	3	7	8	9	5	2	4	6
5	6	2	3	4	7	1	8	9
9	4	8	1	6	2	7	5	3
2	1	4	7	8	3	6	9	5
8	5	3	9	2	6	4	7	1
7	9	6	5	1	4	8	3	2

Puzzle 524

6	5	7	8	9	4	3	1	2
3	1	4	5	7	2	6	9	8
8	2	9	6	3	1	5	4	7
9	7	5	1	6	3	2	8	4
4	6	8	2	5	7	1	3	9
1	3	2	9	4	8	7	5	6
2	9	6	3	8	5	4	7	1
5	4	1	7	2	9	8	6	3
7	8	3	4	1	6	9	2	5

Puzzle 525

2	6	9	7	3	5	8	1	4
8	7	5	6	1	4	2	9	3
3	4	1	2	8	9	7	6	5
7	5	8	3	2	1	9	4	6
6	2	4	9	5	7	3	8	1
1	9	3	8	4	6	5	2	7
4	3	6	5	9	2	1	7	8
9	8	7	1	6	3	4	5	2
5	1	2	4	7	8	6	3	9

Puzzle 526

6	4	9	2	1	3	7	5	8
5	2	7	9	8	4	1	6	3
1	8	3	6	7	5	9	2	4
7	6	1	8	5	9	4	3	2
4	5	8	1	3	2	6	7	9
9	3	2	7	4	6	5	8	1
3	7	5	4	9	8	2	1	6
8	9	6	5	2	1	3	4	7
2	1	4	3	6	7	8	9	5

Puzzle 527

2	8	7	1	4	9	5	6	3
1	9	4	5	6	3	7	8	2
5	6	3	2	7	8	9	4	1
4	1	6	9	5	2	8	3	7
7	2	9	3	8	4	6	1	5
8	3	5	6	1	7	2	9	4
6	5	2	8	3	1	4	7	9
9	7	1	4	2	6	3	5	8
3	4	8	7	9	5	1	2	6

Puzzle 528

6	3	1	4	7	2	8	9	5
7	2	8	6	5	9	1	3	4
9	4	5	8	1	3	2	7	6
2	9	3	1	4	7	5	6	8
1	8	6	3	2	5	9	4	7
4	5	7	9	8	6	3	2	1
8	1	2	7	3	4	6	5	9
3	7	9	5	6	1	4	8	2
5	6	4	2	9	8	7	1	3

Puzzle 529

9	4	8	5	1	7	3	6	2
7	6	3	2	9	4	5	8	1
5	1	2	8	6	3	4	7	9
4	9	1	3	8	5	7	2	6
6	3	7	4	2	9	8	1	5
8	2	5	6	7	1	9	4	3
2	5	9	1	4	8	6	3	7
3	8	6	7	5	2	1	9	4
1	7	4	9	3	6	2	5	8

Puzzle 530

4	3	6	1	9	8	7	5	2
5	7	1	6	4	2	9	8	3
2	8	9	7	5	3	4	6	1
3	4	7	5	2	1	8	9	6
1	5	8	9	3	6	2	4	7
9	6	2	8	7	4	1	3	5
6	9	4	3	1	7	5	2	8
8	1	5	2	6	9	3	7	4
7	2	3	4	8	5	6	1	9

Puzzle 531

9	6	2	7	1	4	5	3	8
7	5	3	9	2	8	1	6	4
1	8	4	6	5	3	7	9	2
8	7	9	2	3	1	6	4	5
5	3	6	8	4	7	2	1	9
2	4	1	5	6	9	8	7	3
4	2	5	1	9	6	3	8	7
3	1	8	4	7	2	9	5	6
6	9	7	3	8	5	4	2	1

Puzzle 532

9	6	4	1	5	7	2	8	3
7	8	1	3	6	2	9	4	5
5	3	2	8	4	9	7	6	1
4	9	6	5	7	8	1	3	2
8	2	3	6	9	1	4	5	7
1	7	5	2	3	4	6	9	8
2	5	9	7	8	6	3	1	4
6	1	8	4	2	3	5	7	9
3	4	7	9	1	5	8	2	6

Puzzle 533

6	5	8	1	7	3	2	9	4
4	7	2	5	9	6	8	3	1
9	3	1	8	2	4	6	7	5
2	1	6	9	5	8	3	4	7
7	8	5	4	3	1	9	6	2
3	4	9	7	6	2	1	5	8
1	9	4	6	8	5	7	2	3
5	2	7	3	1	9	4	8	6
8	6	3	2	4	7	5	1	9

Puzzle 534

4	3	9	8	7	1	6	5	2
1	6	8	5	9	2	3	7	4
5	2	7	4	3	6	1	9	8
7	8	1	6	4	9	2	3	5
2	5	4	7	1	3	8	6	9
3	9	6	2	5	8	4	1	7
6	7	3	9	2	4	5	8	1
9	1	2	3	8	5	7	4	6
8	4	5	1	6	7	9	2	3

Puzzle 535

6	5	3	9	1	4	7	2	8
7	8	2	6	3	5	4	1	9
1	9	4	8	7	2	5	6	3
9	1	8	3	6	7	2	5	4
4	2	7	1	5	8	3	9	6
3	6	5	2	4	9	1	8	7
5	3	6	4	9	1	8	7	2
8	7	9	5	2	3	6	4	1
2	4	1	7	8	6	9	3	5

Puzzle 536

6	8	2	5	4	3	7	1	9
7	5	1	6	8	9	4	3	2
4	9	3	2	7	1	5	8	6
5	1	7	8	2	4	9	6	3
9	3	8	1	6	7	2	5	4
2	4	6	3	9	5	8	7	1
8	7	9	4	1	6	3	2	5
1	2	5	9	3	8	6	4	7
3	6	4	7	5	2	1	9	8

Puzzle 537

1	8	7	3	4	9	5	2	6
3	4	2	5	1	6	8	9	7
9	6	5	8	2	7	4	3	1
7	2	1	9	6	4	3	8	5
8	5	6	1	3	2	9	7	4
4	3	9	7	8	5	6	1	2
5	1	3	4	7	8	2	6	9
6	7	4	2	9	3	1	5	8
2	9	8	6	5	1	7	4	3

Puzzle 538

9	1	7	8	6	3	4	2	5
5	8	2	4	9	1	3	6	7
6	4	3	7	5	2	8	9	1
4	7	1	5	3	6	2	8	9
8	3	9	2	1	7	6	5	4
2	6	5	9	8	4	7	1	3
1	2	8	3	7	5	9	4	6
7	5	4	6	2	9	1	3	8
3	9	6	1	4	8	5	7	2

Puzzle 539

1	2	6	5	7	3	9	8	4
3	4	7	1	8	9	6	5	2
5	9	8	4	6	2	7	3	1
4	6	2	8	5	1	3	7	9
8	1	5	9	3	7	2	4	6
9	7	3	6	2	4	5	1	8
2	3	9	7	1	8	4	6	5
6	8	4	3	9	5	1	2	7
7	5	1	2	4	6	8	9	3

Puzzle 540

5	8	6	9	3	7	2	1	4
7	4	1	5	2	8	9	6	3
2	9	3	4	1	6	7	5	8
4	6	8	2	5	3	1	7	9
3	7	9	1	6	4	5	8	2
1	2	5	8	7	9	4	3	6
8	1	4	3	9	5	6	2	7
9	5	7	6	8	2	3	4	1
6	3	2	7	4	1	8	9	5

Puzzle 541

7	2	6	3	5	4	9	8	1
5	1	8	2	9	6	3	7	4
3	9	4	7	8	1	5	6	2
4	8	5	1	2	3	6	9	7
6	3	2	9	4	7	8	1	5
9	7	1	8	6	5	2	4	3
1	5	3	6	7	9	4	2	8
8	4	9	5	1	2	7	3	6
2	6	7	4	3	8	1	5	9

Puzzle 542

4	1	6	9	5	3	8	7	2
9	2	7	1	6	8	5	4	3
5	8	3	2	4	7	6	9	1
2	5	1	3	7	9	4	6	8
7	9	8	6	1	4	3	2	5
6	3	4	5	8	2	9	1	7
8	4	2	7	9	5	1	3	6
1	7	9	8	3	6	2	5	4
3	6	5	4	2	1	7	8	9

Puzzle 543

2	9	5	6	1	8	3	4	7
6	3	1	5	4	7	8	9	2
4	7	8	3	2	9	5	1	6
1	2	3	7	9	6	4	8	5
7	4	6	1	8	5	9	2	3
8	5	9	2	3	4	7	6	1
5	1	4	8	6	3	2	7	9
9	6	7	4	5	2	1	3	8
3	8	2	9	7	1	6	5	4

Puzzle 544

6	3	8	4	5	1	9	2	7
7	1	2	9	8	6	4	3	5
5	9	4	7	2	3	8	1	6
3	8	9	1	6	4	7	5	2
2	6	5	3	7	8	1	4	9
4	7	1	2	9	5	6	8	3
9	2	3	8	1	7	5	6	4
8	4	6	5	3	9	2	7	1
1	5	7	6	4	2	3	9	8

Puzzle 545

3	1	5	8	9	2	7	4	6
4	9	6	3	5	7	1	2	8
2	8	7	6	1	4	3	9	5
7	5	2	1	6	8	9	3	4
8	6	9	2	4	3	5	1	7
1	4	3	9	7	5	8	6	2
5	2	1	4	8	9	6	7	3
6	3	8	7	2	1	4	5	9
9	7	4	5	3	6	2	8	1

Puzzle 546

2	4	3	6	8	5	1	9	7
1	9	6	2	4	7	3	5	8
7	5	8	1	9	3	4	2	6
5	8	1	3	2	9	6	7	4
4	3	2	8	7	6	9	1	5
9	6	7	5	1	4	8	3	2
3	2	4	9	5	8	7	6	1
8	1	9	7	6	2	5	4	3
6	7	5	4	3	1	2	8	9

Puzzle 547

8	2	4	5	3	7	6	9	1
6	9	1	4	8	2	5	7	3
3	7	5	6	1	9	8	2	4
4	6	3	7	2	5	1	8	9
5	8	2	1	9	6	3	4	7
9	1	7	8	4	3	2	6	5
2	4	9	3	6	1	7	5	8
7	3	8	2	5	4	9	1	6
1	5	6	9	7	8	4	3	2

Puzzle 548

2	6	3	5	7	9	4	1	8
7	9	8	1	2	4	3	6	5
5	1	4	3	6	8	7	9	2
6	2	9	7	5	1	8	3	4
1	8	5	6	4	3	9	2	7
3	4	7	8	9	2	1	5	6
4	3	6	9	8	5	2	7	1
8	5	1	2	3	7	6	4	9
9	7	2	4	1	6	5	8	3

Puzzle 549

4	7	9	3	6	2	8	5	1
5	1	2	8	4	9	7	3	6
3	6	8	1	5	7	4	9	2
7	2	4	9	8	5	1	6	3
8	9	1	7	3	6	2	4	5
6	3	5	4	2	1	9	8	7
2	5	7	6	9	4	3	1	8
9	8	6	2	1	3	5	7	4
1	4	3	5	7	8	6	2	9

Puzzle 550

7	6	8	9	1	4	5	2	3
2	4	1	5	7	3	6	8	9
9	3	5	8	2	6	1	4	7
6	5	2	7	9	8	4	3	1
8	9	4	3	6	1	2	7	5
3	1	7	2	4	5	9	6	8
4	8	3	6	5	9	7	1	2
5	7	6	1	3	2	8	9	4
1	2	9	4	8	7	3	5	6

Puzzle 551

7	4	2	6	1	8	3	9	5
3	8	1	2	5	9	7	4	6
5	6	9	3	4	7	8	2	1
8	7	5	9	3	4	1	6	2
1	9	6	5	7	2	4	8	3
2	3	4	1	8	6	9	5	7
6	1	7	8	9	5	2	3	4
4	5	8	7	2	3	6	1	9
9	2	3	4	6	1	5	7	8

Puzzle 552

4	8	9	2	6	7	1	3	5
3	5	7	9	8	1	2	4	6
2	1	6	5	3	4	7	8	9
8	4	3	1	2	6	9	5	7
7	2	1	3	9	5	4	6	8
6	9	5	4	7	8	3	1	2
9	3	8	6	4	2	5	7	1
1	6	2	7	5	3	8	9	4
5	7	4	8	1	9	6	2	3

Puzzle 553

6	7	1	9	8	5	3	4	2
4	5	8	3	6	2	9	7	1
9	2	3	1	4	7	8	6	5
7	4	5	8	3	1	2	9	6
2	1	6	4	7	9	5	3	8
3	8	9	2	5	6	4	1	7
1	6	4	5	9	8	7	2	3
8	9	2	7	1	3	6	5	4
5	3	7	6	2	4	1	8	9

Puzzle 554

3	1	7	4	5	2	9	8	6
9	6	4	3	8	1	2	5	7
2	8	5	6	9	7	1	4	3
5	2	6	8	4	9	7	3	1
1	7	3	5	2	6	4	9	8
8	4	9	7	1	3	6	2	5
7	5	8	2	6	4	3	1	9
6	9	2	1	3	5	8	7	4
4	3	1	9	7	8	5	6	2

Puzzle 555

2	8	5	6	1	3	4	7	9
4	9	1	8	2	7	5	3	6
3	6	7	9	5	4	2	8	1
8	4	3	5	7	9	1	6	2
1	7	6	3	4	2	8	9	5
9	5	2	1	8	6	7	4	3
5	2	9	7	6	8	3	1	4
6	1	8	4	3	5	9	2	7
7	3	4	2	9	1	6	5	8

Puzzle 556

5	1	6	7	3	8	2	4	9
2	9	4	5	6	1	7	8	3
8	7	3	2	9	4	1	6	5
3	5	7	6	4	9	8	1	2
1	4	2	3	8	7	9	5	6
9	6	8	1	2	5	4	3	7
4	8	5	9	7	3	6	2	1
7	2	1	4	5	6	3	9	8
6	3	9	8	1	2	5	7	4

Puzzle 557

4	9	8	3	7	5	2	1	6
2	6	3	8	1	4	9	7	5
7	5	1	2	6	9	8	3	4
5	8	9	6	4	7	3	2	1
1	3	7	5	8	2	6	4	9
6	2	4	1	9	3	7	5	8
8	4	2	7	5	6	1	9	3
9	7	6	4	3	1	5	8	2
3	1	5	9	2	8	4	6	7

Puzzle 558

9	3	5	6	2	4	8	1	7
8	6	2	5	7	1	9	3	4
1	7	4	9	8	3	6	2	5
4	5	9	8	1	2	3	7	6
3	2	1	7	6	5	4	8	9
7	8	6	4	3	9	2	5	1
6	4	7	2	5	8	1	9	3
2	9	3	1	4	7	5	6	8
5	1	8	3	9	6	7	4	2

Puzzle 559

1	3	8	7	5	4	2	6	9
5	9	6	3	2	1	4	8	7
4	2	7	9	6	8	1	3	5
3	7	5	1	4	2	8	9	6
2	1	9	8	7	6	3	5	4
6	8	4	5	3	9	7	2	1
9	6	3	2	1	7	5	4	8
7	4	2	6	8	5	9	1	3
8	5	1	4	9	3	6	7	2

Puzzle 560

3	6	7	9	8	4	1	5	2
4	5	2	6	1	7	9	3	8
1	8	9	5	3	2	6	4	7
8	9	1	7	2	5	3	6	4
7	3	5	4	6	1	8	2	9
2	4	6	3	9	8	5	7	1
9	1	3	2	4	6	7	8	5
6	7	4	8	5	9	2	1	3
5	2	8	1	7	3	4	9	6

Puzzle 561

6	1	9	5	3	2	4	7	8
8	5	4	7	1	9	3	6	2
2	3	7	8	4	6	5	9	1
5	7	8	9	2	3	1	4	6
9	4	2	1	6	7	8	5	3
3	6	1	4	8	5	7	2	9
7	2	6	3	5	1	9	8	4
1	8	5	2	9	4	6	3	7
4	9	3	6	7	8	2	1	5

Puzzle 562

4	2	8	3	9	1	5	7	6
9	5	7	4	8	6	2	1	3
3	6	1	2	7	5	9	8	4
6	3	4	1	5	8	7	9	2
1	9	5	7	6	2	3	4	8
8	7	2	9	4	3	1	6	5
2	4	6	5	1	9	8	3	7
7	1	3	8	2	4	6	5	9
5	8	9	6	3	7	4	2	1

Puzzle 563

4	1	8	6	7	3	9	2	5
3	9	7	1	2	5	8	6	4
2	6	5	4	9	8	1	7	3
6	8	9	2	4	1	5	3	7
1	2	3	9	5	7	6	4	8
7	5	4	3	8	6	2	9	1
8	4	2	7	1	9	3	5	6
5	7	6	8	3	2	4	1	9
9	3	1	5	6	4	7	8	2

Puzzle 564

9	7	3	6	8	1	5	2	4
4	5	1	2	3	9	6	8	7
8	2	6	7	5	4	1	9	3
6	4	5	8	9	2	7	3	1
2	1	8	3	7	6	4	5	9
3	9	7	4	1	5	8	6	2
7	3	4	5	2	8	9	1	6
5	6	9	1	4	3	2	7	8
1	8	2	9	6	7	3	4	5

Puzzle 565

6	2	3	5	4	7	8	9	1
7	8	9	1	6	3	5	4	2
4	1	5	9	2	8	6	7	3
2	3	1	8	5	4	7	6	9
9	5	4	2	7	6	3	1	8
8	7	6	3	1	9	2	5	4
5	9	7	4	3	2	1	8	6
1	4	2	6	8	5	9	3	7
3	6	8	7	9	1	4	2	5

Puzzle 566

3	5	6	9	8	1	2	4	7
9	7	4	2	5	6	1	3	8
8	1	2	3	7	4	5	6	9
6	2	7	4	1	9	8	5	3
5	4	9	7	3	8	6	1	2
1	8	3	6	2	5	9	7	4
7	6	5	8	9	3	4	2	1
2	9	1	5	4	7	3	8	6
4	3	8	1	6	2	7	9	5

Puzzle 567

8	2	7	5	4	3	6	1	9
4	5	1	6	2	9	8	7	3
6	9	3	7	1	8	5	2	4
2	1	4	9	5	6	7	3	8
3	6	8	4	7	1	9	5	2
5	7	9	3	8	2	4	6	1
7	3	6	2	9	4	1	8	5
9	8	5	1	3	7	2	4	6
1	4	2	8	6	5	3	9	7

Puzzle 568

5	1	9	3	7	6	2	4	8
6	4	2	9	1	8	5	3	7
8	3	7	4	2	5	9	1	6
1	9	6	7	5	2	3	8	4
7	8	5	6	3	4	1	9	2
4	2	3	8	9	1	6	7	5
3	7	4	5	6	9	8	2	1
2	5	8	1	4	3	7	6	9
9	6	1	2	8	7	4	5	3

Puzzle 569

2	8	5	6	9	7	1	4	3
3	4	7	2	1	5	8	9	6
9	1	6	4	3	8	2	7	5
5	3	8	7	4	2	6	1	9
6	9	1	5	8	3	7	2	4
7	2	4	1	6	9	5	3	8
4	6	3	8	7	1	9	5	2
8	7	2	9	5	4	3	6	1
1	5	9	3	2	6	4	8	7

Puzzle 570

9	8	5	6	7	2	4	1	3
4	2	7	1	9	3	8	5	6
1	3	6	5	4	8	9	7	2
5	6	1	2	8	4	3	9	7
3	9	8	7	5	6	1	2	4
2	7	4	9	3	1	6	8	5
8	1	3	4	2	7	5	6	9
7	4	9	8	6	5	2	3	1
6	5	2	3	1	9	7	4	8

Puzzle 571

5	2	9	8	3	1	4	6	7
3	8	7	6	4	9	2	1	5
4	1	6	2	5	7	3	8	9
9	4	5	3	1	6	8	7	2
6	3	2	7	8	5	9	4	1
1	7	8	4	9	2	5	3	6
7	9	3	1	2	4	6	5	8
2	6	4	5	7	8	1	9	3
8	5	1	9	6	3	7	2	4

Puzzle 572

3	2	7	6	8	1	4	9	5
6	9	4	5	2	3	8	1	7
5	8	1	7	9	4	6	3	2
2	7	9	8	6	5	3	4	1
8	3	5	4	1	2	9	7	6
4	1	6	3	7	9	2	5	8
1	4	8	9	5	6	7	2	3
7	5	3	2	4	8	1	6	9
9	6	2	1	3	7	5	8	4

Puzzle 573

1	5	4	7	9	6	2	3	8
8	6	9	4	3	2	1	5	7
7	3	2	1	8	5	4	9	6
9	4	7	6	5	1	8	2	3
5	2	1	3	4	8	7	6	9
3	8	6	9	2	7	5	4	1
2	7	8	5	6	9	3	1	4
6	1	3	2	7	4	9	8	5
4	9	5	8	1	3	6	7	2

Puzzle 574

6	3	4	7	2	1	8	9	5
2	7	5	8	9	4	6	3	1
9	1	8	5	6	3	2	4	7
5	6	2	4	7	9	3	1	8
8	9	1	3	5	6	7	2	4
3	4	7	1	8	2	9	5	6
1	2	3	6	4	7	5	8	9
7	5	9	2	1	8	4	6	3
4	8	6	9	3	5	1	7	2

Puzzle 575

3	7	1	8	6	4	9	5	2
6	2	5	9	3	7	1	8	4
8	9	4	5	2	1	7	6	3
5	1	3	4	8	2	6	7	9
2	4	8	6	7	9	3	1	5
9	6	7	1	5	3	2	4	8
7	5	2	3	4	6	8	9	1
1	8	6	2	9	5	4	3	7
4	3	9	7	1	8	5	2	6

Puzzle 576

6	5	3	7	8	4	2	1	9
9	2	4	3	1	6	8	7	5
1	7	8	2	5	9	3	4	6
3	9	7	8	6	5	4	2	1
8	6	5	4	2	1	9	3	7
2	4	1	9	3	7	5	6	8
5	1	2	6	9	3	7	8	4
7	8	6	5	4	2	1	9	3
4	3	9	1	7	8	6	5	2

Puzzle 577

7	8	6	9	2	1	4	5	3
4	1	9	3	7	5	8	6	2
2	5	3	8	6	4	1	7	9
5	9	1	7	8	2	6	3	4
8	6	4	5	9	3	2	1	7
3	7	2	1	4	6	9	8	5
1	2	5	6	3	9	7	4	8
9	3	7	4	1	8	5	2	6
6	4	8	2	5	7	3	9	1

Puzzle 578

6	9	2	7	8	4	3	5	1
8	1	4	2	3	5	6	7	9
7	5	3	9	1	6	4	8	2
3	4	8	1	7	9	2	6	5
1	6	9	3	5	2	8	4	7
5	2	7	4	6	8	9	1	3
4	7	1	6	2	3	5	9	8
2	8	6	5	9	7	1	3	4
9	3	5	8	4	1	7	2	6

Puzzle 579

1	6	8	2	4	5	9	7	3
7	3	9	1	8	6	4	2	5
5	2	4	7	9	3	8	6	1
9	5	3	8	2	1	6	4	7
8	4	2	6	3	7	1	5	9
6	1	7	9	5	4	3	8	2
3	8	1	4	7	2	5	9	6
4	7	6	5	1	9	2	3	8
2	9	5	3	6	8	7	1	4

Puzzle 580

1	4	7	6	8	3	2	9	5
5	2	8	7	1	9	4	3	6
9	6	3	4	2	5	7	1	8
6	7	1	3	5	8	9	4	2
3	5	4	9	6	2	1	8	7
8	9	2	1	4	7	5	6	3
7	1	9	2	3	6	8	5	4
4	3	5	8	7	1	6	2	9
2	8	6	5	9	4	3	7	1

Puzzle 581

7	3	4	9	2	6	5	8	1
1	9	2	8	3	5	7	6	4
8	5	6	1	7	4	2	3	9
2	4	5	6	1	9	8	7	3
6	8	1	7	4	3	9	2	5
3	7	9	5	8	2	1	4	6
5	6	8	3	9	7	4	1	2
9	2	7	4	6	1	3	5	8
4	1	3	2	5	8	6	9	7

Puzzle 582

8	9	2	4	7	3	5	1	6
6	1	7	9	8	5	2	3	4
5	4	3	2	1	6	8	9	7
2	3	9	5	4	7	6	8	1
1	8	4	6	9	2	7	5	3
7	5	6	1	3	8	4	2	9
3	7	1	8	2	4	9	6	5
9	2	5	7	6	1	3	4	8
4	6	8	3	5	9	1	7	2

Puzzle 583

3	8	9	6	4	5	2	7	1
6	7	1	2	9	3	8	5	4
4	5	2	8	7	1	3	6	9
5	4	8	1	2	6	7	9	3
9	6	3	7	8	4	1	2	5
1	2	7	3	5	9	6	4	8
2	3	5	9	6	8	4	1	7
7	1	4	5	3	2	9	8	6
8	9	6	4	1	7	5	3	2

Puzzle 584

2	5	3	6	8	9	1	4	7
7	4	9	1	5	3	2	6	8
1	6	8	7	4	2	3	9	5
8	1	2	3	6	4	5	7	9
6	7	4	5	9	1	8	2	3
9	3	5	8	2	7	4	1	6
3	8	7	4	1	6	9	5	2
5	2	1	9	7	8	6	3	4
4	9	6	2	3	5	7	8	1

Puzzle 585

5	6	3	8	1	7	9	4	2
2	9	1	5	3	4	7	6	8
4	7	8	9	6	2	1	3	5
3	2	5	6	8	1	4	7	9
1	4	9	2	7	5	6	8	3
6	8	7	3	4	9	2	5	1
7	5	2	4	9	3	8	1	6
8	3	4	1	2	6	5	9	7
9	1	6	7	5	8	3	2	4

Puzzle 586

1	4	8	5	3	7	2	9	6
5	3	2	4	6	9	1	7	8
9	7	6	2	8	1	5	3	4
4	5	1	8	9	3	6	2	7
2	8	7	1	4	6	9	5	3
6	9	3	7	5	2	4	8	1
8	6	5	9	7	4	3	1	2
7	2	4	3	1	5	8	6	9
3	1	9	6	2	8	7	4	5

Puzzle 587

7	4	8	5	6	9	3	1	2
9	3	1	8	2	7	5	6	4
2	6	5	3	1	4	8	7	9
8	2	4	6	7	1	9	3	5
3	5	7	2	9	8	6	4	1
1	9	6	4	5	3	7	2	8
4	7	2	9	3	5	1	8	6
5	8	3	1	4	6	2	9	7
6	1	9	7	8	2	4	5	3

Puzzle 588

2	7	1	9	5	4	6	3	8
9	8	5	2	6	3	4	1	7
6	3	4	1	7	8	9	5	2
7	9	8	6	4	1	5	2	3
5	4	6	8	3	2	1	7	9
1	2	3	5	9	7	8	6	4
8	5	2	3	1	9	7	4	6
3	6	7	4	8	5	2	9	1
4	1	9	7	2	6	3	8	5

Puzzle 589

1	8	2	9	3	6	7	5	4
6	7	9	1	5	4	8	2	3
3	5	4	2	8	7	1	6	9
8	6	3	4	2	1	5	9	7
4	1	7	6	9	5	3	8	2
9	2	5	3	7	8	4	1	6
5	9	6	7	1	3	2	4	8
2	3	1	8	4	9	6	7	5
7	4	8	5	6	2	9	3	1

Puzzle 590

8	4	7	9	2	1	5	3	6
5	3	1	7	4	6	8	9	2
2	9	6	5	8	3	1	4	7
7	2	4	8	3	9	6	5	1
1	5	9	4	6	2	7	8	3
3	6	8	1	7	5	9	2	4
9	7	2	3	1	8	4	6	5
4	8	3	6	5	7	2	1	9
6	1	5	2	9	4	3	7	8

Puzzle 591

9	2	5	1	7	6	4	3	8
8	1	6	4	5	3	9	2	7
7	3	4	9	2	8	6	5	1
6	8	1	2	4	5	3	7	9
4	7	9	8	3	1	2	6	5
2	5	3	7	6	9	1	8	4
1	4	7	6	8	2	5	9	3
3	9	2	5	1	7	8	4	6
5	6	8	3	9	4	7	1	2

Puzzle 592

6	9	4	1	8	2	3	5	7
5	1	3	7	4	9	2	8	6
7	2	8	5	6	3	1	4	9
8	5	9	3	1	6	7	2	4
1	4	7	2	5	8	6	9	3
3	6	2	9	7	4	8	1	5
4	7	6	8	9	1	5	3	2
9	3	1	6	2	5	4	7	8
2	8	5	4	3	7	9	6	1

Puzzle 593

4	7	8	9	5	1	3	2	6
5	6	1	4	3	2	8	7	9
9	2	3	6	7	8	4	5	1
8	3	2	7	1	6	9	4	5
7	5	6	3	9	4	2	1	8
1	9	4	8	2	5	6	3	7
3	1	5	2	6	9	7	8	4
6	4	7	1	8	3	5	9	2
2	8	9	5	4	7	1	6	3

Puzzle 594

6	5	9	3	4	1	8	2	7
2	8	7	5	6	9	4	1	3
3	4	1	8	2	7	6	5	9
8	1	3	4	9	2	7	6	5
9	2	6	1	7	5	3	8	4
4	7	5	6	3	8	1	9	2
7	6	8	2	5	4	9	3	1
1	9	2	7	8	3	5	4	6
5	3	4	9	1	6	2	7	8

Puzzle 595

6	2	1	3	8	7	5	9	4
9	5	8	2	6	4	3	7	1
3	4	7	5	1	9	2	6	8
2	3	6	1	7	8	4	5	9
8	9	4	6	5	3	7	1	2
7	1	5	4	9	2	6	8	3
1	8	3	7	4	5	9	2	6
4	7	9	8	2	6	1	3	5
5	6	2	9	3	1	8	4	7

Puzzle 596

5	6	2	9	4	8	1	7	3
8	4	7	3	2	1	9	6	5
1	3	9	5	7	6	4	8	2
4	2	8	1	5	3	7	9	6
3	9	6	4	8	7	2	5	1
7	1	5	6	9	2	8	3	4
2	5	4	8	6	9	3	1	7
6	8	1	7	3	4	5	2	9
9	7	3	2	1	5	6	4	8

Puzzle 597

3	6	8	1	9	2	5	7	4
4	9	5	7	6	8	3	2	1
1	7	2	4	5	3	9	6	8
6	4	1	5	3	9	7	8	2
8	2	3	6	4	7	1	5	9
7	5	9	2	8	1	4	3	6
5	1	4	8	7	6	2	9	3
9	8	7	3	2	4	6	1	5
2	3	6	9	1	5	8	4	7

Puzzle 598

9	1	5	8	4	6	3	2	7
4	6	7	2	5	3	1	9	8
8	3	2	9	1	7	6	4	5
2	5	8	1	3	4	9	7	6
7	4	3	6	2	9	5	8	1
1	9	6	5	7	8	4	3	2
3	8	1	7	9	5	2	6	4
5	7	9	4	6	2	8	1	3
6	2	4	3	8	1	7	5	9

Puzzle 599

1	6	4	3	9	2	5	7	8
7	2	3	5	8	4	6	9	1
9	8	5	7	1	6	3	4	2
4	5	2	8	7	1	9	3	6
6	7	1	9	2	3	8	5	4
3	9	8	4	6	5	2	1	7
5	4	6	2	3	7	1	8	9
2	3	9	1	4	8	7	6	5
8	1	7	6	5	9	4	2	3

Puzzle 600

6	3	8	1	4	7	2	9	5
2	7	4	9	5	6	3	8	1
1	9	5	3	8	2	4	7	6
5	6	3	2	1	8	7	4	9
4	2	1	6	7	9	5	3	8
7	8	9	4	3	5	1	6	2
8	4	7	5	6	1	9	2	3
3	5	2	8	9	4	6	1	7
9	1	6	7	2	3	8	5	4

Puzzle 601

4	9	3	2	5	6	1	8	7
6	7	5	4	1	8	9	3	2
1	8	2	3	7	9	6	4	5
2	5	4	1	8	7	3	6	9
7	6	8	5	9	3	4	2	1
9	3	1	6	4	2	5	7	8
5	4	7	8	6	1	2	9	3
8	2	6	9	3	5	7	1	4
3	1	9	7	2	4	8	5	6

Puzzle 602

8	9	1	5	7	3	2	4	6
7	6	2	8	1	4	9	3	5
4	3	5	6	2	9	1	8	7
5	7	6	2	3	8	4	1	9
1	4	3	9	6	7	5	2	8
9	2	8	4	5	1	7	6	3
6	1	4	3	9	5	8	7	2
2	8	9	7	4	6	3	5	1
3	5	7	1	8	2	6	9	4

Puzzle 603

1	7	2	8	9	4	5	6	3
4	8	3	7	6	5	9	1	2
9	6	5	3	1	2	8	4	7
3	5	8	2	4	9	1	7	6
7	1	6	5	8	3	4	2	9
2	9	4	6	7	1	3	5	8
5	3	7	4	2	8	6	9	1
8	2	9	1	5	6	7	3	4
6	4	1	9	3	7	2	8	5

Puzzle 604

9	3	7	1	4	2	6	5	8
5	4	2	6	9	8	3	1	7
8	6	1	7	3	5	9	4	2
3	5	8	9	7	1	4	2	6
2	7	6	3	8	4	5	9	1
1	9	4	2	5	6	8	7	3
6	2	3	4	1	9	7	8	5
7	8	9	5	2	3	1	6	4
4	1	5	8	6	7	2	3	9

Puzzle 605

7	3	6	9	1	2	4	5	8
5	9	8	4	3	6	2	7	1
4	1	2	5	8	7	6	9	3
8	4	1	3	6	5	7	2	9
2	6	7	1	9	8	5	3	4
3	5	9	7	2	4	1	8	6
9	2	3	6	7	1	8	4	5
1	7	4	8	5	9	3	6	2
6	8	5	2	4	3	9	1	7

Puzzle 606

9	1	2	7	5	4	6	8	3
5	7	8	1	6	3	2	9	4
4	6	3	8	2	9	1	7	5
8	9	4	3	7	6	5	1	2
2	3	7	4	1	5	8	6	9
6	5	1	2	9	8	3	4	7
3	4	5	6	8	7	9	2	1
7	2	6	9	3	1	4	5	8
1	8	9	5	4	2	7	3	6

Puzzle 607

3	4	7	9	2	5	8	1	6
9	8	6	3	7	1	5	2	4
2	5	1	8	6	4	7	3	9
7	3	2	4	9	8	6	5	1
1	9	4	6	5	2	3	7	8
8	6	5	7	1	3	4	9	2
4	1	3	2	8	7	9	6	5
6	2	8	5	3	9	1	4	7
5	7	9	1	4	6	2	8	3

Puzzle 608

9	3	2	7	6	1	5	4	8
6	1	5	2	4	8	9	3	7
8	7	4	9	5	3	1	2	6
4	8	6	3	1	7	2	9	5
2	9	7	5	8	4	6	1	3
3	5	1	6	2	9	7	8	4
5	2	3	4	9	6	8	7	1
7	6	8	1	3	2	4	5	9
1	4	9	8	7	5	3	6	2

Puzzle 609

6	8	2	9	5	7	1	3	4
7	9	4	1	2	3	5	8	6
3	1	5	4	8	6	7	9	2
2	3	8	6	4	5	9	7	1
9	5	7	3	1	2	6	4	8
1	4	6	7	9	8	3	2	5
4	2	9	5	3	1	8	6	7
8	6	1	2	7	9	4	5	3
5	7	3	8	6	4	2	1	9

Puzzle 610

3	1	5	7	4	6	8	9	2
6	4	8	3	9	2	7	1	5
9	2	7	5	8	1	4	3	6
4	6	2	9	3	8	1	5	7
1	5	9	2	7	4	3	6	8
8	7	3	6	1	5	9	2	4
5	9	1	8	6	7	2	4	3
2	8	4	1	5	3	6	7	9
7	3	6	4	2	9	5	8	1

Puzzle 611

6	3	8	4	1	9	7	2	5
2	5	7	3	6	8	9	4	1
1	9	4	5	2	7	8	6	3
3	4	2	6	9	1	5	8	7
7	6	9	2	8	5	1	3	4
5	8	1	7	3	4	2	9	6
4	2	5	9	7	3	6	1	8
9	1	3	8	5	6	4	7	2
8	7	6	1	4	2	3	5	9

Puzzle 612

6	3	4	2	7	9	5	1	8
8	1	5	4	6	3	2	9	7
2	7	9	8	1	5	6	3	4
1	6	2	9	4	8	3	7	5
4	9	8	3	5	7	1	2	6
7	5	3	6	2	1	4	8	9
9	2	1	5	8	4	7	6	3
3	4	7	1	9	6	8	5	2
5	8	6	7	3	2	9	4	1

Puzzle 613

8	2	6	3	4	5	9	1	7
1	5	7	9	8	2	6	3	4
3	9	4	1	6	7	2	5	8
5	3	2	4	9	8	7	6	1
4	6	9	2	7	1	3	8	5
7	1	8	5	3	6	4	2	9
6	4	3	8	1	9	5	7	2
2	7	1	6	5	4	8	9	3
9	8	5	7	2	3	1	4	6

Puzzle 614

8	7	4	9	3	6	2	1	5
3	9	1	5	8	2	4	7	6
6	2	5	7	4	1	3	9	8
9	6	2	4	1	8	7	5	3
7	1	8	2	5	3	9	6	4
5	4	3	6	9	7	8	2	1
2	5	9	8	6	4	1	3	7
4	3	7	1	2	5	6	8	9
1	8	6	3	7	9	5	4	2

Puzzle 615

9	8	2	3	4	6	5	7	1
1	6	7	2	9	5	3	4	8
5	3	4	1	7	8	9	6	2
6	1	9	7	8	4	2	3	5
7	5	8	6	2	3	1	9	4
2	4	3	5	1	9	7	8	6
8	7	1	9	6	2	4	5	3
3	2	6	4	5	7	8	1	9
4	9	5	8	3	1	6	2	7

Puzzle 616

8	9	4	1	5	6	7	3	2
5	6	3	2	8	7	9	4	1
1	7	2	4	3	9	5	6	8
7	5	6	9	2	1	4	8	3
9	2	8	3	6	4	1	7	5
4	3	1	5	7	8	6	2	9
3	8	7	6	1	5	2	9	4
6	1	9	8	4	2	3	5	7
2	4	5	7	9	3	8	1	6

Puzzle 617

3	2	6	8	1	9	7	5	4
1	4	9	3	7	5	8	2	6
7	8	5	2	4	6	3	1	9
5	3	1	7	8	4	9	6	2
2	6	4	5	9	3	1	8	7
9	7	8	1	6	2	5	4	3
8	9	7	4	2	1	6	3	5
6	5	2	9	3	8	4	7	1
4	1	3	6	5	7	2	9	8

Puzzle 618

1	3	5	8	4	9	6	7	2
7	2	8	6	5	1	3	9	4
6	4	9	3	7	2	8	1	5
5	7	6	2	8	3	9	4	1
4	1	2	7	9	6	5	8	3
9	8	3	4	1	5	7	2	6
8	9	1	5	6	4	2	3	7
3	6	7	1	2	8	4	5	9
2	5	4	9	3	7	1	6	8

Puzzle 619

3	6	2	1	5	7	8	4	9
9	5	8	3	2	4	1	7	6
7	1	4	6	8	9	5	3	2
8	9	7	5	1	3	6	2	4
1	2	5	7	4	6	3	9	8
4	3	6	8	9	2	7	5	1
5	7	9	2	6	1	4	8	3
2	8	1	4	3	5	9	6	7
6	4	3	9	7	8	2	1	5

Puzzle 620

2	5	7	8	3	9	4	6	1
9	6	1	5	4	7	2	3	8
3	8	4	1	2	6	9	7	5
1	7	6	2	5	8	3	9	4
4	3	2	6	9	1	5	8	7
8	9	5	3	7	4	6	1	2
7	2	8	4	6	3	1	5	9
6	4	9	7	1	5	8	2	3
5	1	3	9	8	2	7	4	6

Puzzle 621

3	4	2	5	1	6	9	7	8
5	7	9	3	4	8	6	1	2
8	6	1	2	9	7	5	3	4
2	9	5	6	3	4	7	8	1
7	3	6	8	2	1	4	9	5
1	8	4	9	7	5	2	6	3
9	1	8	4	6	2	3	5	7
6	2	7	1	5	3	8	4	9
4	5	3	7	8	9	1	2	6

Puzzle 622

7	3	5	1	4	2	6	8	9
9	8	2	7	5	6	4	3	1
1	6	4	9	3	8	7	2	5
4	7	3	2	1	5	8	9	6
6	2	9	3	8	7	1	5	4
5	1	8	4	6	9	3	7	2
2	4	6	8	9	3	5	1	7
3	5	7	6	2	1	9	4	8
8	9	1	5	7	4	2	6	3

Puzzle 623

4	1	5	7	6	9	2	3	8
7	3	9	4	2	8	1	5	6
8	2	6	3	1	5	4	9	7
1	4	3	6	9	2	7	8	5
5	7	2	8	4	3	6	1	9
9	6	8	5	7	1	3	2	4
3	9	7	1	8	6	5	4	2
2	5	4	9	3	7	8	6	1
6	8	1	2	5	4	9	7	3

Puzzle 624

7	8	2	4	1	5	6	9	3
1	6	5	7	3	9	4	8	2
3	9	4	6	2	8	7	5	1
8	1	3	9	5	6	2	7	4
9	5	7	2	4	1	3	6	8
4	2	6	8	7	3	5	1	9
6	3	9	5	8	4	1	2	7
5	7	1	3	9	2	8	4	6
2	4	8	1	6	7	9	3	5

Puzzle 625

9	1	5	4	8	7	6	2	3
3	4	8	9	6	2	7	1	5
7	6	2	3	5	1	9	4	8
5	8	6	2	3	9	1	7	4
4	7	3	6	1	8	5	9	2
1	2	9	7	4	5	3	8	6
8	9	4	5	7	6	2	3	1
2	5	1	8	9	3	4	6	7
6	3	7	1	2	4	8	5	9

Puzzle 626

6	3	7	8	4	2	1	9	5
8	1	4	7	5	9	2	6	3
5	9	2	3	1	6	4	7	8
3	7	9	2	8	4	5	1	6
2	6	5	1	9	3	8	4	7
1	4	8	6	7	5	9	3	2
7	2	1	9	3	8	6	5	4
9	5	6	4	2	7	3	8	1
4	8	3	5	6	1	7	2	9

Puzzle 627

1	3	5	7	9	2	4	6	8
4	8	2	6	3	1	7	5	9
9	6	7	5	4	8	2	1	3
2	5	3	4	7	6	8	9	1
7	4	8	9	1	3	5	2	6
6	1	9	2	8	5	3	4	7
8	2	4	3	6	9	1	7	5
3	7	6	1	5	4	9	8	2
5	9	1	8	2	7	6	3	4

Puzzle 628

2	4	5	1	9	3	6	7	8
9	8	6	2	4	7	5	1	3
1	7	3	8	6	5	4	2	9
4	6	7	3	1	2	9	8	5
8	1	2	9	5	4	3	6	7
5	3	9	7	8	6	1	4	2
7	2	4	5	3	1	8	9	6
3	9	1	6	7	8	2	5	4
6	5	8	4	2	9	7	3	1

Puzzle 629

2	9	7	6	8	3	4	5	1
4	1	6	5	7	2	3	9	8
8	3	5	4	9	1	2	7	6
9	5	3	2	1	7	6	8	4
6	8	4	9	3	5	7	1	2
1	7	2	8	6	4	5	3	9
7	2	1	3	4	8	9	6	5
3	4	9	1	5	6	8	2	7
5	6	8	7	2	9	1	4	3

Puzzle 630

1	5	8	7	3	4	2	9	6
9	2	6	8	1	5	4	3	7
4	3	7	6	2	9	1	8	5
6	1	3	9	5	8	7	2	4
5	4	2	3	6	7	9	1	8
8	7	9	1	4	2	6	5	3
2	8	4	5	7	1	3	6	9
7	6	5	2	9	3	8	4	1
3	9	1	4	8	6	5	7	2

Puzzle 631

6	5	4	7	9	8	1	3	2
2	7	8	6	1	3	4	5	9
1	3	9	4	5	2	6	7	8
8	1	2	9	4	7	5	6	3
9	6	5	8	3	1	2	4	7
7	4	3	5	2	6	9	8	1
5	8	6	1	7	9	3	2	4
4	2	1	3	8	5	7	9	6
3	9	7	2	6	4	8	1	5

Puzzle 632

6	8	9	1	3	7	2	4	5
1	3	5	9	2	4	6	7	8
4	2	7	8	6	5	3	1	9
9	6	4	2	1	8	5	3	7
2	1	8	5	7	3	4	9	6
7	5	3	4	9	6	8	2	1
8	4	1	7	5	2	9	6	3
3	9	2	6	8	1	7	5	4
5	7	6	3	4	9	1	8	2

Puzzle 633

1	5	6	7	9	8	2	3	4
8	4	3	2	5	6	7	9	1
2	7	9	4	3	1	6	8	5
5	3	4	9	8	2	1	7	6
9	1	8	6	7	5	4	2	3
7	6	2	3	1	4	9	5	8
3	2	5	1	4	7	8	6	9
6	8	1	5	2	9	3	4	7
4	9	7	8	6	3	5	1	2

Puzzle 634

9	4	5	7	1	8	3	6	2
8	3	6	5	9	2	1	4	7
1	7	2	6	3	4	8	5	9
5	8	1	9	2	7	6	3	4
3	6	9	1	4	5	2	7	8
7	2	4	3	8	6	5	9	1
6	1	3	8	7	9	4	2	5
4	9	8	2	5	3	7	1	6
2	5	7	4	6	1	9	8	3

Puzzle 635

9	3	2	8	4	7	6	1	5
8	6	5	3	9	1	4	2	7
7	1	4	2	6	5	8	3	9
3	5	7	1	2	4	9	8	6
6	4	8	5	3	9	2	7	1
2	9	1	7	8	6	5	4	3
5	8	6	4	1	3	7	9	2
4	7	3	9	5	2	1	6	8
1	2	9	6	7	8	3	5	4

Puzzle 636

9	6	4	7	2	8	1	5	3
2	8	7	1	3	5	9	6	4
3	1	5	6	9	4	2	8	7
5	9	1	3	6	2	4	7	8
8	2	6	9	4	7	5	3	1
4	7	3	8	5	1	6	9	2
1	3	9	4	8	6	7	2	5
7	5	8	2	1	9	3	4	6
6	4	2	5	7	3	8	1	9

Puzzle 637

8	6	9	7	4	1	3	2	5
1	3	4	5	8	2	6	9	7
7	5	2	9	3	6	4	8	1
4	8	6	3	7	5	2	1	9
9	2	3	4	1	8	5	7	6
5	1	7	2	6	9	8	4	3
6	7	1	8	2	3	9	5	4
2	4	5	6	9	7	1	3	8
3	9	8	1	5	4	7	6	2

Puzzle 638

4	2	1	5	8	9	7	3	6
3	9	5	6	2	7	1	8	4
7	8	6	1	3	4	5	9	2
8	5	4	2	9	1	3	6	7
9	7	3	8	6	5	4	2	1
6	1	2	4	7	3	8	5	9
5	4	8	9	1	6	2	7	3
1	6	7	3	5	2	9	4	8
2	3	9	7	4	8	6	1	5

Puzzle 639

1	3	6	8	9	4	7	5	2
4	2	9	3	5	7	1	8	6
5	7	8	1	6	2	3	4	9
6	9	4	2	7	5	8	3	1
3	5	2	6	8	1	4	9	7
7	8	1	4	3	9	6	2	5
9	4	3	7	2	6	5	1	8
2	1	7	5	4	8	9	6	3
8	6	5	9	1	3	2	7	4

Puzzle 640

2	1	7	6	3	4	8	9	5
6	3	5	9	7	8	4	1	2
9	8	4	2	5	1	6	3	7
3	2	6	7	1	5	9	8	4
7	4	1	8	6	9	2	5	3
8	5	9	4	2	3	1	7	6
5	9	8	3	4	2	7	6	1
4	7	3	1	8	6	5	2	9
1	6	2	5	9	7	3	4	8

Puzzle 641

9	4	3	8	1	2	7	6	5
5	8	6	9	4	7	3	1	2
2	1	7	3	6	5	4	9	8
7	5	8	1	3	4	6	2	9
3	2	4	6	5	9	1	8	7
1	6	9	2	7	8	5	3	4
8	7	1	4	9	6	2	5	3
6	9	5	7	2	3	8	4	1
4	3	2	5	8	1	9	7	6

Puzzle 642

3	9	2	6	1	8	5	7	4
4	6	7	9	2	5	8	3	1
1	5	8	4	7	3	9	2	6
8	1	5	2	3	9	4	6	7
9	2	6	7	8	4	3	1	5
7	3	4	1	5	6	2	9	8
2	7	3	5	4	1	6	8	9
6	4	1	8	9	2	7	5	3
5	8	9	3	6	7	1	4	2

Puzzle 643

4	1	7	8	6	2	5	9	3
3	6	9	7	4	5	2	8	1
2	8	5	1	9	3	6	7	4
5	2	8	9	7	4	1	3	6
9	3	1	2	8	6	4	5	7
7	4	6	3	5	1	8	2	9
6	5	2	4	3	9	7	1	8
1	7	3	6	2	8	9	4	5
8	9	4	5	1	7	3	6	2

Puzzle 644

1	6	2	5	3	8	7	4	9
8	7	9	4	1	2	5	3	6
3	4	5	6	7	9	8	2	1
7	8	6	2	9	3	4	1	5
4	5	3	1	6	7	2	9	8
2	9	1	8	4	5	6	7	3
6	1	8	9	2	4	3	5	7
5	3	4	7	8	1	9	6	2
9	2	7	3	5	6	1	8	4

Puzzle 645

3	6	5	1	8	4	9	7	2
1	7	2	6	5	9	3	8	4
8	4	9	7	2	3	6	1	5
2	5	8	9	4	1	7	3	6
9	3	6	8	7	2	5	4	1
4	1	7	3	6	5	2	9	8
7	8	3	5	1	6	4	2	9
6	9	4	2	3	8	1	5	7
5	2	1	4	9	7	8	6	3

Puzzle 646

7	3	2	4	1	9	6	5	8
9	4	8	2	6	5	7	1	3
6	1	5	3	8	7	2	9	4
1	5	7	8	4	3	9	6	2
3	2	6	9	7	1	8	4	5
8	9	4	5	2	6	3	7	1
4	6	9	1	3	2	5	8	7
2	7	1	6	5	8	4	3	9
5	8	3	7	9	4	1	2	6

Puzzle 647

8	1	2	9	6	4	3	7	5
5	9	7	2	1	3	4	8	6
6	4	3	7	8	5	2	9	1
1	8	5	4	3	7	9	6	2
7	6	9	5	2	8	1	4	3
2	3	4	6	9	1	8	5	7
3	7	6	1	4	9	5	2	8
4	2	8	3	5	6	7	1	9
9	5	1	8	7	2	6	3	4

Puzzle 648

8	4	9	5	3	2	1	7	6
2	3	6	4	7	1	8	9	5
5	1	7	8	6	9	2	4	3
4	7	3	1	5	8	9	6	2
6	9	2	7	4	3	5	1	8
1	5	8	2	9	6	4	3	7
7	2	5	6	1	4	3	8	9
3	6	1	9	8	5	7	2	4
9	8	4	3	2	7	6	5	1

Puzzle 649

3	7	4	9	5	2	1	8	6
6	2	5	7	8	1	3	9	4
9	1	8	3	4	6	5	2	7
8	6	3	2	9	5	4	7	1
2	9	1	4	3	7	8	6	5
4	5	7	6	1	8	2	3	9
5	4	6	8	2	9	7	1	3
1	8	9	5	7	3	6	4	2
7	3	2	1	6	4	9	5	8

Puzzle 650

5	2	1	4	6	3	7	9	8
4	9	6	1	7	8	2	3	5
8	7	3	2	5	9	6	4	1
9	5	4	8	2	1	3	6	7
6	1	2	7	3	5	4	8	9
3	8	7	6	9	4	1	5	2
7	6	5	3	8	2	9	1	4
2	4	9	5	1	6	8	7	3
1	3	8	9	4	7	5	2	6

Puzzle 651

4	8	3	7	6	5	1	2	9
7	1	6	8	2	9	3	5	4
2	5	9	3	4	1	7	8	6
1	9	2	6	8	3	4	7	5
6	7	5	1	9	4	2	3	8
8	3	4	2	5	7	9	6	1
9	6	1	5	3	2	8	4	7
3	4	8	9	7	6	5	1	2
5	2	7	4	1	8	6	9	3

Puzzle 652

3	8	6	1	5	2	9	4	7
5	9	7	6	8	4	1	2	3
2	1	4	3	7	9	8	6	5
7	2	5	8	1	6	3	9	4
9	4	3	7	2	5	6	8	1
8	6	1	4	9	3	5	7	2
4	7	8	5	6	1	2	3	9
6	5	9	2	3	7	4	1	8
1	3	2	9	4	8	7	5	6

Puzzle 653

8	1	5	3	2	6	7	9	4
9	7	4	8	1	5	6	3	2
3	2	6	7	9	4	5	1	8
1	4	8	6	3	2	9	5	7
2	3	7	4	5	9	1	8	6
5	6	9	1	7	8	4	2	3
7	5	1	2	4	3	8	6	9
4	8	2	9	6	1	3	7	5
6	9	3	5	8	7	2	4	1

Puzzle 654

4	6	7	2	3	8	1	5	9
5	3	9	6	1	4	7	8	2
8	1	2	5	7	9	3	6	4
6	9	8	4	5	3	2	1	7
7	5	3	9	2	1	8	4	6
2	4	1	7	8	6	5	9	3
1	8	6	3	9	7	4	2	5
9	7	5	1	4	2	6	3	8
3	2	4	8	6	5	9	7	1

Puzzle 655

6	1	4	5	9	7	8	3	2
9	3	7	2	4	8	6	1	5
2	8	5	6	1	3	9	7	4
8	7	9	1	2	4	3	5	6
5	4	2	9	3	6	1	8	7
1	6	3	8	7	5	2	4	9
3	5	8	7	6	9	4	2	1
4	2	6	3	5	1	7	9	8
7	9	1	4	8	2	5	6	3

Puzzle 656

4	5	8	6	3	7	1	2	9
2	1	7	9	5	8	3	4	6
9	6	3	2	1	4	8	5	7
8	2	6	4	7	3	5	9	1
3	4	5	1	6	9	7	8	2
7	9	1	5	8	2	6	3	4
5	8	4	7	9	1	2	6	3
1	3	9	8	2	6	4	7	5
6	7	2	3	4	5	9	1	8

Puzzle 657

8	4	1	5	9	7	2	3	6
5	2	6	4	3	1	8	7	9
9	3	7	2	8	6	1	5	4
7	1	8	9	6	4	5	2	3
2	9	3	1	7	5	6	4	8
6	5	4	8	2	3	9	1	7
3	8	5	7	1	9	4	6	2
1	6	9	3	4	2	7	8	5
4	7	2	6	5	8	3	9	1

Puzzle 658

7	6	4	8	3	2	9	5	1
9	3	1	7	6	5	2	4	8
2	8	5	9	4	1	7	3	6
6	4	3	2	8	9	1	7	5
5	9	2	4	1	7	8	6	3
8	1	7	6	5	3	4	2	9
3	5	9	1	2	4	6	8	7
4	7	8	3	9	6	5	1	2
1	2	6	5	7	8	3	9	4

Puzzle 659

7	3	8	4	1	2	9	5	6
5	1	6	9	7	3	8	4	2
2	9	4	8	6	5	1	3	7
4	5	2	6	3	9	7	8	1
8	7	3	1	2	4	5	6	9
9	6	1	7	5	8	3	2	4
3	4	9	2	8	7	6	1	5
6	8	7	5	4	1	2	9	3
1	2	5	3	9	6	4	7	8

Puzzle 660

9	6	7	1	2	3	4	8	5
4	2	8	9	7	5	3	1	6
1	3	5	8	4	6	2	7	9
8	7	1	4	9	2	6	5	3
3	9	2	5	6	7	8	4	1
5	4	6	3	1	8	9	2	7
6	5	4	7	8	9	1	3	2
7	8	9	2	3	1	5	6	4
2	1	3	6	5	4	7	9	8

Puzzle 661

7	6	9	3	1	5	8	2	4
5	3	1	2	4	8	7	6	9
8	2	4	9	6	7	3	5	1
6	8	3	1	7	4	5	9	2
1	9	5	8	3	2	4	7	6
2	4	7	6	5	9	1	3	8
3	7	6	4	9	1	2	8	5
4	5	8	7	2	6	9	1	3
9	1	2	5	8	3	6	4	7

Puzzle 662

9	2	6	3	7	1	5	4	8
8	1	5	2	4	9	7	6	3
7	3	4	8	5	6	9	1	2
1	6	2	7	3	5	4	8	9
5	4	9	6	2	8	3	7	1
3	7	8	1	9	4	2	5	6
6	5	7	9	8	3	1	2	4
4	9	1	5	6	2	8	3	7
2	8	3	4	1	7	6	9	5

Puzzle 663

5	7	9	6	3	2	4	1	8
8	6	1	7	4	9	5	3	2
3	4	2	1	8	5	9	6	7
9	1	3	5	6	8	7	2	4
7	8	6	3	2	4	1	9	5
4	2	5	9	7	1	6	8	3
2	3	7	4	9	6	8	5	1
6	5	8	2	1	7	3	4	9
1	9	4	8	5	3	2	7	6

Puzzle 664

8	6	2	5	4	7	9	3	1
5	9	3	2	8	1	6	7	4
1	4	7	3	9	6	2	8	5
4	5	8	7	6	3	1	2	9
6	3	1	8	2	9	4	5	7
7	2	9	4	1	5	8	6	3
3	1	6	9	5	8	7	4	2
9	7	4	6	3	2	5	1	8
2	8	5	1	7	4	3	9	6

Puzzle 665

1	6	3	9	2	5	4	8	7
9	4	2	1	7	8	5	3	6
7	5	8	4	3	6	9	1	2
4	7	6	3	8	9	2	5	1
2	9	1	6	5	4	3	7	8
8	3	5	2	1	7	6	4	9
6	2	7	8	4	3	1	9	5
3	8	9	5	6	1	7	2	4
5	1	4	7	9	2	8	6	3

Puzzle 666

4	9	8	1	2	5	3	7	6
1	6	5	4	3	7	2	9	8
7	3	2	8	6	9	4	1	5
6	2	4	7	8	1	9	5	3
9	5	7	3	4	6	1	8	2
8	1	3	5	9	2	7	6	4
2	7	9	6	5	3	8	4	1
5	8	1	2	7	4	6	3	9
3	4	6	9	1	8	5	2	7

Puzzle 667

6	2	8	7	3	5	1	9	4
4	9	3	8	1	2	7	5	6
5	7	1	9	6	4	3	2	8
9	3	6	2	5	7	8	4	1
7	5	4	3	8	1	2	6	9
8	1	2	4	9	6	5	7	3
1	6	9	5	7	3	4	8	2
2	8	7	1	4	9	6	3	5
3	4	5	6	2	8	9	1	7

Puzzle 668

6	5	9	7	2	1	8	4	3
4	8	7	6	9	3	2	5	1
1	2	3	5	8	4	6	7	9
3	9	5	4	7	8	1	2	6
7	1	4	2	6	9	3	8	5
2	6	8	1	3	5	7	9	4
8	4	2	9	1	6	5	3	7
9	3	1	8	5	7	4	6	2
5	7	6	3	4	2	9	1	8

Puzzle 669

9	5	4	1	2	3	8	7	6
3	8	1	5	7	6	4	2	9
2	6	7	4	8	9	1	3	5
4	9	5	8	1	2	7	6	3
8	3	2	7	6	5	9	1	4
1	7	6	9	3	4	5	8	2
5	1	3	2	9	8	6	4	7
6	4	8	3	5	7	2	9	1
7	2	9	6	4	1	3	5	8

Puzzle 670

5	7	1	9	8	2	6	3	4
3	6	2	5	7	4	1	9	8
9	4	8	6	3	1	5	7	2
2	1	3	8	6	5	7	4	9
7	5	9	4	2	3	8	1	6
6	8	4	7	1	9	3	2	5
8	2	5	3	4	7	9	6	1
4	3	6	1	9	8	2	5	7
1	9	7	2	5	6	4	8	3

Puzzle 671

6	4	9	8	2	5	3	1	7
3	5	8	1	4	7	6	9	2
1	7	2	3	6	9	4	8	5
5	3	7	6	1	8	2	4	9
2	9	4	7	5	3	1	6	8
8	1	6	2	9	4	7	5	3
9	8	1	4	7	2	5	3	6
4	2	5	9	3	6	8	7	1
7	6	3	5	8	1	9	2	4

Puzzle 672

6	5	8	3	9	7	4	1	2
1	4	9	6	2	8	3	5	7
3	2	7	4	1	5	8	9	6
7	3	1	9	6	2	5	8	4
5	6	4	1	8	3	2	7	9
8	9	2	7	5	4	1	6	3
2	7	5	8	3	9	6	4	1
9	8	6	2	4	1	7	3	5
4	1	3	5	7	6	9	2	8

Puzzle 673

6	2	9	1	8	4	3	7	5
1	8	3	9	7	5	6	2	4
4	5	7	3	6	2	1	8	9
3	7	6	2	9	8	5	4	1
9	4	5	7	1	3	2	6	8
8	1	2	5	4	6	7	9	3
5	6	8	4	3	7	9	1	2
2	9	4	6	5	1	8	3	7
7	3	1	8	2	9	4	5	6

Puzzle 674

1	4	8	3	7	2	5	9	6
2	5	3	6	4	9	1	8	7
7	9	6	8	1	5	4	3	2
3	8	2	4	9	6	7	5	1
6	1	9	2	5	7	8	4	3
5	7	4	1	3	8	6	2	9
8	6	5	9	2	1	3	7	4
9	3	1	7	8	4	2	6	5
4	2	7	5	6	3	9	1	8

Puzzle 675

8	6	5	1	4	3	9	7	2
1	3	7	5	2	9	8	6	4
4	2	9	6	8	7	3	1	5
3	5	2	8	7	4	1	9	6
7	1	6	9	5	2	4	3	8
9	4	8	3	1	6	5	2	7
2	9	3	4	6	5	7	8	1
6	8	4	7	9	1	2	5	3
5	7	1	2	3	8	6	4	9

Puzzle 676

8	3	5	7	9	6	1	4	2
1	7	9	2	5	4	6	3	8
6	4	2	8	1	3	7	5	9
3	1	4	6	7	2	8	9	5
9	8	7	5	4	1	3	2	6
5	2	6	9	3	8	4	7	1
4	6	8	3	2	9	5	1	7
2	5	1	4	8	7	9	6	3
7	9	3	1	6	5	2	8	4

Puzzle 677

8	6	2	7	3	4	1	5	9
4	1	5	8	9	2	6	7	3
7	9	3	6	1	5	2	4	8
2	5	9	3	7	6	8	1	4
3	8	4	5	2	1	7	9	6
1	7	6	9	4	8	3	2	5
6	3	7	2	5	9	4	8	1
9	2	1	4	8	3	5	6	7
5	4	8	1	6	7	9	3	2

Puzzle 678

4	1	3	8	9	7	5	2	6
9	8	5	1	6	2	7	4	3
6	2	7	3	5	4	1	8	9
1	5	2	6	8	9	3	7	4
7	9	8	2	4	3	6	5	1
3	6	4	7	1	5	8	9	2
5	3	9	4	7	6	2	1	8
8	4	6	5	2	1	9	3	7
2	7	1	9	3	8	4	6	5

Puzzle 679

8	3	2	5	1	7	9	6	4
6	4	1	9	3	8	2	5	7
5	7	9	6	4	2	3	1	8
4	5	6	8	2	3	1	7	9
9	1	3	4	7	6	5	8	2
7	2	8	1	9	5	4	3	6
3	9	5	7	8	4	6	2	1
1	6	7	2	5	9	8	4	3
2	8	4	3	6	1	7	9	5

Puzzle 680

3	4	1	5	9	6	8	7	2
7	5	8	3	2	1	6	4	9
6	2	9	8	7	4	1	3	5
8	3	5	7	4	2	9	6	1
9	6	2	1	5	3	4	8	7
4	1	7	6	8	9	5	2	3
2	9	6	4	1	7	3	5	8
5	7	3	9	6	8	2	1	4
1	8	4	2	3	5	7	9	6

Puzzle 681

1	8	5	4	9	3	7	2	6
3	7	9	2	1	6	5	8	4
6	2	4	5	8	7	1	3	9
5	3	8	7	6	2	9	4	1
9	1	7	8	3	4	6	5	2
4	6	2	9	5	1	8	7	3
7	4	1	6	2	5	3	9	8
2	9	6	3	7	8	4	1	5
8	5	3	1	4	9	2	6	7

Puzzle 682

7	6	9	1	2	5	8	3	4
1	2	8	7	3	4	5	6	9
3	5	4	8	6	9	1	2	7
9	7	2	3	8	1	6	4	5
5	4	1	2	9	6	7	8	3
6	8	3	4	5	7	2	9	1
8	1	6	9	7	3	4	5	2
4	3	5	6	1	2	9	7	8
2	9	7	5	4	8	3	1	6

Puzzle 683

1	5	6	4	2	8	9	7	3
9	2	3	6	7	1	4	8	5
4	8	7	3	5	9	6	1	2
7	3	1	9	6	2	5	4	8
5	6	4	8	3	7	1	2	9
8	9	2	1	4	5	3	6	7
3	7	8	5	1	6	2	9	4
6	4	9	2	8	3	7	5	1
2	1	5	7	9	4	8	3	6

Puzzle 684

4	1	9	3	8	5	6	7	2
5	3	6	2	9	7	8	1	4
7	8	2	6	4	1	9	3	5
8	5	1	7	6	9	2	4	3
3	2	4	5	1	8	7	9	6
9	6	7	4	3	2	5	8	1
2	9	5	1	7	4	3	6	8
1	7	3	8	2	6	4	5	9
6	4	8	9	5	3	1	2	7

Puzzle 685

5	7	6	2	4	9	1	3	8
3	8	2	5	7	1	4	6	9
4	1	9	8	6	3	2	5	7
8	9	3	6	2	4	7	1	5
7	6	5	9	1	8	3	4	2
1	2	4	7	3	5	8	9	6
6	5	1	3	8	2	9	7	4
2	4	7	1	9	6	5	8	3
9	3	8	4	5	7	6	2	1

Puzzle 686

4	6	5	9	1	7	2	3	8
2	8	1	5	3	6	4	9	7
7	3	9	2	4	8	5	1	6
8	5	2	6	7	1	9	4	3
1	4	6	8	9	3	7	5	2
9	7	3	4	2	5	8	6	1
5	1	4	7	6	2	3	8	9
6	2	8	3	5	9	1	7	4
3	9	7	1	8	4	6	2	5

Puzzle 687

3	4	5	6	8	2	7	9	1
1	8	9	3	4	7	2	6	5
6	2	7	1	9	5	8	4	3
2	5	4	9	1	3	6	7	8
8	1	3	4	7	6	5	2	9
9	7	6	2	5	8	1	3	4
5	3	1	7	6	9	4	8	2
4	6	2	8	3	1	9	5	7
7	9	8	5	2	4	3	1	6

Puzzle 688

4	9	8	2	5	3	6	7	1
5	2	6	4	7	1	3	9	8
3	7	1	6	8	9	5	2	4
2	1	5	9	6	8	7	4	3
7	4	3	5	1	2	8	6	9
8	6	9	7	3	4	2	1	5
9	8	2	3	4	7	1	5	6
1	5	7	8	9	6	4	3	2
6	3	4	1	2	5	9	8	7

Puzzle 689

4	2	6	1	8	3	5	7	9
5	8	9	7	6	2	3	4	1
7	1	3	9	4	5	6	8	2
8	9	5	4	3	6	2	1	7
2	3	1	5	7	8	9	6	4
6	7	4	2	1	9	8	3	5
9	4	8	6	2	7	1	5	3
3	5	7	8	9	1	4	2	6
1	6	2	3	5	4	7	9	8

Puzzle 690

3	4	7	8	1	9	6	5	2
2	1	9	7	6	5	3	8	4
8	6	5	2	3	4	7	1	9
6	3	8	4	7	2	5	9	1
4	7	1	5	9	3	2	6	8
5	9	2	6	8	1	4	3	7
1	5	4	3	2	8	9	7	6
7	8	3	9	4	6	1	2	5
9	2	6	1	5	7	8	4	3

Puzzle 691

8	1	5	9	6	4	2	3	7
3	7	9	2	5	1	8	4	6
6	4	2	8	7	3	5	9	1
9	2	6	4	3	5	7	1	8
4	8	1	6	2	7	3	5	9
7	5	3	1	8	9	4	6	2
2	9	7	3	4	6	1	8	5
5	6	4	7	1	8	9	2	3
1	3	8	5	9	2	6	7	4

Puzzle 692

8	2	1	9	6	7	5	3	4
7	5	6	2	4	3	1	9	8
4	9	3	1	8	5	6	2	7
6	4	8	3	1	9	7	5	2
2	1	9	7	5	8	3	4	6
5	3	7	6	2	4	9	8	1
3	6	2	8	9	1	4	7	5
1	7	5	4	3	2	8	6	9
9	8	4	5	7	6	2	1	3

Puzzle 693

3	5	7	6	2	4	8	9	1
1	4	2	3	8	9	7	6	5
6	9	8	7	1	5	2	4	3
4	7	5	2	9	6	3	1	8
2	8	1	4	3	7	6	5	9
9	3	6	1	5	8	4	7	2
7	2	3	5	4	1	9	8	6
5	6	9	8	7	3	1	2	4
8	1	4	9	6	2	5	3	7

Puzzle 694

1	9	6	2	7	3	5	4	8
5	4	3	9	1	8	6	2	7
7	8	2	6	4	5	3	9	1
9	3	7	1	8	6	2	5	4
2	6	4	5	9	7	1	8	3
8	1	5	4	3	2	7	6	9
3	5	9	8	6	1	4	7	2
4	2	1	7	5	9	8	3	6
6	7	8	3	2	4	9	1	5

Puzzle 695

1	9	5	7	3	8	6	4	2
4	6	2	5	1	9	3	7	8
3	8	7	6	2	4	5	9	1
2	1	8	3	6	7	9	5	4
5	3	4	8	9	1	7	2	6
9	7	6	2	4	5	1	8	3
7	2	3	4	5	6	8	1	9
6	5	1	9	8	2	4	3	7
8	4	9	1	7	3	2	6	5

Puzzle 696

5	8	2	1	4	3	7	9	6
6	3	9	2	8	7	5	4	1
4	7	1	6	5	9	2	8	3
3	9	4	5	6	2	8	1	7
1	6	7	4	3	8	9	2	5
8	2	5	9	7	1	3	6	4
2	5	8	7	1	4	6	3	9
7	4	3	8	9	6	1	5	2
9	1	6	3	2	5	4	7	8

Puzzle 697

5	3	8	9	1	7	2	4	6
7	2	4	3	6	8	9	5	1
6	9	1	5	2	4	3	8	7
8	1	7	4	3	5	6	2	9
4	5	3	2	9	6	1	7	8
9	6	2	8	7	1	5	3	4
3	7	9	6	8	2	4	1	5
2	8	5	1	4	9	7	6	3
1	4	6	7	5	3	8	9	2

Puzzle 698

3	7	2	4	1	9	5	8	6
1	6	4	2	8	5	9	3	7
5	8	9	3	6	7	1	4	2
6	4	5	9	2	1	8	7	3
9	2	7	8	4	3	6	1	5
8	3	1	7	5	6	2	9	4
7	5	8	6	9	4	3	2	1
2	1	3	5	7	8	4	6	9
4	9	6	1	3	2	7	5	8

Puzzle 699

5	4	6	3	1	7	2	8	9
1	8	2	5	9	6	4	7	3
9	7	3	2	8	4	5	6	1
3	1	8	6	4	5	7	9	2
7	6	9	8	2	1	3	4	5
4	2	5	7	3	9	6	1	8
6	5	1	9	7	2	8	3	4
2	3	4	1	6	8	9	5	7
8	9	7	4	5	3	1	2	6

Puzzle 700

5	1	7	6	8	3	4	9	2
9	4	6	2	5	1	7	8	3
2	8	3	9	7	4	5	6	1
7	5	4	1	2	6	8	3	9
6	3	8	5	9	7	2	1	4
1	9	2	4	3	8	6	5	7
4	6	5	7	1	9	3	2	8
8	2	9	3	4	5	1	7	6
3	7	1	8	6	2	9	4	5

Puzzle 701

9	1	2	3	6	4	5	8	7
8	3	5	1	7	2	6	4	9
4	6	7	8	5	9	3	1	2
1	9	8	6	2	3	7	5	4
2	4	3	5	8	7	9	6	1
5	7	6	9	4	1	2	3	8
7	8	4	2	3	5	1	9	6
3	2	9	4	1	6	8	7	5
6	5	1	7	9	8	4	2	3

Puzzle 702

8	6	5	2	9	7	1	3	4
9	1	3	6	4	5	7	2	8
4	2	7	3	1	8	9	6	5
7	9	8	1	2	6	5	4	3
1	4	2	8	5	3	6	7	9
3	5	6	9	7	4	8	1	2
5	8	4	7	6	2	3	9	1
2	7	9	5	3	1	4	8	6
6	3	1	4	8	9	2	5	7

Puzzle 703

3	6	2	8	5	4	1	7	9
8	9	5	6	7	1	3	2	4
7	1	4	9	3	2	8	6	5
6	3	7	2	8	5	9	4	1
9	2	1	7	4	3	5	8	6
5	4	8	1	6	9	7	3	2
4	7	3	5	1	6	2	9	8
2	5	6	3	9	8	4	1	7
1	8	9	4	2	7	6	5	3

Puzzle 704

2	6	7	1	4	8	5	3	9
5	4	1	9	7	3	2	6	8
3	8	9	5	2	6	4	7	1
6	2	3	4	8	5	1	9	7
7	9	5	6	1	2	3	8	4
8	1	4	7	3	9	6	5	2
9	3	2	8	5	1	7	4	6
1	7	6	3	9	4	8	2	5
4	5	8	2	6	7	9	1	3

Puzzle 705

3	6	7	9	5	2	8	4	1
2	1	9	4	8	3	7	6	5
4	5	8	6	1	7	9	2	3
7	9	4	8	2	5	3	1	6
5	3	1	7	4	6	2	9	8
6	8	2	1	3	9	5	7	4
1	4	3	2	9	8	6	5	7
9	7	5	3	6	4	1	8	2
8	2	6	5	7	1	4	3	9

Puzzle 706

9	3	1	7	8	4	2	6	5
6	7	2	1	5	3	9	8	4
8	4	5	9	6	2	1	7	3
3	8	7	6	1	9	4	5	2
4	5	9	3	2	7	8	1	6
1	2	6	8	4	5	7	3	9
7	9	4	5	3	1	6	2	8
2	6	3	4	7	8	5	9	1
5	1	8	2	9	6	3	4	7

Puzzle 707

9	3	1	4	7	8	5	2	6
8	5	2	1	3	6	9	7	4
6	7	4	2	5	9	3	1	8
2	1	3	8	9	5	4	6	7
5	4	6	7	1	2	8	3	9
7	8	9	3	6	4	2	5	1
3	9	8	6	2	1	7	4	5
4	6	7	5	8	3	1	9	2
1	2	5	9	4	7	6	8	3

Puzzle 708

3	9	7	5	6	8	2	1	4
1	2	8	7	3	4	6	5	9
5	4	6	2	1	9	3	8	7
8	6	4	3	9	2	1	7	5
2	5	9	8	7	1	4	6	3
7	1	3	4	5	6	9	2	8
4	3	1	6	8	5	7	9	2
6	8	2	9	4	7	5	3	1
9	7	5	1	2	3	8	4	6

Puzzle 709

7	6	9	4	5	1	8	3	2
8	1	2	6	9	3	5	4	7
4	5	3	2	8	7	6	9	1
2	4	7	8	6	9	1	5	3
9	8	5	3	1	2	4	7	6
1	3	6	5	7	4	9	2	8
5	9	8	7	2	6	3	1	4
6	7	4	1	3	5	2	8	9
3	2	1	9	4	8	7	6	5

Puzzle 710

2	4	6	5	1	9	8	3	7
9	7	5	6	8	3	4	1	2
3	1	8	4	7	2	5	6	9
4	8	2	3	5	1	9	7	6
5	3	1	9	6	7	2	4	8
6	9	7	2	4	8	3	5	1
7	6	4	8	9	5	1	2	3
1	2	9	7	3	4	6	8	5
8	5	3	1	2	6	7	9	4

Puzzle 711

2	9	3	8	7	6	4	5	1
7	4	8	5	3	1	9	2	6
5	1	6	2	4	9	3	7	8
4	8	9	3	1	2	7	6	5
3	2	1	7	6	5	8	9	4
6	7	5	4	9	8	1	3	2
8	5	7	1	2	3	6	4	9
9	3	2	6	8	4	5	1	7
1	6	4	9	5	7	2	8	3

Puzzle 712

8	2	5	4	3	1	7	9	6
3	9	7	8	2	6	4	5	1
1	6	4	5	9	7	8	2	3
6	1	2	7	4	8	9	3	5
7	3	8	6	5	9	1	4	2
4	5	9	3	1	2	6	8	7
5	4	1	9	7	3	2	6	8
2	8	3	1	6	4	5	7	9
9	7	6	2	8	5	3	1	4

Puzzle 713

4	8	5	6	2	3	1	7	9
6	7	9	1	4	5	3	8	2
2	1	3	8	7	9	6	5	4
9	6	7	4	3	2	5	1	8
1	2	8	7	5	6	4	9	3
5	3	4	9	1	8	2	6	7
3	4	1	5	9	7	8	2	6
8	9	2	3	6	1	7	4	5
7	5	6	2	8	4	9	3	1

Puzzle 714

7	8	6	1	4	2	5	3	9
1	2	9	7	5	3	4	8	6
4	5	3	9	8	6	2	7	1
3	9	5	6	7	8	1	4	2
8	1	4	5	2	9	3	6	7
6	7	2	3	1	4	8	9	5
5	4	1	8	9	7	6	2	3
2	3	7	4	6	5	9	1	8
9	6	8	2	3	1	7	5	4

Puzzle 715

9	5	3	8	4	7	1	6	2
6	1	7	5	2	3	4	9	8
2	4	8	1	9	6	5	7	3
4	9	1	3	8	2	7	5	6
3	2	5	6	7	4	9	8	1
7	8	6	9	1	5	2	3	4
5	3	2	7	6	1	8	4	9
8	7	4	2	3	9	6	1	5
1	6	9	4	5	8	3	2	7

Puzzle 716

3	1	6	8	5	2	7	4	9
4	7	5	3	9	6	8	2	1
2	9	8	4	7	1	6	3	5
6	5	4	2	8	9	1	7	3
7	8	2	6	1	3	5	9	4
9	3	1	5	4	7	2	8	6
1	4	9	7	6	8	3	5	2
5	2	7	1	3	4	9	6	8
8	6	3	9	2	5	4	1	7

Puzzle 717

7	8	3	4	5	1	6	2	9
1	6	4	9	3	2	5	8	7
5	2	9	7	8	6	3	4	1
2	1	5	3	9	8	7	6	4
8	4	6	1	2	7	9	3	5
3	9	7	5	6	4	2	1	8
6	3	1	8	7	9	4	5	2
9	5	8	2	4	3	1	7	6
4	7	2	6	1	5	8	9	3

Puzzle 718

4	3	2	6	8	7	5	1	9
9	8	5	4	2	1	3	6	7
1	7	6	5	9	3	8	2	4
7	4	8	3	6	5	1	9	2
5	6	3	2	1	9	7	4	8
2	9	1	7	4	8	6	3	5
6	2	7	8	3	4	9	5	1
8	1	4	9	5	6	2	7	3
3	5	9	1	7	2	4	8	6

Puzzle 719

1	2	6	7	5	8	4	3	9
8	5	4	2	3	9	6	7	1
3	9	7	1	6	4	5	2	8
9	7	2	8	1	5	3	4	6
5	6	8	3	4	7	9	1	2
4	1	3	6	9	2	8	5	7
7	3	9	4	8	1	2	6	5
2	4	5	9	7	6	1	8	3
6	8	1	5	2	3	7	9	4

Puzzle 720

5	6	2	3	4	9	1	7	8
4	3	9	7	1	8	5	2	6
8	7	1	5	6	2	4	9	3
9	5	3	2	8	4	7	6	1
7	2	6	1	9	5	3	8	4
1	8	4	6	7	3	2	5	9
6	9	5	4	3	7	8	1	2
2	4	8	9	5	1	6	3	7
3	1	7	8	2	6	9	4	5

Puzzle 721

9	6	5	3	8	7	1	2	4
8	3	2	1	5	4	9	6	7
4	7	1	9	6	2	3	8	5
3	8	7	6	2	1	4	5	9
6	5	4	7	9	8	2	1	3
1	2	9	4	3	5	8	7	6
5	9	6	2	1	3	7	4	8
7	1	3	8	4	6	5	9	2
2	4	8	5	7	9	6	3	1

Puzzle 722

7	6	1	2	8	9	4	5	3
5	4	3	6	1	7	9	8	2
2	9	8	3	4	5	6	1	7
8	1	2	9	5	6	3	7	4
6	7	4	8	2	3	1	9	5
3	5	9	1	7	4	2	6	8
1	3	7	5	6	2	8	4	9
9	8	5	4	3	1	7	2	6
4	2	6	7	9	8	5	3	1

Puzzle 723

4	9	1	2	8	6	5	7	3
7	5	2	3	4	9	1	6	8
6	8	3	1	7	5	2	9	4
9	7	4	8	1	3	6	2	5
2	3	8	5	6	7	4	1	9
1	6	5	4	9	2	8	3	7
8	2	7	9	5	1	3	4	6
3	4	9	6	2	8	7	5	1
5	1	6	7	3	4	9	8	2

Puzzle 724

5	7	9	1	3	4	8	6	2
3	1	8	5	2	6	7	9	4
4	2	6	7	8	9	5	3	1
7	6	2	4	9	8	1	5	3
1	4	5	2	7	3	9	8	6
8	9	3	6	5	1	2	4	7
2	5	4	9	6	7	3	1	8
9	8	1	3	4	2	6	7	5
6	3	7	8	1	5	4	2	9

Puzzle 725

7	1	3	5	9	8	4	2	6
8	4	2	7	3	6	9	1	5
9	5	6	1	2	4	7	8	3
4	3	5	6	7	1	2	9	8
2	8	9	3	4	5	1	6	7
6	7	1	9	8	2	3	5	4
1	9	7	8	5	3	6	4	2
5	6	4	2	1	7	8	3	9
3	2	8	4	6	9	5	7	1

Puzzle 726

9	6	1	3	7	5	8	2	4
4	7	8	2	6	1	9	3	5
2	3	5	9	4	8	6	7	1
3	2	4	5	1	6	7	9	8
7	5	6	8	9	3	1	4	2
8	1	9	4	2	7	5	6	3
6	9	2	1	5	4	3	8	7
5	8	7	6	3	2	4	1	9
1	4	3	7	8	9	2	5	6

Puzzle 727

1	2	4	5	8	3	7	6	9
8	7	5	2	9	6	3	1	4
9	3	6	7	1	4	5	8	2
7	1	2	3	5	8	9	4	6
4	8	3	6	7	9	1	2	5
5	6	9	1	4	2	8	7	3
6	5	1	4	3	7	2	9	8
3	4	8	9	2	1	6	5	7
2	9	7	8	6	5	4	3	1

Puzzle 728

2	6	5	4	3	9	7	1	8
1	9	3	5	7	8	4	2	6
8	4	7	2	6	1	3	5	9
7	1	8	9	2	6	5	4	3
9	5	4	3	1	7	6	8	2
6	3	2	8	4	5	9	7	1
4	7	1	6	8	3	2	9	5
5	8	6	7	9	2	1	3	4
3	2	9	1	5	4	8	6	7

Puzzle 729

4	1	3	2	8	5	6	9	7
5	7	8	3	9	6	4	1	2
9	2	6	1	7	4	5	3	8
8	3	1	6	5	2	9	7	4
7	5	4	9	3	1	8	2	6
6	9	2	7	4	8	3	5	1
1	4	7	5	6	3	2	8	9
3	6	9	8	2	7	1	4	5
2	8	5	4	1	9	7	6	3

Puzzle 730

1	2	5	7	3	6	4	8	9
8	3	9	2	1	4	6	5	7
6	7	4	5	9	8	3	1	2
7	6	2	4	5	9	8	3	1
3	5	8	6	7	1	9	2	4
4	9	1	3	8	2	5	7	6
5	1	3	9	6	7	2	4	8
2	8	6	1	4	5	7	9	3
9	4	7	8	2	3	1	6	5

Puzzle 731

6	8	5	7	2	3	9	4	1
9	4	2	5	1	8	7	6	3
1	3	7	6	9	4	5	8	2
8	7	6	3	4	9	2	1	5
4	1	3	2	8	5	6	9	7
5	2	9	1	6	7	4	3	8
3	5	8	9	7	6	1	2	4
7	6	1	4	3	2	8	5	9
2	9	4	8	5	1	3	7	6

Puzzle 732

4	9	7	6	5	2	8	1	3
2	3	8	1	9	4	7	6	5
5	6	1	7	3	8	4	9	2
8	2	6	5	7	9	3	4	1
9	4	3	2	6	1	5	8	7
1	7	5	8	4	3	9	2	6
7	5	2	4	8	6	1	3	9
6	8	9	3	1	5	2	7	4
3	1	4	9	2	7	6	5	8

Puzzle 733

2	5	6	9	1	7	4	3	8
7	4	8	3	2	5	6	9	1
9	3	1	6	8	4	7	5	2
5	9	3	1	7	8	2	6	4
4	1	7	5	6	2	9	8	3
8	6	2	4	3	9	1	7	5
6	8	9	2	5	1	3	4	7
1	7	4	8	9	3	5	2	6
3	2	5	7	4	6	8	1	9

Puzzle 734

2	4	9	8	7	5	3	1	6
8	7	6	1	9	3	2	4	5
5	3	1	6	2	4	9	7	8
9	6	7	3	5	1	4	8	2
1	5	3	4	8	2	7	6	9
4	2	8	9	6	7	1	5	3
7	9	2	5	4	8	6	3	1
6	1	5	7	3	9	8	2	4
3	8	4	2	1	6	5	9	7

Puzzle 735

9	1	3	8	5	2	4	6	7
5	8	2	4	6	7	3	1	9
7	4	6	1	9	3	2	5	8
3	6	4	5	2	9	7	8	1
8	7	9	3	4	1	6	2	5
1	2	5	6	7	8	9	4	3
2	3	1	7	8	4	5	9	6
6	9	7	2	1	5	8	3	4
4	5	8	9	3	6	1	7	2

Puzzle 736

9	7	1	5	6	8	2	4	3
2	6	3	9	7	4	1	5	8
8	4	5	3	2	1	6	7	9
4	2	6	8	9	3	5	1	7
5	8	9	6	1	7	3	2	4
3	1	7	4	5	2	8	9	6
1	9	4	2	3	6	7	8	5
7	3	8	1	4	5	9	6	2
6	5	2	7	8	9	4	3	1

Puzzle 737

3	5	9	1	6	2	4	7	8
4	2	6	7	9	8	5	3	1
1	8	7	5	3	4	9	6	2
2	4	8	3	7	6	1	5	9
6	7	5	4	1	9	2	8	3
9	1	3	2	8	5	6	4	7
5	9	2	8	4	3	7	1	6
8	6	1	9	5	7	3	2	4
7	3	4	6	2	1	8	9	5

Puzzle 738

2	4	7	6	8	3	5	1	9
1	3	8	9	2	5	4	6	7
5	6	9	4	7	1	3	8	2
9	2	1	7	5	8	6	3	4
3	7	6	1	9	4	2	5	8
4	8	5	2	3	6	7	9	1
7	1	2	5	6	9	8	4	3
6	9	3	8	4	2	1	7	5
8	5	4	3	1	7	9	2	6

Puzzle 739

3	5	7	9	6	8	4	1	2
1	4	9	3	2	7	5	6	8
2	8	6	4	1	5	7	3	9
4	1	3	5	9	6	8	2	7
5	9	8	1	7	2	6	4	3
7	6	2	8	4	3	1	9	5
9	3	1	7	8	4	2	5	6
6	7	4	2	5	9	3	8	1
8	2	5	6	3	1	9	7	4

Puzzle 740

7	2	5	4	1	8	9	3	6
1	4	3	2	9	6	8	7	5
8	9	6	5	7	3	2	1	4
4	6	7	8	3	2	1	5	9
3	5	2	9	4	1	7	6	8
9	8	1	6	5	7	4	2	3
2	7	4	3	8	5	6	9	1
5	1	8	7	6	9	3	4	2
6	3	9	1	2	4	5	8	7

Puzzle 741

6	7	4	5	9	8	2	3	1
2	8	9	1	7	3	4	5	6
3	5	1	4	6	2	8	7	9
4	2	7	6	1	5	9	8	3
1	3	5	9	8	4	6	2	7
8	9	6	2	3	7	1	4	5
7	6	8	3	4	1	5	9	2
9	4	2	7	5	6	3	1	8
5	1	3	8	2	9	7	6	4

Puzzle 742

9	1	3	6	4	2	8	7	5
5	2	6	8	1	7	9	4	3
8	7	4	9	5	3	1	6	2
3	9	1	2	8	4	7	5	6
7	8	5	1	3	6	2	9	4
6	4	2	5	7	9	3	1	8
2	3	7	4	6	1	5	8	9
1	6	8	3	9	5	4	2	7
4	5	9	7	2	8	6	3	1

Puzzle 743

9	3	6	5	7	2	8	4	1
8	7	1	9	3	4	6	2	5
2	4	5	8	1	6	7	9	3
3	6	9	7	2	1	5	8	4
5	2	8	3	4	9	1	7	6
4	1	7	6	8	5	2	3	9
7	5	4	1	9	8	3	6	2
6	8	2	4	5	3	9	1	7
1	9	3	2	6	7	4	5	8

Puzzle 744

7	2	1	9	6	5	8	4	3
5	9	8	4	1	3	6	2	7
3	4	6	7	2	8	5	9	1
1	3	2	6	5	4	9	7	8
8	5	9	1	7	2	4	3	6
4	6	7	8	3	9	1	5	2
9	1	5	2	8	7	3	6	4
2	8	3	5	4	6	7	1	9
6	7	4	3	9	1	2	8	5

Puzzle 745

2	4	6	1	3	9	8	5	7
9	8	1	2	7	5	6	4	3
7	5	3	8	4	6	9	2	1
3	2	8	6	9	1	5	7	4
4	9	7	3	5	8	1	6	2
6	1	5	7	2	4	3	9	8
1	6	4	9	8	2	7	3	5
5	7	9	4	1	3	2	8	6
8	3	2	5	6	7	4	1	9

Puzzle 746

6	7	1	3	4	2	8	5	9
5	4	2	1	8	9	3	7	6
9	3	8	7	5	6	2	4	1
4	5	7	9	3	8	1	6	2
2	1	3	4	6	5	7	9	8
8	6	9	2	1	7	5	3	4
1	9	5	6	2	3	4	8	7
3	2	6	8	7	4	9	1	5
7	8	4	5	9	1	6	2	3

Puzzle 747

3	8	5	7	2	1	6	9	4
9	7	6	4	8	3	2	1	5
4	1	2	5	6	9	3	8	7
7	5	8	1	9	6	4	2	3
2	9	1	3	4	7	8	5	6
6	4	3	2	5	8	1	7	9
1	3	4	9	7	2	5	6	8
8	2	7	6	3	5	9	4	1
5	6	9	8	1	4	7	3	2

Puzzle 748

4	3	2	6	7	8	1	9	5
9	1	5	4	2	3	8	7	6
7	6	8	5	9	1	4	3	2
2	8	3	7	1	4	5	6	9
1	5	7	8	6	9	2	4	3
6	4	9	3	5	2	7	1	8
3	2	4	1	8	6	9	5	7
5	9	1	2	3	7	6	8	4
8	7	6	9	4	5	3	2	1

Puzzle 749

4	5	8	3	2	1	6	9	7
3	6	9	7	8	4	1	5	2
1	2	7	5	6	9	4	8	3
5	1	2	9	3	7	8	4	6
8	4	6	2	1	5	7	3	9
7	9	3	6	4	8	2	1	5
9	7	4	1	5	6	3	2	8
2	8	5	4	7	3	9	6	1
6	3	1	8	9	2	5	7	4

Puzzle 750

7	8	1	9	2	6	3	4	5
5	3	6	8	7	4	1	9	2
4	9	2	3	5	1	7	8	6
2	6	4	7	1	3	8	5	9
8	7	5	4	9	2	6	3	1
3	1	9	6	8	5	2	7	4
9	4	8	2	6	7	5	1	3
6	5	3	1	4	8	9	2	7
1	2	7	5	3	9	4	6	8

Puzzle 751

9	2	7	6	3	4	8	5	1
1	4	5	7	9	8	6	2	3
6	8	3	1	2	5	7	9	4
3	7	4	8	6	9	2	1	5
5	1	2	3	4	7	9	6	8
8	9	6	5	1	2	4	3	7
7	6	1	9	8	3	5	4	2
4	3	8	2	5	6	1	7	9
2	5	9	4	7	1	3	8	6

Puzzle 752

5	4	9	3	1	8	2	7	6
6	2	7	9	4	5	8	3	1
8	3	1	2	6	7	9	5	4
3	7	4	6	2	1	5	9	8
9	8	6	4	5	3	1	2	7
2	1	5	7	8	9	6	4	3
1	6	2	5	7	4	3	8	9
7	9	8	1	3	2	4	6	5
4	5	3	8	9	6	7	1	2

Puzzle 753

2	7	5	4	9	3	1	6	8
1	6	9	8	7	2	3	5	4
3	4	8	6	5	1	7	9	2
7	1	4	2	3	6	5	8	9
8	3	2	5	4	9	6	1	7
9	5	6	7	1	8	4	2	3
4	8	3	9	6	5	2	7	1
5	2	1	3	8	7	9	4	6
6	9	7	1	2	4	8	3	5

Puzzle 754

6	3	1	8	2	9	7	5	4
2	7	8	5	4	6	9	3	1
4	5	9	7	1	3	6	2	8
9	1	4	6	5	2	3	8	7
3	6	5	4	8	7	1	9	2
8	2	7	3	9	1	5	4	6
7	8	6	2	3	5	4	1	9
5	9	2	1	6	4	8	7	3
1	4	3	9	7	8	2	6	5

Puzzle 755

4	5	3	6	1	9	7	2	8
9	8	2	7	3	4	5	6	1
1	7	6	8	2	5	3	4	9
2	1	9	3	5	7	4	8	6
7	3	4	1	8	6	2	9	5
5	6	8	4	9	2	1	7	3
6	4	5	9	7	1	8	3	2
3	2	7	5	6	8	9	1	4
8	9	1	2	4	3	6	5	7

Puzzle 756

9	3	8	5	7	6	4	2	1
1	5	4	9	3	2	8	6	7
7	6	2	8	4	1	9	5	3
6	9	1	7	5	4	2	3	8
5	8	7	3	2	9	6	1	4
2	4	3	6	1	8	5	7	9
3	7	9	4	6	5	1	8	2
4	1	5	2	8	3	7	9	6
8	2	6	1	9	7	3	4	5

Puzzle 757

5	6	3	9	4	2	8	7	1
7	9	2	5	8	1	3	4	6
8	1	4	6	7	3	2	5	9
2	7	8	1	5	4	6	9	3
1	5	6	3	9	8	4	2	7
4	3	9	2	6	7	5	1	8
3	4	5	7	1	6	9	8	2
9	2	1	8	3	5	7	6	4
6	8	7	4	2	9	1	3	5

Puzzle 758

8	6	3	9	4	7	2	1	5
9	2	4	1	6	5	3	7	8
1	5	7	8	3	2	6	9	4
3	4	1	7	8	6	5	2	9
6	8	2	3	5	9	1	4	7
7	9	5	4	2	1	8	3	6
4	3	9	6	1	8	7	5	2
2	1	6	5	7	4	9	8	3
5	7	8	2	9	3	4	6	1

Puzzle 759

5	4	2	1	8	9	3	6	7
3	6	7	5	2	4	8	9	1
1	8	9	3	6	7	5	4	2
2	1	3	7	9	8	4	5	6
6	9	5	4	1	2	7	8	3
4	7	8	6	5	3	2	1	9
7	3	6	9	4	5	1	2	8
8	5	1	2	3	6	9	7	4
9	2	4	8	7	1	6	3	5

Puzzle 760

4	5	8	7	1	2	3	9	6
2	9	1	8	3	6	5	4	7
7	3	6	4	9	5	2	1	8
3	8	7	1	5	4	9	6	2
1	6	5	2	8	9	4	7	3
9	4	2	3	6	7	1	8	5
6	7	9	5	4	3	8	2	1
8	2	3	9	7	1	6	5	4
5	1	4	6	2	8	7	3	9

Puzzle 761

2	7	6	8	1	5	4	3	9
8	3	5	9	4	2	7	1	6
9	4	1	6	3	7	8	5	2
7	9	8	1	6	4	5	2	3
4	6	3	5	2	9	1	8	7
5	1	2	3	7	8	6	9	4
3	8	7	4	9	1	2	6	5
1	2	9	7	5	6	3	4	8
6	5	4	2	8	3	9	7	1

Puzzle 762

6	3	2	9	1	4	8	5	7
7	9	5	8	2	6	1	4	3
4	1	8	7	5	3	2	6	9
1	2	3	5	6	8	7	9	4
9	5	4	1	3	7	6	2	8
8	6	7	2	4	9	3	1	5
2	4	9	3	8	1	5	7	6
5	8	6	4	7	2	9	3	1
3	7	1	6	9	5	4	8	2

Puzzle 763

2	6	7	9	3	1	4	8	5
1	8	5	2	7	4	3	6	9
3	4	9	8	5	6	1	2	7
9	2	8	5	1	7	6	3	4
7	1	4	3	6	2	5	9	8
6	5	3	4	9	8	7	1	2
4	3	2	6	8	5	9	7	1
5	9	1	7	2	3	8	4	6
8	7	6	1	4	9	2	5	3

Puzzle 764

5	7	4	2	9	8	6	3	1
6	3	8	4	7	1	5	2	9
2	1	9	6	3	5	4	8	7
7	5	6	8	2	3	9	1	4
4	2	3	5	1	9	8	7	6
9	8	1	7	4	6	3	5	2
3	4	2	9	8	7	1	6	5
1	6	7	3	5	4	2	9	8
8	9	5	1	6	2	7	4	3

Puzzle 765

2	9	5	6	7	3	8	1	4
8	7	6	2	4	1	9	3	5
1	4	3	5	8	9	6	7	2
5	3	2	1	6	8	7	4	9
7	1	8	4	9	5	2	6	3
4	6	9	7	3	2	5	8	1
6	5	7	3	2	4	1	9	8
3	8	1	9	5	6	4	2	7
9	2	4	8	1	7	3	5	6

Puzzle 766

9	4	6	8	2	7	3	5	1
7	2	5	6	1	3	4	9	8
8	3	1	4	5	9	6	7	2
1	6	4	5	3	8	7	2	9
3	5	8	9	7	2	1	6	4
2	9	7	1	4	6	8	3	5
5	7	3	2	8	1	9	4	6
6	1	2	7	9	4	5	8	3
4	8	9	3	6	5	2	1	7

Puzzle 767

1	5	3	6	2	8	7	4	9
9	7	8	1	5	4	3	2	6
4	2	6	9	7	3	1	8	5
5	9	2	3	8	7	6	1	4
3	4	7	5	6	1	2	9	8
6	8	1	4	9	2	5	3	7
2	1	5	8	4	6	9	7	3
7	6	4	2	3	9	8	5	1
8	3	9	7	1	5	4	6	2

Puzzle 768

4	2	6	1	8	7	3	5	9
5	3	1	2	4	9	6	8	7
9	8	7	5	6	3	1	4	2
7	4	9	8	5	1	2	6	3
1	5	2	6	3	4	9	7	8
8	6	3	9	7	2	4	1	5
3	9	5	7	1	6	8	2	4
6	7	4	3	2	8	5	9	1
2	1	8	4	9	5	7	3	6

Puzzle 769

3	8	6	5	7	9	2	1	4
1	2	4	8	6	3	7	5	9
7	9	5	1	2	4	3	6	8
9	4	7	3	8	6	5	2	1
2	1	3	4	9	5	8	7	6
6	5	8	7	1	2	9	4	3
8	3	1	2	4	7	6	9	5
4	6	2	9	5	8	1	3	7
5	7	9	6	3	1	4	8	2

Puzzle 770

3	2	6	9	5	1	4	8	7
4	5	9	2	8	7	3	1	6
1	8	7	6	3	4	9	2	5
6	9	4	8	2	5	1	7	3
8	3	5	7	1	9	6	4	2
7	1	2	3	4	6	5	9	8
2	7	1	4	6	3	8	5	9
5	6	8	1	9	2	7	3	4
9	4	3	5	7	8	2	6	1

Puzzle 771

9	6	3	4	8	7	5	2	1
4	8	1	5	9	2	7	6	3
5	7	2	3	6	1	9	8	4
3	9	4	8	2	6	1	5	7
2	1	8	7	5	9	3	4	6
7	5	6	1	3	4	8	9	2
1	3	9	2	4	8	6	7	5
6	4	7	9	1	5	2	3	8
8	2	5	6	7	3	4	1	9

Puzzle 772

4	6	5	1	8	2	3	7	9
1	2	9	5	3	7	6	8	4
8	7	3	9	6	4	2	1	5
2	9	8	4	5	6	7	3	1
3	5	1	8	7	9	4	6	2
6	4	7	3	2	1	9	5	8
5	3	2	6	9	8	1	4	7
9	8	4	7	1	3	5	2	6
7	1	6	2	4	5	8	9	3

Puzzle 773

6	7	5	3	2	9	1	4	8
4	3	8	1	7	6	2	5	9
2	1	9	4	5	8	7	6	3
8	5	3	6	9	7	4	2	1
9	2	4	8	1	5	3	7	6
1	6	7	2	4	3	8	9	5
7	8	2	5	6	1	9	3	4
5	9	1	7	3	4	6	8	2
3	4	6	9	8	2	5	1	7

Puzzle 774

6	9	1	3	2	5	7	4	8
3	7	4	8	1	9	5	6	2
8	5	2	7	6	4	3	1	9
7	4	3	6	5	8	9	2	1
9	8	5	1	7	2	4	3	6
2	1	6	4	9	3	8	5	7
5	6	7	9	3	1	2	8	4
4	2	9	5	8	6	1	7	3
1	3	8	2	4	7	6	9	5

Puzzle 775

4	1	3	5	9	7	8	2	6
5	8	7	3	2	6	4	9	1
9	6	2	8	1	4	5	7	3
1	5	8	2	3	9	7	6	4
6	2	4	7	8	5	1	3	9
7	3	9	6	4	1	2	5	8
2	9	6	1	7	8	3	4	5
3	4	1	9	5	2	6	8	7
8	7	5	4	6	3	9	1	2

Puzzle 776

4	9	7	6	5	1	3	2	8
3	8	5	2	9	7	6	1	4
1	2	6	3	8	4	7	5	9
2	3	4	8	6	9	5	7	1
8	7	1	5	4	3	2	9	6
5	6	9	1	7	2	8	4	3
9	5	2	4	3	8	1	6	7
7	1	8	9	2	6	4	3	5
6	4	3	7	1	5	9	8	2

Puzzle 777

9	1	3	2	6	5	8	7	4
2	6	4	8	7	1	9	5	3
7	8	5	4	9	3	2	1	6
4	3	2	6	1	9	5	8	7
5	9	6	3	8	7	4	2	1
1	7	8	5	4	2	6	3	9
8	5	7	9	3	4	1	6	2
3	2	9	1	5	6	7	4	8
6	4	1	7	2	8	3	9	5

Puzzle 778

9	8	6	5	7	3	2	1	4
2	7	4	8	1	9	6	3	5
3	5	1	2	6	4	7	8	9
7	4	2	1	9	8	3	5	6
6	3	5	7	4	2	8	9	1
1	9	8	3	5	6	4	7	2
5	6	3	9	2	7	1	4	8
4	1	7	6	8	5	9	2	3
8	2	9	4	3	1	5	6	7

Puzzle 779

5	6	7	4	9	1	8	3	2
8	2	4	3	6	5	7	1	9
1	3	9	2	8	7	5	6	4
9	1	3	6	4	8	2	5	7
7	4	5	9	1	2	3	8	6
2	8	6	7	5	3	9	4	1
6	5	2	8	7	4	1	9	3
4	7	1	5	3	9	6	2	8
3	9	8	1	2	6	4	7	5

Puzzle 780

4	8	7	1	9	6	5	3	2
6	2	5	3	7	4	8	1	9
9	1	3	2	5	8	7	6	4
1	3	2	5	6	7	4	9	8
8	7	4	9	2	3	1	5	6
5	9	6	8	4	1	3	2	7
7	6	1	4	3	2	9	8	5
2	5	8	7	1	9	6	4	3
3	4	9	6	8	5	2	7	1

Puzzle 781

9	1	8	4	5	2	7	3	6
6	5	3	9	1	7	4	8	2
4	2	7	8	3	6	1	5	9
3	8	1	7	4	9	6	2	5
5	6	2	1	8	3	9	4	7
7	4	9	6	2	5	3	1	8
2	9	5	3	7	4	8	6	1
1	3	6	2	9	8	5	7	4
8	7	4	5	6	1	2	9	3

Puzzle 782

7	9	6	2	1	8	4	3	5
2	5	3	7	6	4	8	1	9
4	8	1	3	9	5	2	7	6
9	2	8	4	7	3	5	6	1
6	1	4	9	5	2	3	8	7
5	3	7	1	8	6	9	2	4
8	7	9	5	3	1	6	4	2
3	4	5	6	2	7	1	9	8
1	6	2	8	4	9	7	5	3

Puzzle 783

7	2	8	6	9	3	4	1	5
3	4	5	7	1	8	2	6	9
6	9	1	5	2	4	7	8	3
9	7	2	8	3	6	1	5	4
4	1	3	2	7	5	6	9	8
5	8	6	1	4	9	3	2	7
1	3	9	4	5	2	8	7	6
8	5	7	3	6	1	9	4	2
2	6	4	9	8	7	5	3	1

Puzzle 784

2	7	3	4	6	1	9	5	8
8	6	4	3	5	9	2	1	7
1	5	9	8	7	2	3	6	4
5	3	1	6	9	7	8	4	2
6	4	2	5	3	8	7	9	1
9	8	7	1	2	4	5	3	6
7	2	6	9	4	5	1	8	3
4	1	5	2	8	3	6	7	9
3	9	8	7	1	6	4	2	5

Puzzle 785

3	1	5	2	8	4	9	7	6
4	8	2	6	7	9	3	5	1
6	9	7	1	3	5	2	4	8
1	4	8	3	2	6	5	9	7
5	6	9	4	1	7	8	3	2
2	7	3	9	5	8	6	1	4
9	5	4	7	6	2	1	8	3
7	2	1	8	9	3	4	6	5
8	3	6	5	4	1	7	2	9

Puzzle 786

6	1	3	2	5	8	7	4	9
9	5	2	7	6	4	3	8	1
7	4	8	9	1	3	2	6	5
4	7	9	1	8	6	5	2	3
2	6	1	5	3	9	4	7	8
3	8	5	4	7	2	9	1	6
8	9	6	3	2	7	1	5	4
5	3	7	6	4	1	8	9	2
1	2	4	8	9	5	6	3	7

Puzzle 787

8	6	4	1	3	7	9	5	2
1	2	9	5	8	6	4	7	3
7	3	5	9	4	2	8	1	6
6	8	3	7	2	9	1	4	5
2	5	7	8	1	4	3	6	9
9	4	1	3	6	5	2	8	7
5	7	8	4	9	3	6	2	1
3	1	2	6	5	8	7	9	4
4	9	6	2	7	1	5	3	8

Puzzle 788

9	1	8	3	7	6	2	4	5
2	3	4	9	1	5	6	7	8
6	5	7	2	8	4	3	9	1
5	8	1	6	4	7	9	2	3
3	4	6	1	9	2	8	5	7
7	9	2	8	5	3	1	6	4
4	6	3	7	2	1	5	8	9
1	7	9	5	6	8	4	3	2
8	2	5	4	3	9	7	1	6

Puzzle 789

6	2	4	7	8	1	9	5	3
7	8	5	2	9	3	1	4	6
1	3	9	6	4	5	8	7	2
2	6	7	4	5	9	3	8	1
5	1	3	8	6	7	2	9	4
9	4	8	1	3	2	7	6	5
3	5	6	9	1	8	4	2	7
8	7	1	5	2	4	6	3	9
4	9	2	3	7	6	5	1	8

Puzzle 790

6	8	1	3	7	9	4	5	2
2	5	9	4	6	1	8	3	7
7	4	3	2	8	5	6	9	1
3	7	4	6	5	2	9	1	8
8	1	6	9	4	7	5	2	3
5	9	2	1	3	8	7	4	6
1	6	5	8	9	3	2	7	4
9	3	8	7	2	4	1	6	5
4	2	7	5	1	6	3	8	9

Puzzle 791

2	6	9	5	4	7	3	8	1
7	8	1	3	6	9	2	5	4
3	4	5	2	1	8	7	6	9
8	3	2	7	5	1	4	9	6
1	5	7	4	9	6	8	2	3
4	9	6	8	3	2	1	7	5
9	1	8	6	7	4	5	3	2
5	2	4	9	8	3	6	1	7
6	7	3	1	2	5	9	4	8

Puzzle 792

6	7	9	8	2	5	4	1	3
4	5	2	7	3	1	9	8	6
8	1	3	6	9	4	2	5	7
7	9	6	4	1	3	5	2	8
5	4	1	2	8	7	6	3	9
3	2	8	9	5	6	1	7	4
1	8	4	3	6	2	7	9	5
2	3	7	5	4	9	8	6	1
9	6	5	1	7	8	3	4	2

Puzzle 793

3	1	8	2	5	4	9	6	7
9	4	5	7	8	6	3	1	2
7	2	6	3	1	9	5	8	4
1	3	4	6	2	5	8	7	9
6	5	7	4	9	8	2	3	1
8	9	2	1	7	3	4	5	6
2	6	3	8	4	1	7	9	5
5	7	1	9	3	2	6	4	8
4	8	9	5	6	7	1	2	3

Puzzle 794

6	4	9	7	3	1	5	8	2
7	5	1	2	8	4	9	3	6
8	3	2	9	6	5	1	7	4
3	2	5	4	9	6	7	1	8
4	1	6	3	7	8	2	5	9
9	7	8	1	5	2	6	4	3
2	6	3	5	4	7	8	9	1
1	9	7	8	2	3	4	6	5
5	8	4	6	1	9	3	2	7

Puzzle 795

5	9	1	3	8	4	6	7	2
4	2	3	9	6	7	5	8	1
6	8	7	2	1	5	4	3	9
7	6	8	5	9	3	1	2	4
1	4	9	7	2	6	8	5	3
2	3	5	8	4	1	9	6	7
9	1	2	6	7	8	3	4	5
8	5	4	1	3	2	7	9	6
3	7	6	4	5	9	2	1	8

Puzzle 796

4	9	8	5	3	6	7	1	2
1	5	3	9	2	7	8	4	6
7	2	6	4	8	1	9	3	5
2	7	4	8	5	9	1	6	3
3	1	9	6	7	2	4	5	8
6	8	5	1	4	3	2	9	7
8	3	1	7	6	4	5	2	9
9	6	7	2	1	5	3	8	4
5	4	2	3	9	8	6	7	1

Puzzle 797

3	8	1	6	2	9	5	4	7
6	7	9	5	1	4	3	2	8
2	5	4	3	8	7	9	6	1
4	1	6	8	5	2	7	3	9
8	3	5	7	9	6	4	1	2
7	9	2	4	3	1	6	8	5
9	6	8	2	4	5	1	7	3
5	4	3	1	7	8	2	9	6
1	2	7	9	6	3	8	5	4

Puzzle 798

3	7	6	8	2	5	9	1	4
9	5	1	7	6	4	3	8	2
8	2	4	9	3	1	5	7	6
1	4	7	3	8	9	2	6	5
6	8	5	1	4	2	7	9	3
2	3	9	5	7	6	8	4	1
5	1	2	4	9	7	6	3	8
4	9	8	6	5	3	1	2	7
7	6	3	2	1	8	4	5	9

Puzzle 799

5	7	8	9	3	1	2	6	4
6	3	2	5	8	4	1	9	7
1	4	9	7	6	2	3	5	8
9	6	7	1	2	8	4	3	5
3	8	5	4	9	6	7	1	2
2	1	4	3	5	7	6	8	9
7	5	6	8	4	3	9	2	1
8	2	1	6	7	9	5	4	3
4	9	3	2	1	5	8	7	6

Puzzle 800

9	6	7	1	5	3	2	4	8
3	5	2	8	7	4	1	9	6
1	4	8	6	9	2	7	3	5
6	2	3	7	4	9	8	5	1
4	1	5	3	6	8	9	7	2
7	8	9	5	2	1	4	6	3
5	3	1	9	8	7	6	2	4
2	7	6	4	1	5	3	8	9
8	9	4	2	3	6	5	1	7

Puzzle 801

2	4	8	6	1	9	3	7	5
3	9	6	5	2	7	1	8	4
1	7	5	4	8	3	2	6	9
9	3	2	7	5	8	6	4	1
5	6	4	3	9	1	7	2	8
7	8	1	2	4	6	9	5	3
6	2	9	8	3	5	4	1	7
8	1	7	9	6	4	5	3	2
4	5	3	1	7	2	8	9	6

Puzzle 802

5	2	9	7	3	4	8	6	1
6	7	1	5	2	8	4	3	9
3	4	8	1	6	9	7	2	5
7	1	6	9	4	2	5	8	3
9	3	4	6	8	5	2	1	7
2	8	5	3	7	1	9	4	6
4	6	7	8	9	3	1	5	2
1	9	2	4	5	6	3	7	8
8	5	3	2	1	7	6	9	4

Puzzle 803

8	5	2	4	1	7	6	3	9
6	3	4	5	9	2	8	7	1
7	1	9	6	8	3	4	5	2
9	7	3	1	2	8	5	6	4
2	8	6	7	4	5	1	9	3
5	4	1	3	6	9	2	8	7
3	2	5	8	7	1	9	4	6
1	6	7	9	5	4	3	2	8
4	9	8	2	3	6	7	1	5

Puzzle 804

5	8	3	6	4	7	9	1	2
6	2	7	1	9	3	4	5	8
9	4	1	5	8	2	3	7	6
4	3	5	8	2	9	7	6	1
2	1	8	7	3	6	5	4	9
7	6	9	4	5	1	2	8	3
8	7	2	9	1	5	6	3	4
3	5	4	2	6	8	1	9	7
1	9	6	3	7	4	8	2	5

Puzzle 805

5	3	9	7	1	4	6	8	2
7	1	6	3	8	2	5	4	9
2	4	8	6	9	5	3	1	7
1	8	5	9	2	6	4	7	3
3	9	2	4	5	7	8	6	1
4	6	7	1	3	8	2	9	5
8	7	3	5	6	1	9	2	4
6	5	1	2	4	9	7	3	8
9	2	4	8	7	3	1	5	6

Puzzle 806

7	2	6	5	3	9	8	4	1
4	9	1	6	7	8	3	2	5
5	8	3	2	4	1	6	9	7
3	7	2	8	1	6	4	5	9
8	4	9	3	2	5	7	1	6
6	1	5	4	9	7	2	3	8
2	6	8	9	5	3	1	7	4
9	3	7	1	8	4	5	6	2
1	5	4	7	6	2	9	8	3

Puzzle 807

2	5	8	3	1	6	9	7	4
4	9	6	8	5	7	2	3	1
1	3	7	4	2	9	6	8	5
5	8	2	7	6	3	1	4	9
9	1	4	2	8	5	3	6	7
7	6	3	1	9	4	5	2	8
8	2	5	6	4	1	7	9	3
6	7	9	5	3	8	4	1	2
3	4	1	9	7	2	8	5	6

Puzzle 808

8	3	1	4	2	5	6	9	7
7	9	4	1	3	6	8	5	2
6	5	2	9	7	8	3	1	4
4	7	5	6	8	1	9	2	3
3	6	8	7	9	2	5	4	1
1	2	9	3	5	4	7	6	8
2	8	3	5	1	9	4	7	6
9	1	6	8	4	7	2	3	5
5	4	7	2	6	3	1	8	9

Puzzle 809

8	5	6	2	7	3	4	9	1
9	4	2	8	1	5	3	6	7
3	1	7	4	6	9	5	8	2
7	3	1	5	9	6	8	2	4
6	9	4	7	2	8	1	3	5
5	2	8	3	4	1	6	7	9
1	8	5	9	3	2	7	4	6
2	7	3	6	5	4	9	1	8
4	6	9	1	8	7	2	5	3

Puzzle 810

5	1	7	3	2	9	8	4	6
8	2	6	5	7	4	1	3	9
4	3	9	1	8	6	2	5	7
1	4	8	2	6	3	7	9	5
9	5	3	4	1	7	6	8	2
6	7	2	8	9	5	4	1	3
3	6	4	7	5	1	9	2	8
2	9	1	6	3	8	5	7	4
7	8	5	9	4	2	3	6	1

Puzzle 811

4	7	5	9	2	1	3	8	6
3	9	2	4	8	6	7	1	5
1	6	8	3	7	5	4	9	2
5	2	7	6	4	8	9	3	1
9	3	1	2	5	7	6	4	8
6	8	4	1	9	3	2	5	7
8	1	9	7	3	2	5	6	4
7	4	6	5	1	9	8	2	3
2	5	3	8	6	4	1	7	9

Puzzle 812

8	5	7	4	9	6	2	1	3
3	4	6	7	1	2	5	9	8
9	1	2	5	8	3	7	4	6
7	9	8	2	4	1	3	6	5
6	2	4	8	3	5	9	7	1
1	3	5	6	7	9	4	8	2
2	8	1	9	5	4	6	3	7
4	6	3	1	2	7	8	5	9
5	7	9	3	6	8	1	2	4

Puzzle 813

6	8	5	4	7	2	3	1	9
3	7	1	9	8	6	4	5	2
4	2	9	5	3	1	6	8	7
7	9	4	1	2	5	8	3	6
5	1	2	8	6	3	9	7	4
8	3	6	7	9	4	1	2	5
2	6	7	3	1	9	5	4	8
9	5	3	2	4	8	7	6	1
1	4	8	6	5	7	2	9	3

Puzzle 814

4	6	2	5	1	7	9	3	8
1	7	9	3	6	8	4	5	2
5	3	8	4	2	9	1	7	6
6	4	7	2	3	5	8	9	1
2	9	3	6	8	1	7	4	5
8	1	5	7	9	4	6	2	3
7	2	6	1	4	3	5	8	9
3	8	4	9	5	6	2	1	7
9	5	1	8	7	2	3	6	4

Puzzle 815

3	6	9	4	8	7	2	1	5
8	2	5	1	3	9	6	7	4
1	7	4	6	2	5	3	9	8
9	4	2	8	5	1	7	6	3
7	3	8	9	4	6	5	2	1
5	1	6	3	7	2	8	4	9
2	8	3	7	1	4	9	5	6
4	9	7	5	6	8	1	3	2
6	5	1	2	9	3	4	8	7

Puzzle 816

6	8	2	5	7	3	9	4	1
5	1	7	2	4	9	3	8	6
3	4	9	8	6	1	5	7	2
2	5	6	3	9	7	8	1	4
1	7	4	6	8	5	2	3	9
8	9	3	1	2	4	7	6	5
7	3	1	9	5	6	4	2	8
4	2	5	7	1	8	6	9	3
9	6	8	4	3	2	1	5	7

Puzzle 817

9	7	6	4	2	1	8	3	5
3	4	5	6	8	9	2	7	1
8	1	2	5	3	7	6	4	9
7	5	9	8	1	2	3	6	4
1	3	4	7	5	6	9	8	2
2	6	8	3	9	4	5	1	7
6	2	3	1	7	5	4	9	8
4	9	1	2	6	8	7	5	3
5	8	7	9	4	3	1	2	6

Puzzle 818

6	3	5	8	1	7	2	9	4
1	9	7	6	2	4	5	3	8
2	8	4	9	3	5	6	1	7
8	2	3	7	4	6	1	5	9
9	5	6	3	8	1	7	4	2
7	4	1	5	9	2	8	6	3
4	7	9	1	5	8	3	2	6
3	1	8	2	6	9	4	7	5
5	6	2	4	7	3	9	8	1

Puzzle 819

2	3	7	6	4	8	1	9	5
9	4	1	7	3	5	6	8	2
5	6	8	2	1	9	4	7	3
3	1	4	9	5	7	2	6	8
8	7	2	3	6	1	9	5	4
6	9	5	8	2	4	3	1	7
7	2	3	1	8	6	5	4	9
1	5	9	4	7	2	8	3	6
4	8	6	5	9	3	7	2	1

Puzzle 820

2	4	1	8	5	9	7	6	3
3	6	8	2	7	1	9	4	5
9	5	7	6	4	3	2	1	8
1	7	2	4	8	6	3	5	9
4	9	3	1	2	5	8	7	6
6	8	5	9	3	7	1	2	4
7	2	9	3	6	4	5	8	1
8	1	4	5	9	2	6	3	7
5	3	6	7	1	8	4	9	2

Puzzle 821

4	2	7	1	6	3	9	5	8
5	9	1	2	7	8	3	6	4
6	8	3	5	9	4	1	7	2
3	7	2	4	5	1	8	9	6
8	5	4	9	3	6	7	2	1
9	1	6	7	8	2	5	4	3
2	4	9	8	1	7	6	3	5
1	6	5	3	2	9	4	8	7
7	3	8	6	4	5	2	1	9

Puzzle 822

3	4	8	9	2	7	1	6	5
6	5	1	3	8	4	9	2	7
2	7	9	6	5	1	3	4	8
7	8	3	4	9	6	2	5	1
9	2	4	1	3	5	7	8	6
5	1	6	8	7	2	4	9	3
1	9	5	2	6	3	8	7	4
4	6	2	7	1	8	5	3	9
8	3	7	5	4	9	6	1	2

Puzzle 823

2	8	3	1	5	7	9	6	4
1	9	4	2	3	6	5	8	7
6	7	5	8	4	9	2	1	3
9	3	6	7	1	4	8	2	5
7	1	2	9	8	5	4	3	6
4	5	8	3	6	2	7	9	1
5	6	9	4	2	1	3	7	8
3	2	1	5	7	8	6	4	9
8	4	7	6	9	3	1	5	2

Puzzle 824

9	4	1	8	5	7	6	3	2
7	8	2	6	4	3	5	9	1
5	3	6	9	1	2	7	8	4
6	2	9	3	8	5	4	1	7
3	7	5	1	9	4	2	6	8
4	1	8	2	7	6	9	5	3
8	9	4	7	6	1	3	2	5
1	5	3	4	2	9	8	7	6
2	6	7	5	3	8	1	4	9

Puzzle 825

5	1	9	7	6	8	4	2	3
3	6	4	5	1	2	8	7	9
2	7	8	9	3	4	1	6	5
1	9	3	2	5	7	6	8	4
8	5	2	3	4	6	9	1	7
6	4	7	8	9	1	3	5	2
4	3	6	1	7	5	2	9	8
9	2	5	6	8	3	7	4	1
7	8	1	4	2	9	5	3	6

Puzzle 826

1	2	5	9	3	8	7	4	6
8	9	3	7	6	4	1	2	5
7	4	6	5	2	1	8	9	3
6	5	9	3	8	2	4	1	7
3	7	4	6	1	9	5	8	2
2	1	8	4	5	7	3	6	9
5	8	7	2	4	6	9	3	1
4	3	2	1	9	5	6	7	8
9	6	1	8	7	3	2	5	4

Puzzle 827

9	6	2	5	3	7	8	1	4
1	8	7	9	2	4	3	6	5
4	3	5	1	8	6	7	9	2
6	7	4	2	1	3	9	5	8
3	2	8	7	9	5	6	4	1
5	9	1	4	6	8	2	7	3
2	4	3	6	7	1	5	8	9
7	1	9	8	5	2	4	3	6
8	5	6	3	4	9	1	2	7

Puzzle 828

5	1	9	3	2	6	4	7	8
4	6	8	1	5	7	2	9	3
2	3	7	8	9	4	5	6	1
7	9	5	6	8	1	3	2	4
1	4	2	7	3	5	6	8	9
3	8	6	2	4	9	1	5	7
8	5	3	4	7	2	9	1	6
9	7	1	5	6	3	8	4	2
6	2	4	9	1	8	7	3	5

Puzzle 829

3	9	7	1	6	4	5	8	2
2	4	8	9	5	7	1	3	6
5	6	1	2	3	8	7	9	4
6	3	9	7	1	5	2	4	8
7	2	5	8	4	9	6	1	3
1	8	4	3	2	6	9	7	5
9	1	6	4	8	2	3	5	7
4	7	2	5	9	3	8	6	1
8	5	3	6	7	1	4	2	9

Puzzle 830

2	5	9	4	1	3	6	8	7
6	7	4	5	8	9	3	1	2
8	3	1	7	2	6	5	4	9
3	6	8	2	4	5	9	7	1
4	9	2	3	7	1	8	6	5
7	1	5	9	6	8	2	3	4
1	8	7	6	5	2	4	9	3
9	2	6	1	3	4	7	5	8
5	4	3	8	9	7	1	2	6

Puzzle 831

2	4	8	1	5	6	7	3	9
5	1	9	4	7	3	8	2	6
3	7	6	2	9	8	5	4	1
9	2	3	5	8	1	6	7	4
1	6	5	9	4	7	2	8	3
4	8	7	3	6	2	1	9	5
8	5	4	6	2	9	3	1	7
7	9	1	8	3	5	4	6	2
6	3	2	7	1	4	9	5	8

Puzzle 832

9	4	2	5	6	3	7	1	8
1	5	8	9	2	7	3	6	4
7	3	6	1	8	4	9	5	2
6	8	4	3	7	1	5	2	9
3	7	1	2	9	5	8	4	6
5	2	9	6	4	8	1	7	3
8	9	5	4	1	2	6	3	7
2	6	3	7	5	9	4	8	1
4	1	7	8	3	6	2	9	5

Puzzle 833

8	4	9	3	2	5	1	6	7
6	2	5	1	9	7	4	8	3
3	1	7	6	4	8	9	5	2
5	3	1	9	7	2	8	4	6
2	6	8	4	5	1	3	7	9
7	9	4	8	3	6	5	2	1
1	5	3	2	6	4	7	9	8
4	8	2	7	1	9	6	3	5
9	7	6	5	8	3	2	1	4

Puzzle 834

7	8	5	1	6	4	9	3	2
9	1	4	8	3	2	5	6	7
6	2	3	9	5	7	4	1	8
1	5	2	7	4	3	6	8	9
4	6	7	2	8	9	3	5	1
3	9	8	5	1	6	2	7	4
5	3	1	4	9	8	7	2	6
2	4	6	3	7	1	8	9	5
8	7	9	6	2	5	1	4	3

Puzzle 835

1	6	8	5	3	7	9	2	4
9	4	5	1	8	2	3	6	7
3	2	7	4	9	6	1	5	8
2	3	9	8	7	4	5	1	6
5	7	4	9	6	1	2	8	3
6	8	1	3	2	5	4	7	9
4	9	6	2	1	8	7	3	5
7	1	3	6	5	9	8	4	2
8	5	2	7	4	3	6	9	1

Puzzle 836

4	9	3	7	1	5	2	8	6
2	8	5	6	9	3	1	7	4
7	1	6	4	8	2	5	9	3
3	4	2	1	5	7	8	6	9
9	5	7	8	6	4	3	1	2
1	6	8	3	2	9	4	5	7
8	7	1	2	4	6	9	3	5
6	2	9	5	3	1	7	4	8
5	3	4	9	7	8	6	2	1

Puzzle 837

9	4	2	3	5	6	1	8	7
3	1	7	4	8	2	5	6	9
5	8	6	9	1	7	4	3	2
6	3	4	8	2	9	7	1	5
2	7	8	1	6	5	3	9	4
1	5	9	7	3	4	8	2	6
4	6	1	5	9	8	2	7	3
7	2	3	6	4	1	9	5	8
8	9	5	2	7	3	6	4	1

Puzzle 838

6	9	3	5	7	8	4	1	2
1	4	2	6	9	3	5	8	7
7	5	8	2	4	1	6	3	9
4	7	1	8	6	9	2	5	3
9	8	6	3	2	5	1	7	4
2	3	5	4	1	7	9	6	8
8	6	9	1	3	4	7	2	5
5	2	4	7	8	6	3	9	1
3	1	7	9	5	2	8	4	6

Puzzle 839

1	7	5	9	6	2	4	8	3
6	2	8	3	4	5	1	9	7
3	4	9	7	8	1	2	5	6
5	1	6	8	3	4	7	2	9
8	9	7	1	2	6	3	4	5
2	3	4	5	9	7	6	1	8
7	8	3	4	1	9	5	6	2
9	6	1	2	5	3	8	7	4
4	5	2	6	7	8	9	3	1

Puzzle 840

8	4	1	6	7	2	9	3	5
9	3	2	8	5	4	6	7	1
5	6	7	3	9	1	2	8	4
4	9	5	7	3	8	1	2	6
2	1	3	9	4	6	8	5	7
7	8	6	2	1	5	3	4	9
3	5	8	4	6	9	7	1	2
6	2	4	1	8	7	5	9	3
1	7	9	5	2	3	4	6	8

Puzzle 841

9	2	8	6	1	4	5	3	7
6	1	7	5	8	3	9	2	4
4	5	3	7	9	2	8	6	1
5	8	1	2	7	9	3	4	6
7	9	4	1	3	6	2	5	8
3	6	2	8	4	5	7	1	9
8	3	6	9	2	1	4	7	5
2	7	5	4	6	8	1	9	3
1	4	9	3	5	7	6	8	2

Puzzle 842

4	3	8	5	1	7	6	9	2
7	1	6	4	2	9	3	5	8
9	2	5	8	6	3	7	1	4
2	5	7	9	8	6	4	3	1
1	8	9	3	4	5	2	6	7
3	6	4	1	7	2	9	8	5
5	4	2	6	9	1	8	7	3
6	7	3	2	5	8	1	4	9
8	9	1	7	3	4	5	2	6

Puzzle 843

6	5	1	7	9	8	2	4	3
7	3	2	5	1	4	8	6	9
8	4	9	3	6	2	1	5	7
2	6	4	9	5	3	7	1	8
5	8	7	4	2	1	9	3	6
9	1	3	6	8	7	5	2	4
3	7	5	2	4	9	6	8	1
4	2	8	1	7	6	3	9	5
1	9	6	8	3	5	4	7	2

Puzzle 844

4	1	2	6	7	3	9	8	5
9	5	8	1	4	2	3	7	6
7	6	3	5	8	9	1	4	2
5	7	6	9	2	8	4	1	3
3	4	9	7	5	1	2	6	8
2	8	1	3	6	4	5	9	7
1	3	7	8	9	5	6	2	4
8	9	4	2	3	6	7	5	1
6	2	5	4	1	7	8	3	9

Puzzle 845

5	9	3	2	7	4	1	8	6
6	8	2	5	1	3	4	7	9
4	7	1	6	8	9	2	3	5
9	2	5	7	4	8	6	1	3
8	1	7	9	3	6	5	2	4
3	6	4	1	5	2	7	9	8
7	3	9	4	2	5	8	6	1
2	4	6	8	9	1	3	5	7
1	5	8	3	6	7	9	4	2

Puzzle 846

1	5	7	9	3	8	6	4	2
6	4	3	1	2	7	5	9	8
9	8	2	6	5	4	3	1	7
3	6	8	4	9	5	2	7	1
7	9	5	3	1	2	4	8	6
2	1	4	8	7	6	9	3	5
4	7	6	2	8	9	1	5	3
8	2	1	5	4	3	7	6	9
5	3	9	7	6	1	8	2	4

Puzzle 847

4	9	8	5	1	3	2	7	6
2	5	7	9	4	6	3	8	1
1	3	6	8	2	7	9	5	4
8	7	3	6	9	4	5	1	2
5	2	9	1	7	8	4	6	3
6	1	4	2	3	5	7	9	8
3	8	1	4	5	9	6	2	7
7	6	5	3	8	2	1	4	9
9	4	2	7	6	1	8	3	5

Puzzle 848

5	2	9	8	4	6	1	3	7
6	8	3	7	1	2	5	4	9
7	4	1	3	9	5	2	8	6
2	5	6	1	8	3	9	7	4
8	3	7	9	5	4	6	2	1
1	9	4	2	6	7	8	5	3
3	1	2	5	7	9	4	6	8
4	7	8	6	2	1	3	9	5
9	6	5	4	3	8	7	1	2

Puzzle 849

4	9	5	2	7	1	8	6	3
7	3	2	5	6	8	9	1	4
1	8	6	3	9	4	7	2	5
6	7	4	9	5	2	1	3	8
3	2	1	6	8	7	4	5	9
9	5	8	1	4	3	2	7	6
8	1	3	4	2	6	5	9	7
5	6	7	8	1	9	3	4	2
2	4	9	7	3	5	6	8	1

Puzzle 850

9	8	5	4	6	1	2	3	7
6	4	2	7	9	3	5	8	1
3	1	7	8	2	5	6	9	4
7	9	4	1	8	2	3	6	5
2	5	3	6	7	4	9	1	8
1	6	8	3	5	9	4	7	2
4	3	6	5	1	7	8	2	9
8	2	1	9	4	6	7	5	3
5	7	9	2	3	8	1	4	6

Puzzle 851

9	6	2	3	7	5	1	4	8
3	7	5	1	4	8	6	9	2
4	1	8	6	9	2	3	7	5
5	4	7	2	6	3	8	1	9
2	9	3	8	1	7	4	5	6
6	8	1	4	5	9	2	3	7
7	3	4	9	8	6	5	2	1
1	5	6	7	2	4	9	8	3
8	2	9	5	3	1	7	6	4

Puzzle 852

8	1	2	5	7	3	6	4	9
3	9	4	1	8	6	2	5	7
7	6	5	9	2	4	3	8	1
2	5	9	4	1	7	8	6	3
4	7	8	6	3	5	9	1	2
6	3	1	8	9	2	5	7	4
9	2	6	7	4	8	1	3	5
1	8	7	3	5	9	4	2	6
5	4	3	2	6	1	7	9	8

Puzzle 853

5	3	4	1	2	8	7	6	9
7	6	2	9	3	4	8	1	5
9	8	1	6	5	7	2	4	3
3	4	6	5	7	9	1	8	2
2	1	5	4	8	3	6	9	7
8	7	9	2	6	1	5	3	4
6	5	3	8	9	2	4	7	1
4	2	7	3	1	6	9	5	8
1	9	8	7	4	5	3	2	6

Puzzle 854

9	8	7	2	4	1	5	6	3
3	6	1	7	8	5	4	2	9
4	2	5	6	3	9	7	8	1
7	3	2	4	6	8	9	1	5
6	1	8	5	9	3	2	4	7
5	9	4	1	7	2	6	3	8
8	4	3	9	5	6	1	7	2
1	7	9	3	2	4	8	5	6
2	5	6	8	1	7	3	9	4

Puzzle 855

4	6	8	5	9	7	2	1	3
2	3	1	8	4	6	5	7	9
7	5	9	3	1	2	4	8	6
3	4	2	6	5	1	7	9	8
8	7	5	9	2	3	1	6	4
1	9	6	4	7	8	3	5	2
9	2	3	7	6	5	8	4	1
5	1	4	2	8	9	6	3	7
6	8	7	1	3	4	9	2	5

Puzzle 856

8	5	2	7	1	4	9	3	6
1	4	3	9	8	6	7	5	2
9	6	7	3	2	5	1	8	4
6	7	1	8	4	9	5	2	3
4	9	5	6	3	2	8	1	7
3	2	8	1	5	7	4	6	9
2	3	9	5	7	1	6	4	8
7	1	4	2	6	8	3	9	5
5	8	6	4	9	3	2	7	1

Puzzle 857

9	5	8	2	1	4	3	7	6
1	6	3	5	9	7	2	4	8
2	7	4	3	6	8	5	1	9
3	8	7	1	4	5	6	9	2
4	1	2	6	8	9	7	3	5
6	9	5	7	2	3	4	8	1
7	3	6	8	5	1	9	2	4
8	2	9	4	3	6	1	5	7
5	4	1	9	7	2	8	6	3

Puzzle 858

6	8	1	5	3	4	2	7	9
5	4	7	2	9	8	1	3	6
3	9	2	1	6	7	4	5	8
4	3	6	7	1	5	9	8	2
9	2	5	3	8	6	7	1	4
1	7	8	9	4	2	5	6	3
7	6	9	8	2	1	3	4	5
8	5	3	4	7	9	6	2	1
2	1	4	6	5	3	8	9	7

Puzzle 859

4	7	6	5	9	3	8	2	1
2	9	1	7	8	4	3	5	6
3	5	8	6	2	1	9	7	4
6	2	4	8	5	9	1	3	7
8	1	7	2	3	6	5	4	9
5	3	9	1	4	7	2	6	8
7	6	2	9	1	5	4	8	3
9	4	5	3	7	8	6	1	2
1	8	3	4	6	2	7	9	5

Puzzle 860

1	2	9	6	4	5	3	8	7
8	6	3	9	1	7	4	5	2
7	4	5	3	2	8	9	6	1
3	9	6	1	5	2	7	4	8
4	8	2	7	6	9	1	3	5
5	1	7	4	8	3	2	9	6
6	5	4	2	3	1	8	7	9
9	3	1	8	7	6	5	2	4
2	7	8	5	9	4	6	1	3

Puzzle 861

7	2	8	3	4	1	9	5	6
3	4	6	5	8	9	7	2	1
5	9	1	6	7	2	4	3	8
1	5	4	9	3	6	2	8	7
8	7	9	1	2	4	3	6	5
6	3	2	7	5	8	1	4	9
2	6	5	4	9	7	8	1	3
9	8	3	2	1	5	6	7	4
4	1	7	8	6	3	5	9	2

Puzzle 862

6	3	4	1	5	2	9	8	7
2	9	5	7	6	8	1	4	3
7	1	8	9	4	3	2	5	6
9	2	1	3	8	6	4	7	5
3	8	7	5	9	4	6	2	1
5	4	6	2	1	7	3	9	8
8	6	2	4	3	5	7	1	9
1	7	3	8	2	9	5	6	4
4	5	9	6	7	1	8	3	2

Puzzle 863

9	3	1	4	2	7	8	6	5
7	2	5	9	6	8	3	4	1
4	8	6	5	1	3	2	9	7
2	9	8	3	7	4	1	5	6
3	5	4	1	9	6	7	8	2
6	1	7	2	8	5	9	3	4
8	6	2	7	4	9	5	1	3
1	4	3	8	5	2	6	7	9
5	7	9	6	3	1	4	2	8

Puzzle 864

5	4	7	3	6	1	9	2	8
3	2	8	4	5	9	1	6	7
6	9	1	8	2	7	3	5	4
8	3	2	7	9	5	4	1	6
9	5	4	1	3	6	8	7	2
1	7	6	2	4	8	5	9	3
4	8	5	6	1	2	7	3	9
2	1	3	9	7	4	6	8	5
7	6	9	5	8	3	2	4	1

Puzzle 865

9	2	8	6	5	3	4	7	1
3	4	6	2	1	7	5	9	8
7	1	5	4	8	9	3	2	6
4	9	3	1	6	2	8	5	7
8	7	1	5	3	4	9	6	2
6	5	2	7	9	8	1	3	4
5	6	4	9	7	1	2	8	3
2	3	9	8	4	6	7	1	5
1	8	7	3	2	5	6	4	9

Puzzle 866

2	5	7	4	9	3	8	6	1
9	4	3	6	8	1	5	2	7
6	8	1	7	2	5	9	4	3
3	6	4	2	5	7	1	8	9
8	9	2	3	1	6	7	5	4
1	7	5	9	4	8	2	3	6
4	3	8	1	7	2	6	9	5
7	2	6	5	3	9	4	1	8
5	1	9	8	6	4	3	7	2

Puzzle 867

8	4	7	3	2	5	6	9	1
5	2	6	8	1	9	3	7	4
9	3	1	6	4	7	8	2	5
4	8	3	2	6	1	9	5	7
6	7	5	4	9	8	2	1	3
1	9	2	7	5	3	4	8	6
2	5	4	9	7	6	1	3	8
7	6	8	1	3	2	5	4	9
3	1	9	5	8	4	7	6	2

Puzzle 868

2	5	1	9	6	3	8	7	4
3	7	9	1	8	4	5	6	2
4	6	8	7	2	5	3	1	9
6	2	7	4	1	8	9	5	3
5	8	3	6	7	9	2	4	1
1	9	4	3	5	2	6	8	7
7	4	5	2	9	6	1	3	8
8	1	2	5	3	7	4	9	6
9	3	6	8	4	1	7	2	5

Puzzle 869

4	7	8	1	3	9	5	6	2
2	9	3	6	4	5	8	1	7
1	6	5	7	8	2	4	9	3
7	4	2	8	5	6	9	3	1
6	8	9	2	1	3	7	4	5
5	3	1	4	9	7	6	2	8
9	1	6	5	2	8	3	7	4
3	5	4	9	7	1	2	8	6
8	2	7	3	6	4	1	5	9

Puzzle 870

7	4	3	5	8	9	6	1	2
9	8	5	1	6	2	3	4	7
2	6	1	4	7	3	5	8	9
8	5	4	3	2	1	9	7	6
6	7	9	8	4	5	2	3	1
3	1	2	6	9	7	8	5	4
4	9	7	2	3	8	1	6	5
5	3	6	9	1	4	7	2	8
1	2	8	7	5	6	4	9	3

Puzzle 871

4	9	1	3	6	2	8	5	7
3	5	6	1	7	8	9	2	4
2	7	8	4	5	9	6	1	3
5	8	7	2	9	3	4	6	1
9	3	2	6	4	1	5	7	8
1	6	4	5	8	7	3	9	2
7	4	3	9	2	6	1	8	5
6	2	5	8	1	4	7	3	9
8	1	9	7	3	5	2	4	6

Puzzle 872

2	5	4	8	9	6	7	1	3
7	8	6	4	1	3	9	5	2
3	1	9	2	7	5	6	4	8
4	6	3	9	8	1	2	7	5
9	7	8	6	5	2	1	3	4
1	2	5	3	4	7	8	9	6
8	9	7	5	6	4	3	2	1
5	3	1	7	2	8	4	6	9
6	4	2	1	3	9	5	8	7

Puzzle 873

7	2	3	4	8	1	5	6	9
9	8	6	7	5	2	3	1	4
1	5	4	9	6	3	2	8	7
3	1	8	2	7	9	4	5	6
4	9	7	6	3	5	1	2	8
2	6	5	8	1	4	9	7	3
6	3	2	5	4	8	7	9	1
8	4	9	1	2	7	6	3	5
5	7	1	3	9	6	8	4	2

Puzzle 874

3	2	8	1	6	5	7	9	4
6	5	1	4	7	9	2	8	3
4	7	9	3	2	8	6	5	1
5	9	2	6	1	7	3	4	8
1	8	4	5	3	2	9	6	7
7	6	3	9	8	4	1	2	5
2	3	7	8	5	6	4	1	9
9	1	5	2	4	3	8	7	6
8	4	6	7	9	1	5	3	2

Puzzle 875

9	3	6	7	2	1	4	5	8
8	1	2	6	5	4	7	3	9
7	4	5	8	9	3	6	2	1
1	9	8	4	3	7	2	6	5
5	2	4	9	8	6	3	1	7
6	7	3	2	1	5	8	9	4
2	8	1	3	7	9	5	4	6
3	6	9	5	4	8	1	7	2
4	5	7	1	6	2	9	8	3

Puzzle 876

7	5	4	9	8	6	1	2	3
1	6	8	2	4	3	5	9	7
2	3	9	5	7	1	6	4	8
6	2	3	8	5	4	9	7	1
9	8	7	1	3	2	4	6	5
4	1	5	6	9	7	3	8	2
5	4	1	7	2	9	8	3	6
3	7	6	4	1	8	2	5	9
8	9	2	3	6	5	7	1	4

Puzzle 877

8	4	2	5	7	6	9	3	1
7	6	9	2	3	1	4	8	5
3	5	1	4	8	9	6	7	2
5	2	8	6	9	7	1	4	3
1	3	6	8	5	4	2	9	7
4	9	7	3	1	2	5	6	8
9	7	4	1	2	8	3	5	6
2	8	5	9	6	3	7	1	4
6	1	3	7	4	5	8	2	9

Puzzle 878

3	1	8	9	2	4	5	7	6
4	2	6	7	8	5	9	1	3
9	7	5	6	3	1	8	4	2
7	3	9	5	4	6	2	8	1
8	6	2	1	7	3	4	9	5
1	5	4	2	9	8	6	3	7
5	9	7	4	1	2	3	6	8
2	4	3	8	6	7	1	5	9
6	8	1	3	5	9	7	2	4

Puzzle 879

6	3	8	7	1	2	4	5	9
4	9	2	6	3	5	8	1	7
5	1	7	8	4	9	2	6	3
1	5	3	2	9	7	6	8	4
9	2	6	1	8	4	7	3	5
7	8	4	3	5	6	1	9	2
2	6	9	5	7	1	3	4	8
8	4	1	9	2	3	5	7	6
3	7	5	4	6	8	9	2	1

Puzzle 880

5	1	3	9	8	6	2	7	4
7	8	6	2	4	1	3	9	5
4	2	9	3	5	7	6	8	1
1	4	2	5	6	8	7	3	9
9	3	8	4	7	2	5	1	6
6	7	5	1	9	3	8	4	2
8	9	7	6	2	4	1	5	3
3	6	4	7	1	5	9	2	8
2	5	1	8	3	9	4	6	7

Puzzle 881

8	9	4	5	7	1	2	3	6
2	6	1	3	8	9	4	5	7
7	5	3	6	2	4	1	8	9
3	7	6	4	5	8	9	1	2
5	1	8	2	9	7	3	6	4
4	2	9	1	3	6	5	7	8
9	8	2	7	1	3	6	4	5
6	3	5	8	4	2	7	9	1
1	4	7	9	6	5	8	2	3

Puzzle 882

4	9	1	7	6	5	2	3	8
5	2	3	9	1	8	4	6	7
6	7	8	2	4	3	5	1	9
1	6	7	5	2	4	8	9	3
2	8	5	6	3	9	1	7	4
3	4	9	1	8	7	6	5	2
9	1	2	4	7	6	3	8	5
7	3	6	8	5	2	9	4	1
8	5	4	3	9	1	7	2	6

Puzzle 883

2	5	4	8	7	6	3	9	1
6	3	1	9	5	2	4	8	7
9	8	7	3	4	1	2	5	6
3	9	6	4	1	8	7	2	5
1	2	8	5	3	7	6	4	9
7	4	5	6	2	9	8	1	3
5	7	9	2	6	4	1	3	8
4	6	3	1	8	5	9	7	2
8	1	2	7	9	3	5	6	4

Puzzle 884

7	9	6	3	8	2	4	1	5
3	5	8	9	1	4	7	2	6
2	1	4	5	6	7	8	9	3
5	2	1	8	9	6	3	7	4
4	8	3	2	7	1	5	6	9
6	7	9	4	5	3	1	8	2
9	3	7	6	4	8	2	5	1
1	6	2	7	3	5	9	4	8
8	4	5	1	2	9	6	3	7

Puzzle 885

2	9	3	5	7	8	6	4	1
8	6	1	4	3	2	9	7	5
7	5	4	9	6	1	8	2	3
4	3	7	1	8	6	2	5	9
6	2	8	3	9	5	7	1	4
5	1	9	7	2	4	3	6	8
9	4	6	2	5	3	1	8	7
1	7	2	8	4	9	5	3	6
3	8	5	6	1	7	4	9	2

Puzzle 886

6	2	1	5	4	3	9	8	7
4	3	8	9	6	7	2	5	1
9	7	5	8	1	2	4	6	3
3	9	7	2	5	1	6	4	8
1	4	6	3	8	9	5	7	2
8	5	2	4	7	6	3	1	9
7	6	3	1	2	4	8	9	5
2	8	4	7	9	5	1	3	6
5	1	9	6	3	8	7	2	4

Puzzle 887

7	1	5	2	6	4	8	9	3
8	9	6	7	3	1	2	4	5
3	2	4	8	9	5	6	7	1
9	4	1	5	7	6	3	8	2
5	8	7	1	2	3	4	6	9
2	6	3	9	4	8	1	5	7
4	5	9	3	8	2	7	1	6
6	7	2	4	1	9	5	3	8
1	3	8	6	5	7	9	2	4

Puzzle 888

5	7	8	1	3	6	2	4	9
2	9	3	7	4	5	8	6	1
6	1	4	9	2	8	3	7	5
9	8	7	6	1	3	4	5	2
1	6	2	5	9	4	7	8	3
4	3	5	8	7	2	9	1	6
7	2	6	3	8	1	5	9	4
8	4	1	2	5	9	6	3	7
3	5	9	4	6	7	1	2	8

Puzzle 889

3	8	1	9	2	7	5	4	6
7	2	9	4	6	5	8	1	3
5	4	6	8	1	3	7	9	2
9	5	8	1	3	6	2	7	4
6	3	7	2	4	9	1	5	8
4	1	2	7	5	8	3	6	9
8	6	3	5	9	1	4	2	7
2	9	5	3	7	4	6	8	1
1	7	4	6	8	2	9	3	5

Puzzle 890

4	2	7	5	9	1	8	3	6
1	9	8	4	6	3	7	2	5
3	6	5	2	7	8	1	4	9
6	1	2	3	4	7	5	9	8
7	5	4	8	1	9	3	6	2
9	8	3	6	2	5	4	7	1
5	7	1	9	3	2	6	8	4
8	4	9	7	5	6	2	1	3
2	3	6	1	8	4	9	5	7

Puzzle 891

4	9	2	7	8	3	1	5	6
6	1	7	2	4	5	3	9	8
3	8	5	6	1	9	7	2	4
2	7	4	9	3	6	8	1	5
5	3	1	8	2	4	9	6	7
9	6	8	1	5	7	2	4	3
1	2	6	5	7	8	4	3	9
7	5	3	4	9	2	6	8	1
8	4	9	3	6	1	5	7	2

Puzzle 892

2	9	4	8	6	3	7	1	5
7	8	6	9	1	5	4	3	2
1	5	3	4	7	2	6	8	9
4	3	7	6	5	1	9	2	8
9	1	2	3	4	8	5	7	6
8	6	5	7	2	9	1	4	3
6	2	8	1	9	4	3	5	7
5	7	1	2	3	6	8	9	4
3	4	9	5	8	7	2	6	1

Puzzle 893

9	1	8	7	4	3	6	2	5
5	6	3	9	8	2	1	4	7
7	2	4	5	6	1	8	9	3
2	3	5	1	7	9	4	6	8
6	9	7	4	5	8	2	3	1
4	8	1	2	3	6	7	5	9
1	5	6	3	2	7	9	8	4
3	7	2	8	9	4	5	1	6
8	4	9	6	1	5	3	7	2

Puzzle 894

5	8	4	6	3	2	7	1	9
6	3	1	5	9	7	4	2	8
2	9	7	1	4	8	3	5	6
1	4	6	2	8	9	5	7	3
3	2	5	4	7	6	8	9	1
8	7	9	3	5	1	6	4	2
9	1	3	7	6	4	2	8	5
7	5	2	8	1	3	9	6	4
4	6	8	9	2	5	1	3	7

Puzzle 895

7	8	5	6	4	3	1	9	2
2	6	1	7	8	9	4	3	5
3	9	4	1	5	2	8	6	7
9	3	6	5	1	4	7	2	8
1	5	2	9	7	8	3	4	6
8	4	7	3	2	6	9	5	1
4	1	9	2	6	7	5	8	3
6	7	8	4	3	5	2	1	9
5	2	3	8	9	1	6	7	4

Puzzle 896

9	7	1	6	3	5	4	2	8
8	5	2	7	1	4	6	3	9
6	4	3	8	9	2	1	7	5
7	3	4	2	8	9	5	6	1
5	1	6	3	4	7	9	8	2
2	8	9	1	5	6	3	4	7
4	2	7	5	6	1	8	9	3
3	9	5	4	7	8	2	1	6
1	6	8	9	2	3	7	5	4

Puzzle 897

3	2	6	8	1	9	4	7	5
4	7	1	3	5	6	2	9	8
9	8	5	7	2	4	1	6	3
6	3	9	2	7	1	8	5	4
7	5	2	6	4	8	3	1	9
8	1	4	5	9	3	6	2	7
2	6	7	4	3	5	9	8	1
1	4	8	9	6	7	5	3	2
5	9	3	1	8	2	7	4	6

Puzzle 898

2	9	1	3	7	4	8	6	5
3	8	5	6	1	2	9	7	4
7	6	4	8	9	5	1	3	2
5	1	8	7	2	9	6	4	3
9	7	2	4	6	3	5	8	1
4	3	6	5	8	1	2	9	7
1	5	7	9	4	6	3	2	8
6	4	3	2	5	8	7	1	9
8	2	9	1	3	7	4	5	6

Puzzle 899

4	9	5	1	2	6	3	7	8
3	8	7	9	4	5	1	6	2
1	6	2	8	3	7	5	4	9
7	1	4	2	6	8	9	5	3
9	5	6	7	1	3	8	2	4
2	3	8	4	5	9	6	1	7
6	7	1	3	9	4	2	8	5
5	4	9	6	8	2	7	3	1
8	2	3	5	7	1	4	9	6

Puzzle 900

3	5	2	7	8	6	4	1	9
6	9	7	2	1	4	5	3	8
8	4	1	5	3	9	2	7	6
5	2	4	8	7	3	9	6	1
7	1	6	4	9	5	3	8	2
9	3	8	6	2	1	7	5	4
1	6	3	9	5	2	8	4	7
4	8	9	3	6	7	1	2	5
2	7	5	1	4	8	6	9	3

Puzzle 901

2	3	7	1	8	4	9	5	6
9	1	4	7	5	6	2	8	3
6	8	5	3	9	2	1	7	4
8	6	3	2	1	9	5	4	7
7	9	1	5	4	8	3	6	2
4	5	2	6	7	3	8	1	9
5	7	9	4	3	1	6	2	8
3	4	6	8	2	5	7	9	1
1	2	8	9	6	7	4	3	5

Puzzle 902

3	7	1	2	5	8	6	9	4
2	9	8	1	4	6	5	7	3
5	4	6	7	9	3	1	8	2
7	8	9	4	1	2	3	6	5
6	1	5	3	7	9	2	4	8
4	2	3	6	8	5	7	1	9
8	6	7	5	2	4	9	3	1
1	5	4	9	3	7	8	2	6
9	3	2	8	6	1	4	5	7

Puzzle 903

2	1	7	6	8	4	5	3	9
6	3	5	9	7	2	4	8	1
8	9	4	5	1	3	7	2	6
5	4	1	8	2	7	6	9	3
7	6	2	4	3	9	8	1	5
3	8	9	1	6	5	2	7	4
9	7	6	3	5	8	1	4	2
4	5	8	2	9	1	3	6	7
1	2	3	7	4	6	9	5	8

Puzzle 904

6	3	1	4	8	5	7	2	9
2	8	9	7	6	3	4	1	5
4	5	7	2	1	9	6	8	3
5	4	6	9	3	8	2	7	1
8	9	2	5	7	1	3	6	4
7	1	3	6	2	4	9	5	8
9	2	8	1	4	7	5	3	6
3	7	4	8	5	6	1	9	2
1	6	5	3	9	2	8	4	7

Puzzle 905

4	2	5	6	3	7	9	1	8
8	6	1	4	9	5	7	2	3
9	7	3	1	8	2	5	6	4
1	3	9	2	6	8	4	5	7
7	5	6	9	1	4	3	8	2
2	4	8	7	5	3	1	9	6
6	1	7	3	2	9	8	4	5
3	8	2	5	4	1	6	7	9
5	9	4	8	7	6	2	3	1

Puzzle 906

5	4	2	9	8	1	7	6	3
1	7	8	2	6	3	5	9	4
9	6	3	5	4	7	8	2	1
7	2	1	4	5	9	3	8	6
6	3	5	8	1	2	4	7	9
4	8	9	3	7	6	1	5	2
8	1	4	6	2	5	9	3	7
2	9	7	1	3	8	6	4	5
3	5	6	7	9	4	2	1	8

Puzzle 907

3	1	7	4	5	6	8	2	9
4	5	6	9	2	8	3	1	7
9	2	8	3	7	1	6	4	5
8	9	2	1	4	5	7	6	3
6	3	1	2	9	7	5	8	4
5	7	4	8	6	3	1	9	2
7	8	9	6	3	4	2	5	1
2	6	3	5	1	9	4	7	8
1	4	5	7	8	2	9	3	6

Puzzle 908

3	8	4	6	2	1	9	5	7
7	1	5	8	4	9	2	6	3
2	9	6	5	3	7	1	4	8
9	7	1	4	6	3	5	8	2
4	2	3	7	8	5	6	1	9
6	5	8	9	1	2	3	7	4
1	4	7	3	9	6	8	2	5
5	3	2	1	7	8	4	9	6
8	6	9	2	5	4	7	3	1

Puzzle 909

1	6	9	8	3	2	7	4	5
4	2	8	6	7	5	9	1	3
3	7	5	4	9	1	6	2	8
9	8	2	5	1	7	4	3	6
6	3	4	2	8	9	5	7	1
7	5	1	3	6	4	2	8	9
2	1	3	9	4	6	8	5	7
5	9	7	1	2	8	3	6	4
8	4	6	7	5	3	1	9	2

Puzzle 910

6	5	4	7	3	9	1	8	2
8	9	3	1	6	2	7	5	4
2	7	1	8	4	5	6	9	3
3	4	7	2	8	6	9	1	5
5	1	8	3	9	4	2	7	6
9	2	6	5	1	7	3	4	8
7	3	2	9	5	8	4	6	1
4	8	9	6	2	1	5	3	7
1	6	5	4	7	3	8	2	9

Puzzle 911

2	4	8	7	6	3	9	5	1
7	3	9	8	1	5	4	6	2
1	5	6	9	2	4	3	7	8
9	1	7	6	4	2	8	3	5
6	8	3	5	9	7	1	2	4
5	2	4	1	3	8	7	9	6
3	6	2	4	8	9	5	1	7
8	9	5	2	7	1	6	4	3
4	7	1	3	5	6	2	8	9

Puzzle 912

6	8	2	1	5	4	3	7	9
4	9	3	8	2	7	1	6	5
1	7	5	9	6	3	4	2	8
5	3	6	7	8	9	2	4	1
2	1	7	3	4	5	8	9	6
8	4	9	2	1	6	5	3	7
7	2	1	6	3	8	9	5	4
9	5	8	4	7	2	6	1	3
3	6	4	5	9	1	7	8	2

Puzzle 913

3	2	6	7	9	8	5	1	4
9	5	1	2	6	4	7	8	3
8	4	7	5	3	1	9	6	2
4	7	5	1	8	6	3	2	9
6	8	2	3	7	9	4	5	1
1	9	3	4	5	2	8	7	6
7	6	9	8	2	3	1	4	5
5	3	4	6	1	7	2	9	8
2	1	8	9	4	5	6	3	7

Puzzle 914

6	5	1	7	2	4	3	9	8
7	9	2	8	6	3	1	4	5
4	8	3	5	1	9	2	6	7
9	1	4	6	3	5	7	8	2
8	6	7	1	4	2	5	3	9
3	2	5	9	8	7	4	1	6
1	4	9	2	7	8	6	5	3
5	7	6	3	9	1	8	2	4
2	3	8	4	5	6	9	7	1

Puzzle 915

2	1	6	7	4	5	3	8	9
5	8	9	3	1	2	7	4	6
7	4	3	8	9	6	5	1	2
1	2	8	6	5	7	4	9	3
3	5	7	4	8	9	2	6	1
6	9	4	1	2	3	8	7	5
4	6	1	2	3	8	9	5	7
9	7	2	5	6	4	1	3	8
8	3	5	9	7	1	6	2	4

Puzzle 916

8	9	2	1	6	4	5	7	3
3	4	7	9	2	5	8	1	6
1	6	5	3	7	8	9	2	4
6	7	8	2	4	3	1	9	5
2	1	9	8	5	6	4	3	7
4	5	3	7	9	1	6	8	2
9	2	4	6	8	7	3	5	1
5	8	1	4	3	2	7	6	9
7	3	6	5	1	9	2	4	8

Puzzle 917

1	6	5	7	9	3	2	8	4
2	7	8	1	6	4	3	9	5
9	4	3	5	2	8	6	1	7
6	3	1	2	5	9	4	7	8
7	5	9	4	8	6	1	3	2
8	2	4	3	1	7	9	5	6
4	9	7	6	3	5	8	2	1
3	1	6	8	7	2	5	4	9
5	8	2	9	4	1	7	6	3

Puzzle 918

8	3	5	4	7	1	9	6	2
2	6	9	5	3	8	7	4	1
1	4	7	9	6	2	3	8	5
7	8	2	1	5	6	4	3	9
4	5	1	7	9	3	6	2	8
6	9	3	2	8	4	5	1	7
3	7	6	8	1	9	2	5	4
9	2	8	6	4	5	1	7	3
5	1	4	3	2	7	8	9	6

Puzzle 919

3	9	5	7	1	4	2	8	6
1	4	6	2	8	9	7	5	3
7	8	2	3	6	5	1	9	4
5	3	1	9	2	7	6	4	8
9	6	7	5	4	8	3	1	2
8	2	4	1	3	6	5	7	9
4	5	8	6	7	3	9	2	1
2	7	3	8	9	1	4	6	5
6	1	9	4	5	2	8	3	7

Puzzle 920

1	6	9	2	7	4	5	8	3
4	5	2	6	3	8	7	1	9
3	8	7	9	1	5	2	4	6
6	9	5	7	2	1	8	3	4
2	7	4	8	9	3	1	6	5
8	3	1	4	5	6	9	2	7
7	4	3	5	8	2	6	9	1
5	2	6	1	4	9	3	7	8
9	1	8	3	6	7	4	5	2

Puzzle 921

3	2	9	5	7	1	4	8	6
7	8	5	9	4	6	2	1	3
1	4	6	8	2	3	9	5	7
2	7	4	1	6	9	8	3	5
8	9	1	4	3	5	7	6	2
6	5	3	2	8	7	1	4	9
4	3	7	6	1	2	5	9	8
5	1	2	3	9	8	6	7	4
9	6	8	7	5	4	3	2	1

Puzzle 922

4	8	1	6	2	7	3	9	5
5	3	9	1	8	4	7	6	2
6	2	7	9	3	5	4	1	8
8	4	6	2	1	9	5	7	3
9	5	3	7	4	6	2	8	1
7	1	2	3	5	8	9	4	6
3	7	4	5	6	1	8	2	9
2	6	8	4	9	3	1	5	7
1	9	5	8	7	2	6	3	4

Puzzle 923

9	1	6	4	5	7	8	3	2
5	3	7	9	8	2	4	1	6
2	4	8	6	1	3	5	9	7
8	2	3	1	6	4	7	5	9
7	5	1	8	2	9	6	4	3
4	6	9	7	3	5	1	2	8
3	7	2	5	4	6	9	8	1
1	9	4	2	7	8	3	6	5
6	8	5	3	9	1	2	7	4

Puzzle 924

4	3	6	5	1	8	9	2	7
2	7	8	6	9	4	3	5	1
5	9	1	2	7	3	8	4	6
9	1	2	7	3	5	6	8	4
6	5	3	4	8	1	7	9	2
8	4	7	9	2	6	5	1	3
3	6	5	1	4	9	2	7	8
1	2	9	8	6	7	4	3	5
7	8	4	3	5	2	1	6	9

Puzzle 925

6	1	3	7	2	5	9	4	8
2	8	4	6	3	9	5	7	1
7	9	5	1	4	8	6	2	3
3	6	8	5	1	7	4	9	2
9	4	7	2	6	3	8	1	5
1	5	2	8	9	4	3	6	7
4	2	9	3	8	1	7	5	6
8	7	1	9	5	6	2	3	4
5	3	6	4	7	2	1	8	9

Puzzle 926

1	4	6	8	7	9	3	2	5
3	9	5	6	1	2	4	8	7
8	7	2	4	5	3	1	9	6
2	1	9	5	8	4	6	7	3
5	6	3	9	2	7	8	1	4
7	8	4	1	3	6	2	5	9
9	3	8	7	4	1	5	6	2
6	2	1	3	9	5	7	4	8
4	5	7	2	6	8	9	3	1

Puzzle 927

4	2	1	9	6	5	3	7	8
6	3	8	7	1	2	4	5	9
5	9	7	4	3	8	1	6	2
7	6	5	2	8	1	9	3	4
3	1	4	6	5	9	2	8	7
2	8	9	3	4	7	5	1	6
8	7	2	5	9	3	6	4	1
1	5	6	8	2	4	7	9	3
9	4	3	1	7	6	8	2	5

Puzzle 928

2	4	9	8	3	1	6	5	7
5	3	8	2	7	6	1	4	9
1	6	7	9	4	5	3	8	2
6	2	1	3	9	4	5	7	8
9	5	4	6	8	7	2	1	3
7	8	3	5	1	2	4	9	6
3	1	5	7	2	8	9	6	4
8	9	6	4	5	3	7	2	1
4	7	2	1	6	9	8	3	5

Puzzle 929

6	5	9	1	2	4	3	7	8
4	2	7	3	9	8	5	1	6
8	3	1	5	7	6	2	4	9
5	8	6	7	1	3	4	9	2
3	7	2	9	4	5	8	6	1
9	1	4	6	8	2	7	5	3
1	9	5	8	3	7	6	2	4
7	4	8	2	6	1	9	3	5
2	6	3	4	5	9	1	8	7

Puzzle 930

2	1	5	7	9	3	4	6	8
7	4	3	6	5	8	1	2	9
6	9	8	2	1	4	5	7	3
5	3	9	4	2	6	7	8	1
1	2	4	5	8	7	3	9	6
8	7	6	1	3	9	2	5	4
3	8	2	9	7	1	6	4	5
4	5	1	8	6	2	9	3	7
9	6	7	3	4	5	8	1	2

Puzzle 931

8	2	7	1	5	4	3	9	6
3	1	5	2	9	6	7	8	4
6	4	9	7	8	3	1	2	5
7	8	1	5	6	2	9	4	3
2	9	4	8	3	1	5	6	7
5	3	6	9	4	7	2	1	8
9	6	8	3	2	5	4	7	1
1	5	2	4	7	8	6	3	9
4	7	3	6	1	9	8	5	2

Puzzle 932

2	7	4	1	8	3	6	9	5
9	5	3	6	4	7	8	1	2
1	6	8	5	2	9	7	4	3
4	1	7	2	9	8	5	3	6
8	9	6	4	3	5	1	2	7
3	2	5	7	6	1	4	8	9
5	8	2	3	7	4	9	6	1
7	3	9	8	1	6	2	5	4
6	4	1	9	5	2	3	7	8

Puzzle 933

1	2	5	8	4	3	9	6	7
4	6	7	1	5	9	2	8	3
3	9	8	6	2	7	4	5	1
2	7	3	5	8	6	1	4	9
5	4	1	7	9	2	6	3	8
9	8	6	3	1	4	7	2	5
7	5	2	9	6	8	3	1	4
6	1	9	4	3	5	8	7	2
8	3	4	2	7	1	5	9	6

Puzzle 934

2	1	6	4	5	8	3	7	9
3	8	7	6	1	9	5	2	4
4	5	9	2	7	3	8	6	1
9	4	2	3	8	5	7	1	6
5	6	3	7	4	1	9	8	2
8	7	1	9	6	2	4	5	3
7	3	4	8	2	6	1	9	5
6	9	5	1	3	7	2	4	8
1	2	8	5	9	4	6	3	7

Puzzle 935

6	4	8	5	9	3	2	1	7
7	1	2	6	4	8	5	3	9
3	5	9	2	7	1	8	6	4
4	8	5	9	6	2	1	7	3
2	6	7	3	1	5	9	4	8
9	3	1	7	8	4	6	2	5
5	9	3	4	2	6	7	8	1
1	7	6	8	3	9	4	5	2
8	2	4	1	5	7	3	9	6

Puzzle 936

2	8	7	4	3	6	5	1	9
1	4	9	5	8	2	7	6	3
3	5	6	9	7	1	2	4	8
4	7	1	6	5	9	3	8	2
6	3	8	2	1	7	9	5	4
5	9	2	8	4	3	1	7	6
8	1	3	7	9	4	6	2	5
7	2	5	3	6	8	4	9	1
9	6	4	1	2	5	8	3	7

Puzzle 937

4	1	9	2	7	8	6	3	5
8	6	2	1	3	5	4	9	7
5	7	3	4	9	6	1	2	8
7	5	1	8	2	4	9	6	3
9	2	4	6	5	3	7	8	1
6	3	8	9	1	7	5	4	2
1	8	7	3	6	9	2	5	4
3	9	5	7	4	2	8	1	6
2	4	6	5	8	1	3	7	9

Puzzle 938

2	5	4	3	7	9	1	6	8
3	8	6	2	1	4	7	5	9
9	1	7	5	8	6	2	3	4
4	2	1	9	3	7	6	8	5
6	3	5	1	2	8	4	9	7
8	7	9	4	6	5	3	2	1
1	4	2	8	9	3	5	7	6
5	6	8	7	4	2	9	1	3
7	9	3	6	5	1	8	4	2

Puzzle 939

2	7	9	4	8	3	1	5	6
6	3	5	2	7	1	8	4	9
4	1	8	6	5	9	7	2	3
7	6	4	8	9	5	3	1	2
8	5	1	3	4	2	9	6	7
3	9	2	7	1	6	5	8	4
5	2	7	1	3	4	6	9	8
1	8	6	9	2	7	4	3	5
9	4	3	5	6	8	2	7	1

Puzzle 940

2	9	5	8	1	6	7	4	3
6	4	7	3	5	2	8	1	9
1	8	3	7	9	4	2	5	6
8	5	1	9	3	7	6	2	4
4	3	9	6	2	5	1	8	7
7	2	6	1	4	8	3	9	5
5	1	2	4	7	3	9	6	8
9	7	8	5	6	1	4	3	2
3	6	4	2	8	9	5	7	1

Puzzle 941

1	2	7	3	8	9	5	6	4
8	5	9	7	6	4	1	2	3
3	6	4	1	5	2	7	8	9
5	8	6	4	3	7	9	1	2
7	4	1	2	9	8	6	3	5
9	3	2	5	1	6	8	4	7
6	9	3	8	2	5	4	7	1
4	1	5	6	7	3	2	9	8
2	7	8	9	4	1	3	5	6

Puzzle 942

1	3	9	6	4	8	7	2	5
7	5	8	1	3	2	6	9	4
2	6	4	9	5	7	3	8	1
8	4	7	2	9	5	1	3	6
9	2	6	3	7	1	5	4	8
3	1	5	8	6	4	9	7	2
6	7	2	5	8	3	4	1	9
4	9	1	7	2	6	8	5	3
5	8	3	4	1	9	2	6	7

Puzzle 943

9	6	8	1	3	5	4	7	2
4	3	2	8	9	7	5	6	1
1	5	7	4	2	6	9	3	8
2	4	3	7	6	1	8	5	9
6	9	1	5	8	3	7	2	4
8	7	5	9	4	2	6	1	3
3	2	4	6	7	8	1	9	5
7	1	9	3	5	4	2	8	6
5	8	6	2	1	9	3	4	7

Puzzle 944

2	8	9	6	1	5	7	3	4
4	6	3	7	2	9	8	5	1
7	1	5	8	3	4	2	9	6
1	5	6	9	8	3	4	2	7
3	9	4	1	7	2	6	8	5
8	7	2	5	4	6	3	1	9
9	3	8	4	5	7	1	6	2
6	2	7	3	9	1	5	4	8
5	4	1	2	6	8	9	7	3

Puzzle 945

8	1	4	9	2	5	7	6	3
5	3	9	6	4	7	1	2	8
7	2	6	1	3	8	4	5	9
1	8	3	2	5	6	9	7	4
9	5	7	4	1	3	6	8	2
4	6	2	8	7	9	3	1	5
2	4	8	7	9	1	5	3	6
6	7	5	3	8	4	2	9	1
3	9	1	5	6	2	8	4	7

Puzzle 946

8	4	1	7	3	2	5	9	6
2	5	7	9	8	6	1	3	4
6	3	9	5	4	1	2	8	7
5	7	4	8	2	9	3	6	1
1	6	3	4	5	7	8	2	9
9	2	8	6	1	3	4	7	5
7	1	2	3	9	4	6	5	8
3	9	5	1	6	8	7	4	2
4	8	6	2	7	5	9	1	3

Puzzle 947

6	7	3	1	5	8	4	2	9
9	1	4	2	3	6	8	5	7
2	5	8	7	4	9	6	1	3
7	4	6	5	1	3	2	9	8
3	2	5	9	8	4	1	7	6
8	9	1	6	7	2	5	3	4
1	8	7	3	6	5	9	4	2
4	3	2	8	9	1	7	6	5
5	6	9	4	2	7	3	8	1

Puzzle 948

9	7	6	2	8	1	5	4	3
3	1	2	9	4	5	6	8	7
4	8	5	6	7	3	1	9	2
5	3	8	1	2	9	7	6	4
1	4	7	3	6	8	2	5	9
6	2	9	7	5	4	3	1	8
2	6	4	5	9	7	8	3	1
8	5	3	4	1	2	9	7	6
7	9	1	8	3	6	4	2	5

Puzzle 949

3	5	1	4	6	7	8	2	9
8	9	4	3	1	2	7	5	6
2	7	6	8	9	5	4	1	3
1	8	5	7	4	6	9	3	2
4	6	9	5	2	3	1	8	7
7	2	3	1	8	9	5	6	4
6	4	8	2	7	1	3	9	5
9	3	7	6	5	8	2	4	1
5	1	2	9	3	4	6	7	8

Puzzle 950

6	7	5	9	2	3	1	8	4
1	4	3	7	8	5	9	6	2
8	2	9	1	4	6	7	5	3
9	1	7	8	5	4	3	2	6
5	3	2	6	7	9	4	1	8
4	8	6	2	3	1	5	7	9
7	5	4	3	6	2	8	9	1
2	9	8	4	1	7	6	3	5
3	6	1	5	9	8	2	4	7

Puzzle 951

2	7	3	6	9	1	5	8	4
9	5	8	2	3	4	1	7	6
4	1	6	5	8	7	9	2	3
8	3	4	7	1	6	2	9	5
1	2	5	9	4	3	8	6	7
6	9	7	8	2	5	4	3	1
3	8	1	4	6	9	7	5	2
7	6	2	1	5	8	3	4	9
5	4	9	3	7	2	6	1	8

Puzzle 952

2	1	7	6	8	4	5	3	9
6	8	4	5	3	9	7	2	1
5	9	3	2	1	7	6	4	8
7	5	2	1	9	6	3	8	4
1	3	6	4	2	8	9	7	5
8	4	9	7	5	3	1	6	2
4	6	5	9	7	2	8	1	3
3	2	1	8	6	5	4	9	7
9	7	8	3	4	1	2	5	6

Puzzle 953

4	9	8	7	1	6	2	5	3
5	3	6	2	8	9	7	4	1
1	7	2	5	4	3	8	6	9
8	2	4	6	7	1	3	9	5
9	5	1	8	3	2	6	7	4
7	6	3	9	5	4	1	2	8
2	8	7	1	9	5	4	3	6
3	1	9	4	6	7	5	8	2
6	4	5	3	2	8	9	1	7

Puzzle 954

4	9	6	5	7	2	1	8	3
2	7	1	3	4	8	5	9	6
8	3	5	9	1	6	2	4	7
5	1	4	8	6	9	7	3	2
6	8	7	2	3	1	4	5	9
3	2	9	4	5	7	8	6	1
9	6	8	1	2	4	3	7	5
7	5	2	6	8	3	9	1	4
1	4	3	7	9	5	6	2	8

Puzzle 955

6	4	9	7	5	8	3	2	1
1	3	5	6	2	9	7	8	4
2	7	8	1	3	4	5	9	6
9	2	4	3	1	5	8	6	7
5	1	6	9	8	7	4	3	2
7	8	3	4	6	2	1	5	9
8	6	7	2	4	3	9	1	5
3	9	2	5	7	1	6	4	8
4	5	1	8	9	6	2	7	3

Puzzle 956

6	9	5	4	3	7	8	2	1
1	8	2	9	5	6	3	7	4
7	3	4	2	1	8	5	6	9
5	4	1	6	7	9	2	3	8
3	7	6	8	2	1	9	4	5
8	2	9	5	4	3	7	1	6
9	5	7	3	6	4	1	8	2
2	6	3	1	8	5	4	9	7
4	1	8	7	9	2	6	5	3

Puzzle 957

9	6	1	8	5	4	7	2	3
3	4	7	1	9	2	5	8	6
5	8	2	3	6	7	4	1	9
1	2	8	4	7	9	6	3	5
7	3	4	5	8	6	2	9	1
6	5	9	2	3	1	8	4	7
8	1	6	9	4	5	3	7	2
4	9	5	7	2	3	1	6	8
2	7	3	6	1	8	9	5	4

Puzzle 958

2	3	9	6	5	1	4	8	7
5	8	6	3	4	7	1	9	2
7	4	1	8	2	9	5	3	6
6	2	5	9	1	8	3	7	4
4	7	3	5	6	2	9	1	8
9	1	8	7	3	4	6	2	5
1	5	2	4	7	3	8	6	9
3	9	4	2	8	6	7	5	1
8	6	7	1	9	5	2	4	3

Puzzle 959

8	7	4	2	1	9	6	3	5
9	1	5	6	3	8	7	4	2
3	6	2	4	5	7	8	9	1
6	2	1	5	8	4	3	7	9
5	4	8	9	7	3	2	1	6
7	3	9	1	2	6	4	5	8
2	5	3	7	6	1	9	8	4
4	8	6	3	9	5	1	2	7
1	9	7	8	4	2	5	6	3

Puzzle 960

6	4	2	9	5	8	3	1	7
9	5	1	7	2	3	6	4	8
8	3	7	6	4	1	2	5	9
2	6	5	4	9	7	8	3	1
3	8	4	2	1	5	7	9	6
1	7	9	3	8	6	4	2	5
4	2	8	5	7	9	1	6	3
5	1	3	8	6	4	9	7	2
7	9	6	1	3	2	5	8	4

Puzzle 961

6	9	1	2	7	4	3	8	5
8	3	2	5	1	9	6	4	7
7	4	5	6	3	8	2	1	9
3	7	6	1	5	2	8	9	4
1	2	4	8	9	3	5	7	6
5	8	9	4	6	7	1	3	2
2	6	8	7	4	1	9	5	3
9	1	7	3	2	5	4	6	8
4	5	3	9	8	6	7	2	1

Puzzle 962

3	7	5	6	4	1	2	8	9
2	4	6	7	8	9	1	3	5
9	8	1	3	2	5	4	6	7
4	9	3	1	5	2	6	7	8
1	5	7	9	6	8	3	2	4
6	2	8	4	7	3	5	9	1
5	1	2	8	3	7	9	4	6
7	3	4	5	9	6	8	1	2
8	6	9	2	1	4	7	5	3

Puzzle 963

3	9	6	7	2	5	4	8	1
8	2	7	9	1	4	6	5	3
1	5	4	6	8	3	7	9	2
6	7	1	5	3	2	8	4	9
9	8	5	1	4	6	2	3	7
4	3	2	8	7	9	1	6	5
5	1	8	4	9	7	3	2	6
2	4	9	3	6	1	5	7	8
7	6	3	2	5	8	9	1	4

Puzzle 964

9	5	7	8	1	3	4	6	2
3	6	2	5	7	4	1	8	9
4	8	1	2	6	9	5	3	7
8	1	4	6	3	2	7	9	5
2	9	3	7	8	5	6	4	1
6	7	5	9	4	1	8	2	3
1	4	9	3	5	8	2	7	6
7	2	8	1	9	6	3	5	4
5	3	6	4	2	7	9	1	8

Puzzle 965

8	4	7	9	3	5	6	1	2
6	3	1	8	4	2	9	7	5
5	2	9	6	1	7	4	8	3
9	5	3	4	2	8	1	6	7
4	6	2	7	5	1	3	9	8
7	1	8	3	9	6	2	5	4
3	7	6	1	8	4	5	2	9
1	9	5	2	7	3	8	4	6
2	8	4	5	6	9	7	3	1

Puzzle 966

3	1	5	9	8	6	4	7	2
4	8	9	5	7	2	3	6	1
6	7	2	1	3	4	5	9	8
8	5	1	6	9	3	7	2	4
9	2	4	7	5	8	6	1	3
7	3	6	2	4	1	9	8	5
1	6	7	4	2	5	8	3	9
2	4	3	8	6	9	1	5	7
5	9	8	3	1	7	2	4	6

Puzzle 967

5	9	8	4	6	2	3	7	1
1	6	4	7	3	5	9	8	2
7	3	2	8	1	9	4	6	5
2	5	9	6	7	1	8	4	3
6	8	1	5	4	3	7	2	9
4	7	3	9	2	8	5	1	6
3	2	5	1	8	4	6	9	7
9	4	6	2	5	7	1	3	8
8	1	7	3	9	6	2	5	4

Puzzle 968

2	9	5	8	3	4	7	6	1
4	8	1	7	6	9	5	2	3
7	6	3	2	5	1	9	8	4
1	2	6	4	7	8	3	5	9
3	7	4	9	2	5	6	1	8
9	5	8	6	1	3	4	7	2
8	1	9	5	4	6	2	3	7
5	4	2	3	8	7	1	9	6
6	3	7	1	9	2	8	4	5

Puzzle 969

8	9	6	1	7	4	3	5	2
1	3	5	9	2	8	6	4	7
7	2	4	3	6	5	8	1	9
6	7	2	8	5	9	4	3	1
9	1	3	6	4	2	7	8	5
4	5	8	7	3	1	9	2	6
5	6	1	4	8	7	2	9	3
2	8	7	5	9	3	1	6	4
3	4	9	2	1	6	5	7	8

Puzzle 970

9	5	3	4	7	8	6	1	2
6	1	7	9	3	2	8	4	5
8	2	4	5	6	1	7	9	3
7	6	2	3	5	4	1	8	9
4	8	1	7	2	9	3	5	6
3	9	5	8	1	6	4	2	7
1	3	9	6	4	5	2	7	8
5	4	6	2	8	7	9	3	1
2	7	8	1	9	3	5	6	4

Puzzle 971

7	6	3	4	9	8	5	2	1
8	2	1	7	5	6	3	9	4
9	5	4	1	3	2	7	8	6
6	1	7	9	8	4	2	3	5
2	8	5	3	7	1	6	4	9
4	3	9	6	2	5	1	7	8
5	4	2	8	6	7	9	1	3
1	9	6	2	4	3	8	5	7
3	7	8	5	1	9	4	6	2

Puzzle 972

7	5	9	2	3	4	1	6	8
1	3	2	5	8	6	7	4	9
8	6	4	7	9	1	3	5	2
9	7	3	8	6	2	4	1	5
5	4	1	3	7	9	2	8	6
2	8	6	4	1	5	9	3	7
6	9	7	1	5	3	8	2	4
4	1	5	9	2	8	6	7	3
3	2	8	6	4	7	5	9	1

Puzzle 973

9	3	2	6	5	8	4	1	7
7	5	1	2	9	4	3	6	8
8	6	4	7	1	3	5	9	2
4	1	3	9	2	7	6	8	5
5	8	9	4	6	1	2	7	3
2	7	6	3	8	5	9	4	1
3	9	7	8	4	2	1	5	6
6	2	5	1	7	9	8	3	4
1	4	8	5	3	6	7	2	9

Puzzle 974

7	4	5	1	8	2	6	9	3
2	3	8	6	9	7	4	5	1
1	9	6	4	3	5	7	2	8
8	5	3	7	6	4	9	1	2
4	6	1	2	5	9	8	3	7
9	2	7	8	1	3	5	4	6
6	1	4	9	2	8	3	7	5
5	8	9	3	7	1	2	6	4
3	7	2	5	4	6	1	8	9

Puzzle 975

2	5	8	1	6	3	7	9	4
4	1	6	7	5	9	3	2	8
9	3	7	4	8	2	5	1	6
8	9	4	6	2	7	1	5	3
3	7	2	5	4	1	6	8	9
5	6	1	3	9	8	2	4	7
6	2	5	8	3	4	9	7	1
1	4	9	2	7	6	8	3	5
7	8	3	9	1	5	4	6	2

Puzzle 976

1	9	4	2	5	8	3	6	7
6	5	8	7	9	3	1	4	2
7	3	2	6	1	4	5	8	9
5	2	9	4	8	1	6	7	3
3	4	6	5	7	2	8	9	1
8	1	7	3	6	9	4	2	5
4	7	3	1	2	6	9	5	8
9	6	5	8	3	7	2	1	4
2	8	1	9	4	5	7	3	6

Puzzle 977

8	5	9	3	4	2	6	7	1
2	7	4	6	1	8	5	9	3
3	6	1	7	5	9	4	2	8
1	2	6	9	3	5	7	8	4
4	8	7	2	6	1	3	5	9
5	9	3	8	7	4	1	6	2
6	1	8	5	9	3	2	4	7
7	3	2	4	8	6	9	1	5
9	4	5	1	2	7	8	3	6

Puzzle 978

9	3	4	1	6	8	5	2	7
6	8	1	2	5	7	3	9	4
7	2	5	4	3	9	8	1	6
8	9	7	3	4	5	1	6	2
2	5	3	9	1	6	7	4	8
1	4	6	8	7	2	9	3	5
3	7	8	6	2	1	4	5	9
4	6	9	5	8	3	2	7	1
5	1	2	7	9	4	6	8	3

Puzzle 979

9	2	5	3	8	4	1	6	7
7	8	4	9	1	6	2	5	3
3	6	1	2	5	7	8	4	9
5	3	8	1	9	2	4	7	6
2	7	6	4	3	8	5	9	1
4	1	9	7	6	5	3	2	8
6	4	3	8	2	9	7	1	5
8	9	7	5	4	1	6	3	2
1	5	2	6	7	3	9	8	4

Puzzle 980

8	1	7	4	6	9	2	3	5
5	4	2	8	7	3	9	6	1
3	6	9	2	1	5	4	7	8
2	9	3	5	8	4	6	1	7
7	5	4	1	2	6	8	9	3
1	8	6	9	3	7	5	4	2
6	2	1	3	9	8	7	5	4
9	3	5	7	4	2	1	8	6
4	7	8	6	5	1	3	2	9

Puzzle 981

4	2	3	7	8	1	5	9	6
5	8	6	3	4	9	7	1	2
1	9	7	6	2	5	4	3	8
3	7	1	9	6	4	8	2	5
8	5	2	1	3	7	9	6	4
9	6	4	8	5	2	3	7	1
6	3	9	5	1	8	2	4	7
2	1	8	4	7	3	6	5	9
7	4	5	2	9	6	1	8	3

Puzzle 982

3	8	6	9	4	1	5	7	2
5	1	4	3	2	7	9	8	6
9	7	2	8	5	6	4	3	1
2	9	8	1	7	4	6	5	3
7	5	1	6	9	3	2	4	8
4	6	3	2	8	5	7	1	9
8	3	5	7	6	9	1	2	4
1	4	9	5	3	2	8	6	7
6	2	7	4	1	8	3	9	5

Puzzle 983

6	2	5	3	1	9	4	7	8
1	9	4	6	8	7	5	3	2
8	3	7	4	5	2	9	6	1
4	7	6	5	9	8	2	1	3
2	1	9	7	6	3	8	4	5
5	8	3	1	2	4	6	9	7
9	6	8	2	3	1	7	5	4
7	5	1	8	4	6	3	2	9
3	4	2	9	7	5	1	8	6

Puzzle 984

5	3	6	7	4	9	8	1	2
2	9	7	1	3	8	4	6	5
4	8	1	5	2	6	3	7	9
3	2	4	6	1	7	9	5	8
9	7	8	4	5	2	1	3	6
6	1	5	8	9	3	2	4	7
1	6	3	9	8	5	7	2	4
8	5	2	3	7	4	6	9	1
7	4	9	2	6	1	5	8	3

Puzzle 985

7	5	6	3	8	4	1	9	2
3	2	4	9	7	1	5	6	8
8	1	9	2	5	6	4	7	3
1	4	3	7	2	5	6	8	9
5	9	7	1	6	8	3	2	4
2	6	8	4	9	3	7	5	1
9	8	1	5	4	7	2	3	6
6	3	5	8	1	2	9	4	7
4	7	2	6	3	9	8	1	5

Puzzle 986

5	1	8	4	9	7	2	3	6
4	2	7	3	8	6	5	1	9
6	3	9	1	2	5	8	7	4
1	6	5	2	3	8	9	4	7
7	8	3	9	5	4	1	6	2
2	9	4	6	7	1	3	5	8
3	7	1	8	4	9	6	2	5
8	4	6	5	1	2	7	9	3
9	5	2	7	6	3	4	8	1

Puzzle 987

5	7	6	1	9	3	4	8	2
9	1	2	5	4	8	3	7	6
8	3	4	2	7	6	1	5	9
6	4	7	8	3	5	9	2	1
3	2	8	6	1	9	5	4	7
1	9	5	7	2	4	6	3	8
2	8	3	9	5	1	7	6	4
4	6	1	3	8	7	2	9	5
7	5	9	4	6	2	8	1	3

Puzzle 988

5	4	9	7	3	6	1	8	2
6	2	7	1	9	8	3	4	5
8	3	1	4	5	2	9	6	7
3	8	4	9	2	1	5	7	6
7	9	6	5	4	3	2	1	8
1	5	2	6	8	7	4	3	9
4	1	8	2	7	5	6	9	3
9	7	5	3	6	4	8	2	1
2	6	3	8	1	9	7	5	4

Puzzle 989

8	2	7	9	4	5	3	1	6
4	9	3	7	6	1	2	5	8
1	5	6	8	2	3	7	9	4
6	3	9	2	8	7	1	4	5
5	8	2	3	1	4	6	7	9
7	4	1	5	9	6	8	3	2
3	7	8	6	5	9	4	2	1
9	6	4	1	7	2	5	8	3
2	1	5	4	3	8	9	6	7

Puzzle 990

5	1	6	8	7	9	2	4	3
8	7	3	1	4	2	6	9	5
9	2	4	6	5	3	8	1	7
6	4	7	5	1	8	3	2	9
1	9	8	3	2	7	5	6	4
3	5	2	9	6	4	1	7	8
4	3	5	2	9	1	7	8	6
2	8	9	7	3	6	4	5	1
7	6	1	4	8	5	9	3	2

Puzzle 991

8	4	6	7	9	2	5	3	1
9	2	5	4	3	1	7	6	8
3	7	1	6	8	5	9	2	4
6	5	2	8	1	3	4	7	9
1	9	3	5	4	7	2	8	6
4	8	7	9	2	6	1	5	3
7	1	4	2	6	8	3	9	5
5	3	8	1	7	9	6	4	2
2	6	9	3	5	4	8	1	7

Puzzle 992

1	8	6	9	3	5	4	7	2
7	2	3	1	4	8	5	9	6
9	4	5	2	6	7	8	1	3
2	1	7	5	9	4	3	6	8
3	9	4	7	8	6	1	2	5
6	5	8	3	2	1	9	4	7
8	7	9	6	1	3	2	5	4
4	6	1	8	5	2	7	3	9
5	3	2	4	7	9	6	8	1

Puzzle 993

9	4	5	8	3	1	2	6	7
2	3	6	7	4	9	1	8	5
7	1	8	6	5	2	9	3	4
3	9	4	1	7	8	5	2	6
6	5	2	3	9	4	8	7	1
1	8	7	2	6	5	4	9	3
8	6	9	4	1	7	3	5	2
4	2	3	5	8	6	7	1	9
5	7	1	9	2	3	6	4	8

Puzzle 994

2	5	4	9	7	8	6	3	1
7	3	6	1	5	4	9	8	2
8	1	9	3	6	2	7	5	4
6	8	5	4	9	3	2	1	7
1	4	3	2	8	7	5	6	9
9	2	7	5	1	6	3	4	8
5	9	2	8	3	1	4	7	6
4	6	8	7	2	5	1	9	3
3	7	1	6	4	9	8	2	5

Puzzle 995

2	3	4	1	6	9	8	7	5
5	7	8	2	3	4	9	6	1
1	9	6	7	8	5	2	3	4
9	5	3	4	7	6	1	2	8
6	2	7	9	1	8	5	4	3
4	8	1	5	2	3	7	9	6
3	4	9	8	5	7	6	1	2
7	1	5	6	4	2	3	8	9
8	6	2	3	9	1	4	5	7

Puzzle 996

5	2	9	4	7	3	1	6	8
3	1	4	9	6	8	5	7	2
6	8	7	2	1	5	3	9	4
7	6	2	3	8	4	9	1	5
1	5	3	6	2	9	8	4	7
4	9	8	1	5	7	6	2	3
9	7	1	5	3	2	4	8	6
2	3	6	8	4	1	7	5	9
8	4	5	7	9	6	2	3	1

Puzzle 997

9	3	6	4	1	8	2	5	7
7	4	8	2	5	9	1	3	6
5	1	2	6	7	3	8	4	9
3	2	5	8	6	7	4	9	1
6	7	9	3	4	1	5	8	2
4	8	1	9	2	5	7	6	3
2	6	3	1	8	4	9	7	5
1	5	4	7	9	6	3	2	8
8	9	7	5	3	2	6	1	4

Puzzle 998

5	1	3	8	6	2	9	4	7
9	8	7	4	1	5	2	6	3
2	6	4	9	7	3	1	5	8
6	2	5	3	8	1	4	7	9
3	7	9	2	5	4	6	8	1
1	4	8	7	9	6	3	2	5
8	3	1	6	4	7	5	9	2
4	9	2	5	3	8	7	1	6
7	5	6	1	2	9	8	3	4

Puzzle 999

8	6	7	2	5	9	1	3	4
4	9	3	7	1	8	6	5	2
1	2	5	3	4	6	7	8	9
7	3	2	8	6	1	9	4	5
5	1	9	4	2	3	8	7	6
6	8	4	5	9	7	2	1	3
3	5	6	1	8	2	4	9	7
9	7	8	6	3	4	5	2	1
2	4	1	9	7	5	3	6	8

Puzzle 1000

4	7	9	2	1	8	3	5	6
8	1	2	5	6	3	4	9	7
6	5	3	9	7	4	8	2	1
1	8	7	3	5	9	2	6	4
3	2	4	1	8	6	9	7	5
9	6	5	4	2	7	1	8	3
2	9	6	7	3	1	5	4	8
7	4	1	8	9	5	6	3	2
5	3	8	6	4	2	7	1	9

www.ingramcontent.com/pod-product-compliance
Lightning Source LLC
Chambersburg PA
CBHW080451220526
45465CB00006B/2236

9798597565033